逻辑与形而上学教科书系列

初等模型论

姚宁远 著

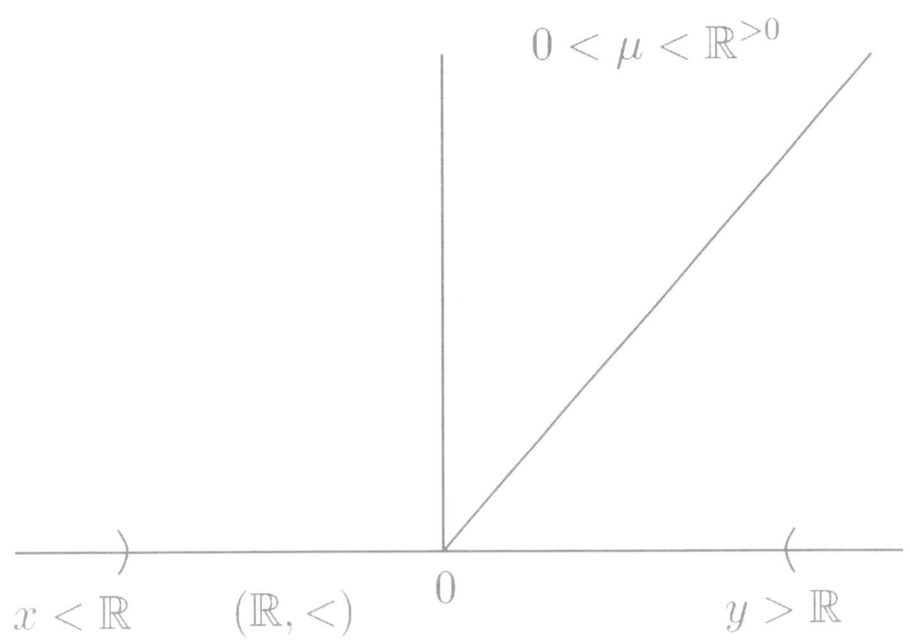

复旦大学出版社

前　言

本书根据我2016学年和2017学年在复旦大学为本科生和研究生开设的模型论课程的讲义整理而成。写作本书的目的是为模型论的初学者提供一本较为系统的讲述模型论基本概念和原理、同时可读性较强的教材。我们假设本书的读者了解集合论中的基本概念，这些概念可以在[1]中找到。读者还需要了解一点一阶逻辑的知识，这些知识可以在[2]中找到。线性代数和代数闭域理论的知识可以使读者更深刻地理解本书中的例子。

模型论是数理逻辑的一个分支，一般来说，它有两个主要的研究方向。第一个研究方向是如何将逻辑方法应用在纯粹的数学对象和数学结构上，本书的大量实例都体现了这一思想，我们习惯于将这一方向称作“应用模型论”。模型论发展至今，已经在代数几何、代数数论、实几何、复几何等众多数学领域中都做出了很好的结果。第二个研究方向是根据数学结构的一阶性质以及相应的组合性质对结构进行分类，本书中的Morley定理以及ω-稳定理论都是这一方向的代表成果，我们习惯于将这一方向称作“纯粹模型论”。

本书的结构组如下。我们将在第1章快速回忆一阶逻辑中的一些基本概念，包括语言、公式、结构等概念。

第2章将给出紧致性定理的证明和重要的推论。紧致性定理是模型论中最重要的一个定理，因此本章也是本书重点。读者需要掌握Henkin构造法、超积的构造和应用及Löwenheim-Skolem定理。这些知识点将在以后的章节中反复地应用。

第3章是紧致性定理的应用。3.1−3.3节的例子来自[3]，但是有较大的改动。对抽象代数不熟悉的读者可以跳过3.1节。3.4节的知识将在以后的章节中反复出现，需要重点掌握。

第4章中的饱和性、齐次性、进退构造法都是模型论证明中经常用到的概念和方法，读者需要重点掌握。

第5章简单讨论了可数模型的分类问题，其中省略型定理是本章的难点，在证明省略型定理的过程中，我们再次应用了Henkin构造法。此外原子模型、素模型、孤立型等概念在Morley定理和ω-稳定理论中有重要的应用。

在第6章中，我们引入了量词消去和模型完全的概念。命题6.2.3给出了一个常用的量词消去的判定方法。量词消去是模型论中非常重要的概念。一般而言，要理解一个一阶结构，首先要理解其中的可定义集合，而量词消去将大大简化可定义集合的复杂性。本章需要重点掌握。

在第7章，我们运用第6章中关于判别量词消去的判断准则证明了一些理论具有量词消去，并且利用量词消去证明了Chevalley 定理、Tarski-Seidenberg 投射定理、Hilbert第17问题等一些重要的定理。对抽象代数不熟悉的读者可以跳过7.1节和7.2节。7.3节证明了Presburger算术的量词消去，这部分内容在同类教科书中很少讨论。此外，7.3节仅需要基本的算术知识，对大多数读者而言都较容易理解，读者可以通过此节的学习来体会证明量词消去方法。7.4节是对7.3节中的证明思路的推广和应用，此节中给出的例子均可以用7.3节中给出的方法来解决，使得读者可以更深刻地体会证明量词消去的一般方法。

在第8章中，我们引入了ω-稳定性和Morely秩的概念，并且证明了Morley定理，也是本书的重点章节。考虑到篇幅的限制，本章没有采用传统的方法来证明Morley定理，而是采用了A. Pillay的讲义[4] 中的证明方法。这个方法的优点是需要的预备知识较少、步骤较少，缺点是不够直观。为了弥补这一缺点，我们在8.3 节给出了证明强极小理论具有范畴性的证明概要，强极小理论的例子有助于读者更直观地理解Morley定理。

第9章是我在讲义之外新增的内容，初步介绍了稳定理论和分叉性。稳定理论是当代模型论的核心研究对象，而分叉性是对理论进行分类的一个标准，即不同的理论对应不同的分叉性质。需要注意的是，大多数教材（例如[5]）都是用Morley秩来直接定义ω-稳定理论中的分叉，而本书是从分叉的定义出发，推导出分叉性和Morley秩有直接的对应关系。

本书是引论性质的教材，适用于逻辑学、数学、计算机科学专业的本科生或研究生。对数学不感兴趣的读者可以跳过第3章的3.1－3.3节和第7章。本书中的练习是本书的重要组成部分，一部分引理、命题、推论的证明直接引用了习题中的结论。

在本书中$\aleph_0$表示可数基数，即第0个无穷基数，$\aleph_1$表示第1个无穷基数，$\aleph_\alpha$表示第α个无穷基数。ω表示第一个无穷序数，即自然数的集合$\mathbb{N}$，因此$\aleph_0$，ω，$\mathbb{N}$是同一个集合的3种记号。对于序数α，β，$\alpha < \beta$和$\alpha \in \beta$是同一个意思。$\mathbb{Z}$ 表示整数集合，$\mathbb{Q}$表示有理数集合，$\mathbb{R}$表示实数集合，$\mathbb{C}$表示复数集合。

我首先要感谢我的导师Anand Pillay教授、中山大学的鞠实儿教授，他们在我学习模型论的过程中给予我很多的支持和帮助。我还要感谢中山大学的王玮教授，他带我走进了数理逻辑的殿堂。我要特别感谢复旦大学研究生吕泽豪同学和复旦大学出版社的陆俊杰老师，他们非常仔细地校对本书，指出了部分错误，并且提出了很多具体的修改建议。我还要感谢复旦大学的郝兆宽教授和新加坡国立大学的杨跃教授，他们耐心地审阅本书，并且提出了宝贵的批评意见。

作者

2018年8月8日

法国高等研究所

目　录

第 1 章　基本概念

我们假设读者具有一定数理逻辑基础，因此本章将快速地复习一阶逻辑的语法和语义，并且引入一些新的记号。如果读者在阅读本章时感到困难，可以参考[2]的2—5章。

1.1　一阶逻辑的结构

相较于命题逻辑而言，一阶逻辑的符号系统更加丰富，同时其表达能力也要比命题逻辑强大。一阶逻辑的符号系统除了包含命题逻辑中的逻辑连接词，还有量词、变元符号、谓词符号（或关系符号）、函数符号及常元（或常数）符号，这使得我们可以用一阶逻辑来刻画几乎所有的经典数学结构和数学对象。

一般来说，一阶逻辑的符号系统包含两部分：**逻辑符号**和**非逻辑符号**。逻辑符号包含以下5 类符号：

- 逻辑连接词：或$\vee$,与$\wedge$,非$\neg$,蕴涵$\rightarrow$, 双蕴涵$\leftrightarrow$。
- 括号、方括号及其他标点符号。
- 无限多个变元，通常标记为英文字母末端的小写字母x,y,z,$\cdots$，也常用下标来区别不同的变量：x_0,x_1,x_2,$\cdots$。
- 全称量词符号$\forall$和存在量词符号$\exists$。
- 等式符号$=$。

一阶逻辑中的逻辑符号的含义是固定不变的。为了描述不同的系统，我们有时需要引入谓词符号、函数符号及常元符号等新符号。由于这些新符号的含义并非固定不变，因此我们称它们为非逻辑符号，而一个语言就是一个非逻辑符号的集合。更精确的定义是：

定义 1.1.1 一个**语言**$\mathcal{L}$是具有以下3 类符号的符号集：**函数符号集**$\mathcal{F}$,**关系符号集**$\mathcal{R}$, 以及**常元符号集**$\mathcal{C}$。此外，对于每个函数符号$f \in \mathcal{F}$ 和关系符号$R \in \mathcal{R}$ ，都有一个正整数n_f 和一个正整数n_R分别与之对应，此时称f为n_f-元函数符号，R 为n_R-元关系符号。

注 1.1.1 由定义可以看出，我们称$\mathcal{L}_1$和$\mathcal{L}_2$是不同的语言，是指$\mathcal{L}_1$和$\mathcal{L}_2$作为符号集合是不同的集合。

给定一个语言$\mathcal{L}$，其中的符号是没有任何含义的，因此需要我们（按照需求）对其进行解释。正如上文所述，我们对非逻辑符号的解释不是唯一的，其中的每一种解释都称为$\mathcal{L}$的一个结构。更精确地讲：

定义 1.1.2 设$\mathcal{L} = \mathcal{F} \cup \mathcal{R} \cup \mathcal{C}$是一个语言，其中$\mathcal{F}$,$\mathcal{R}$,$\mathcal{C}$ 分别是函数符号集、关系符号集和常元符号集，则一个$\mathcal{L}$-**结构**$\mathcal{M}$包含以下对象：

(i) 一个非空集合M。我们一般把M称作**论域** 。

(ii) 对于每个$f \in \mathcal{F}$，都有一个函数$f^{\mathcal{M}} : M^{n_f} \longrightarrow M$与$f$ 对应。

(iii) 对于每个$R \in \mathcal{R}$，都有一个集合$R^{\mathcal{M}} \subseteq M^{n_R}$与$R$对应。

(iv) 对于每个$c \in \mathcal{C}$，都有一个点 $c^{\mathcal{M}} \in M$与c对应。

我们称M的基数$|M|$为$\mathcal{M}$的基数，并且用$|\mathcal{M}|$来表示$\mathcal{M}$的基数。

显然n-元函数符号f在$\mathcal{M}$中的解释$f^{\mathcal{M}} : M^n \longrightarrow M$的函数图像是$M$上的一个$(n+1)$-元关系。

在上面的定义中，我们称$f^{\mathcal{M}}$,$R^{\mathcal{M}}$,$c^{\mathcal{M}}$分别为符号f,R,c的解释，而结构$\mathcal{M}$通常记作$\mathcal{M} = (M, f^{\mathcal{M}}, R^{\mathcal{M}}, c^{\mathcal{M}} : f \in \mathcal{F}, R \in \mathcal{R}, c \in \mathcal{C})$或者$\mathcal{M} = \{M, \{Z^{\mathcal{M}}\}_{Z \in \mathcal{L}}\}$。在以上定义中，结构是在语言的基础上定义的。然而，一般的情形是我们会根据结构来选择相应的语言。

例 1.1.1

(i) **空语言** $\mathcal{L}_\emptyset = \emptyset$，则一个$\mathcal{L}_\emptyset$-结构就是一个非空集。

(ii) **群的语言** $\mathcal{L}_G = \{*, e\}$，其中$*$是一个2-元函数符号，e是一个常元符号，则$\mathcal{Z}_g = (\mathbb{Z}, +, 0)$, $\mathcal{R} = (\mathbb{R}^{>0}, \times, 1)$及$\mathcal{N} = (\mathbb{N}, +, 0)$均是$\mathcal{L}_G$-结构，其中$\mathcal{Z}, \mathcal{R}$是群，$\mathcal{N}$是半群。

(iii) **集合论的语言** $\mathcal{L}_S = \{\in\}$，其中$\in$ 是2-元关系符号,则对任意的集合A, $(A, \in)$是一个$\mathcal{L}_S$-结构。

(iv) **环的语言** $\mathcal{L}_r = \{+, \times, u_0, u_1\}$，其中$+$和$\times$是2-元函数符号，$u_0$和$u_1$是常元符号，则$\mathcal{Z}_r = (\mathbb{Z}, +, \times, 0, 1)$是一个$\mathcal{L}_r$-结构。

(v) **序的语言** $\mathcal{L}_o = \{<\}$，其中$<$是2-元关系符号，则$\mathcal{Z}_o = (\mathbb{Z}, <)$是一个$\mathcal{L}_o$-结构。

(vi) **有序环的语言** $\mathcal{L}_{or} = \{<, +, \times, u_0, u_1\}$，其中$<$是2-元关系符号，$+$和$\times$是2-元函数符号,$u_0$和$u_1$是常元符号，则$\mathcal{Z}_r = (\mathbb{Z}, <, +, \times, 0, 1)$是一个$\mathcal{L}_{or}$-结构。

给定语言$\mathcal{L}$，一个$\mathcal{L}$-结构就是对$\mathcal{L}$的一个解释。反之，对语言$\mathcal{L}$的解释的同时也给出了一个$\mathcal{L}$-结构。在上面的例1.1.1中，我们观察到$\mathcal{L}_G$的结构$\mathcal{Z} = (\mathbb{Z}, +, 0)$和$\mathcal{R} = (\mathbb{R}^{>0}, \times, 1)$之间有这样一个关系：令$\exp : \mathbb{Z} \longrightarrow \mathbb{R}$, $x \mapsto \mathrm{e}^x$是$\mathbb{Z}$到$\mathbb{R}$的指数函数，其中e是自然对数，则exp是$\mathbb{Z}$到$\mathbb{R}$的群同态。从形式上来看$\mathrm{e}^0 = 1$且$\mathrm{e}^{x+y} = \mathrm{e}^x \times \mathrm{e}^y$，即exp在“形式上”保持了$\mathcal{L}_G$在$\mathbb{Z}$和$\mathbb{R}$中的解释。我们把这个概念抽象出来，就得到了以下定义：

定义 1.1.3 设$\mathcal{M} = \{M, \{Z^{\mathcal{M}}\}_{Z \in \mathcal{L}}\}$和$\mathcal{N} = \{M, \{Z^{\mathcal{N}}\}_{Z \in \mathcal{L}}\}$是两个$\mathcal{L}$-结构。如果一个映射$h : M \longrightarrow N$满足：

(i) 对每个常元符号$c \in \mathcal{L}$，都有$h(c^{\mathcal{M}}) = c^{\mathcal{N}}$;

(ii) 对每个n-元的函数符号$f \in \mathcal{L}$，以及$(a_1, \cdots, a_n) \in M^n$，都有$h(f^{\mathcal{M}}(a_1, \cdots, a_n)) = f^{\mathcal{N}}(h(a_1), \cdots, h(a_n))$;

(iii) 对每个n-元的关系符号$R \in \mathcal{L}$，以及$(a_1, \cdots, a_n) \in M^n$，都有$(a_1, \cdots, a_n) \in R^{\mathcal{M}}$蕴涵着$(h(a_1), \cdots, h(a_n)) \in R^{\mathcal{N}}$,

则称h是（$\mathcal{M}$到$\mathcal{N}$的）**同态**。我们用$h: \mathcal{M} \longrightarrow \mathcal{N}$来表示$h$是$\mathcal{M}$到$\mathcal{N}$的同态。

如果$h: \mathcal{M} \longrightarrow \mathcal{N}$是单射且对每个$n$-元的关系符号$R \in \mathcal{L}$，以及$(a_1, \cdots, a_n) \in M^n$，都有$(a_1, \cdots, a_n) \in R^{\mathcal{M}}$当且仅当

$$(h(a_1), \cdots, h(a_n)) \in R^{\mathcal{N}},$$

则称h是（$\mathcal{M}$到$\mathcal{N}$ 的）**嵌入**。

如果嵌入$h: \mathcal{M} \longrightarrow \mathcal{N}$还是满射，则称$h$是（$\mathcal{M}$到$\mathcal{N}$的）**同构**。如果存在$\mathcal{M}$到$\mathcal{N}$的同构，则称$\mathcal{M}$与$\mathcal{N}$**同构**，记作$\mathcal{M} \cong \mathcal{N}$。

定义 1.1.4 设$\mathcal{M}$是一个$\mathcal{L}$-结构。如果σ是$\mathcal{M}$到$\mathcal{M}$的同构，则称σ是$\mathcal{M}$的**自同构**。令

$$\mathrm{Aut}(\mathcal{M}) = \{\sigma |\ \sigma\text{是}\mathcal{M}\text{到}\mathcal{M}\text{的同构}\},$$

则$\mathrm{Aut}(\mathcal{M})$在映射复合下是一个群，我们称$\mathrm{Aut}(\mathcal{M})$是$\mathcal{M}$的**自同构群**。

定义 1.1.5 设$\mathcal{M} = (M, \{Z^{\mathcal{M}}\}_{Z \in \mathcal{L}})$和$\mathcal{N} = (N, \{Z^{\mathcal{N}}\}_{Z \in \mathcal{L}})$是两个$\mathcal{L}$-结构。如果$M \subseteq N$且包含映射$i: M \longrightarrow N$ $(x \mapsto x)$ 是$\mathcal{M}$到$\mathcal{N}$的嵌入，则称$\mathcal{M}$是$\mathcal{N}$的**$\mathcal{L}$-子结构**（简称子结构），称$\mathcal{N}$是$\mathcal{M}$的**膨胀**，记作$\mathcal{M} \subseteq \mathcal{N}$或$\mathcal{N} \supseteq \mathcal{M}$。

注 1.1.2

(i) 设$\mathcal{N} = (N, \{Z^{\mathcal{N}}\}_{Z \in \mathcal{L}})$是一个$\mathcal{L}$-结构，且$A \subseteq N$。如果$A$满足：

  (a) 对每个常元符号$c \in \mathcal{L}$，有$c^{\mathcal{N}} \in A$;

  (b) 对每个n-元函数符号$f \in \mathcal{L}$，有$f^{\mathcal{N}}(A^n) \subseteq A$,

  则$(A, \{Z^{\mathcal{N}} \restriction A\}_{Z \in \mathcal{L}})$ 是$\mathcal{N}$的子结构，其中$Z^{\mathcal{N}} \restriction A$是$Z^{\mathcal{N}}$在$A$上的限制。此时，我们也简称$A$为$\mathcal{N}$的**子结构**。

(ii) 特别地，如果$\mathcal{L}$中没有常元符号和函数符号，则N的每个非空子集B都可以被自然地解释为$\mathcal{N}$的子结构$(B, \{Z^{\mathcal{N}} \restriction B\}_{Z \in \mathcal{L}})$。

(iii) 在没有歧义的情况下，我们直接用结构的论域代指结构本身。比如，设$\mathcal{N}=(N,\{Z^{\mathcal{N}}\}_{Z\in\mathcal{L}})$是一个$\mathcal{L}$-结构，我们也会说$N$是一个$\mathcal{L}$-结构。

(iv) 设$\mathcal{M}=\{M,\{Z^{\mathcal{M}}\}_{Z\in\mathcal{L}}\}$和$\mathcal{N}=\{N,\{Z^{\mathcal{N}}\}_{Z\in\mathcal{L}}\}$是两个$\mathcal{L}$-结构。如果$h$是$M$到$N$的嵌入，则$h(M)$是$\mathcal{N}$的子结构。

定义 1.1.6　设I是一个集合。$\{\mathcal{M}_i=\{M_i,\{Z^{\mathcal{M}_i}\}_{Z\in\mathcal{L}}\}|i\in I\}$是一族$\mathcal{L}$-结构。如果它们满足：

(i) $\bigcap_{i\in I}M_i\neq\emptyset$;

(ii) 对每个常元符号$c\in\mathcal{L}$，对任意的$i,j\in I$，有$c^{\mathcal{M}_i}=c^{\mathcal{M}_j}$;

(iii) 对每个n-元函数符号$f\in\mathcal{L}$，如果$(a_1,\cdots,a_n)\in\bigcap_{i\in I}{M_i}^n$，对任意的$i,j\in I$，有$f^{\mathcal{M}_i}(a_1,\cdots,a_n)=f^{\mathcal{M}_j}(a_1,\cdots,a_n)$，

则定义$\{\mathcal{M}_i|i\in I\}$的交为一个以$\bigcap_{i\in I}M_i$为论域的$\mathcal{L}$-结构，记作$\bigcap_{i\in I}\mathcal{M}_i$。其解释为：对每个常元符号$c\in\mathcal{L}$，$c^{\bigcap_{i\in I}\mathcal{M}_i}=c^{\mathcal{M}_i}$；对每个$n$-元函数符号$f\in\mathcal{L}$，如果$(a_1,\cdots,a_n)\in\bigcap_{i\in I}M_i^n$，则有$f^{\bigcap_{i\in I}\mathcal{M}_i}(a_1,\cdots,a_n)=f^{\mathcal{M}_i}(a_1,\cdots,a_n)$；对每个$n$-元关系符号$R\in\mathcal{L}$，$R^{\bigcap_{i\in I}\mathcal{M}_i}=\bigcap_{i\in I}R^{\mathcal{M}_i}$。

练习 1.1.1　设I是一个集合，$\{\mathcal{M}_i|\ i\in I\}$是$\mathcal{L}$-结构$\mathcal{N}$的一族子结构。证明$\bigcap_{i\in I}\mathcal{M}_i$ 也是$\mathcal{N}$的子结构。

练习 1.1.2　设$\mathcal{M}$是论域为M的$\mathcal{L}$-结构。证明对任意的$S\subseteq M$, 存在一个论域包含S的$\mathcal{M}$的子结构$\mathcal{A}$, 使得对任意论域包含S的$\mathcal{M}$的结构$\mathcal{B}$, 都有$\mathcal{A}$是$\mathcal{B}$的子结构。（我们称$\mathcal{A}$是由S**生成的子结构**，记作$\langle S\rangle^{\mathcal{M}}$。如果存在$M$的有限子集$S_0$，使得$\mathcal{A}=\langle S_0\rangle^{\mathcal{M}}$，则称$\mathcal{A}$是**有限生成**的。）

练习 1.1.3　设论域为M的$\mathcal{L}$-结构$\mathcal{M}$是由子集$S\subseteq M$ 生成的。证明对任意的$\mathcal{L}$-结构$\mathcal{N}$,同态$h:\mathcal{M}\longrightarrow\mathcal{N}$仅由$h\restriction S$确定。即两个同态$h_1:\mathcal{M}\longrightarrow\mathcal{N}$和$h_2:\mathcal{M}\longrightarrow\mathcal{N}$, 如果对任意的$s\in S$都有$h_1(s)=h_2(s)$，则$h_1=h_2$。

定义 1.1.7　设$\mathcal{L}$是一个语言。如果$\mathcal{L}_0 \subseteq \mathcal{L}$，则称$\mathcal{L}_0$是$\mathcal{L}$的子语言。显然，对任意的$\mathcal{L}$-结构$\mathcal{M}$，如果我们忘掉$\mathcal{L}\backslash\mathcal{L}_0$中的符号在$\mathcal{M}$中的解释，即令$\mathcal{M}\restriction\mathcal{L}_0 = \{M, \{Z^{\mathcal{M}}\}_{Z\in\mathcal{L}_0}\}$，则$\mathcal{M}\restriction\mathcal{L}_0$是一个$\mathcal{L}_0$-结构。我们称$\mathcal{M}\restriction\mathcal{L}_0$是$\mathcal{M}$在$\mathcal{L}_0$上的**约化**，而$\mathcal{M}$ 是$\mathcal{M}\restriction\mathcal{L}_0$在$\mathcal{L}$上的**扩张**。

扩张是模型论中常用的一种方法，下面是一些典型的例子。

例 1.1.2　设$\mathcal{M}$是一个$\mathcal{L}$-结构，论域是M。

(i) 设$R_0 \subseteq M^n$是M上的一个n-元关系。我们引入一个新的关系符号R，令$\mathcal{L}' = \mathcal{L} \cup \{R\}$，同时将$R$解释为$R_0$，则

$$\mathcal{M}' = (M, \{Z^{\mathcal{M}}\}_{Z\in L} \cup \{R_0\})$$

是一个$\mathcal{L}'$-结构，它是$\mathcal{M}$ 的扩张。我们一般记作$\mathcal{M}' = (\mathcal{M}, R_0)$。

(ii) 设$\{a_1, \cdots, a_m\} \subseteq M$，并引入新的常元符号$c_1, \cdots, c_m$，令$\mathcal{L}' = \mathcal{L} \cup \{c_1, \cdots, c_m\}$，同时将$c_i$解释为$a_i$，$i = 1, \cdots, m$，则

$$\mathcal{M}' = (M, \{Z^{\mathcal{M}}\}_{Z\in L} \cup \{a_1, \cdots, a_m\})$$

是一个$\mathcal{L}'$-结构，是$\mathcal{M}$的扩张。一般记作$\mathcal{M}' = (\mathcal{M}, a_1, \cdots, a_m)$。

(iii) 设$B \subseteq M$。我们将B的每个元素看成一个新的常元符号。令$\mathcal{L}_B = \mathcal{L} \cup B$，同时将每个$b \in B$在$M$中解释为$b$自己，则

$$\mathcal{M}_B = (M, \{Z^{\mathcal{M}}\}_{Z\in L} \cup \{b|\ b \in B\})$$

是一个$\mathcal{L}_B$-结构，它是$\mathcal{M}$的扩张。我们一般记作$\mathcal{M}_B = (\mathcal{M}, b)_{b\in B}$。

注 1.1.3　设$\mathcal{M}$是一个论域为M的$\mathcal{L}$-结构且$B \subseteq M$，则

$$\mathrm{Aut}(\mathcal{M}_B) = \{\sigma \in \mathrm{Aut}(\mathcal{M})|\ \sigma(b) = b,\quad \forall b \in B\},$$

即$\mathrm{Aut}(\mathcal{M}_B)$是所有保持$B$中各点不变的$\mathcal{M}$的自同构。它是$\mathrm{Aut}(\mathcal{M})$的一个子群。我们也常把$\mathrm{Aut}(\mathcal{M}_B)$记作$\mathrm{Aut}(\mathcal{M}/B)$。

1.2 一阶公式和语义

1.2.1 一阶逻辑的项与公式

在上一节中，我们主要讲了一阶逻辑中的非逻辑符号的解释。在本节中，我们主要讲一阶逻辑中逻辑符号的解释。和命题逻辑类似，为了解释这些逻辑符号，我们需要引入一阶公式的概念。在此之前，我们先要引入**项**的定义。

定义 1.2.1 给定语言$\mathcal{L}$，则$\mathcal{L}$-项可以根据如下规则递归定义：

(i) 每个常元符号$c \in \mathcal{L}$都是$\mathcal{L}$-项；

(ii) 每个变元符号x都是$\mathcal{L}$-项；

(iii) 如果$f \in \mathcal{L}$是n-元函数符号且$t_1, \cdots, t_n$是$\mathcal{L}$-项，则$f(t_1, \cdots, t_n)$是$\mathcal{L}$-项；

(iv) 每个$\mathcal{L}$-项都是有限次应用(i)，(ii)，(iii)得到的。

注 1.2.1 (i) 如果我们把函数符号理解为函数的形式化，那么项就是复合函数的形式化表达式。

(ii) 我们称定义1.2.1的条件(iv)为极小性条件。由此可以得出，每个项t的表达式中仅含有有限多个变元符号。我们用$t(x_{i_1}, \cdots, x_{i_n})$表示$t$的表达式中的变元均来自集合$\{x_{i_1}, \cdots, x_{i_n}\}$，即$t(x_{i_1}, \cdots, x_{i_n})$表示$t$中出现的全体变元是$\{x_{i_1}, \cdots, x_{i_n}\}$的子集。

定义 1.2.2 设$\mathcal{M}$是一个$\mathcal{L}$-结构，$t = t(\bar{x})$是一个$\mathcal{L}$-项，其中$\bar{x} = (x_{i_1}, \cdots, x_{i_m})$。我们可以在$\mathcal{M}$中把$t$解释为一个函数$t^{\mathcal{M}} : M^m \to M$：对于任意一点$\bar{a} = (a_{i_1}, \cdots, a_{i_m}) \in M^m$，把$t^{\mathcal{M}}(\bar{a})$递归地定义为：

(i) 如果t是常元符号c，则$t^{\mathcal{M}}(\bar{a}) = c^{\mathcal{M}}$是一个常函数；

(ii) 如果t是变元符号x_{i_j}，则$t^{\mathcal{M}}(\bar{a})=a_{i_j}$是一个坐标函数；

(iii) 如果t是$f(t_1,\cdots,t_{n_f})$，其中$t_1,\cdots,t_{n_f}$是$\mathcal{L}$-项且f是函数符号，则

$$t^{\mathcal{M}}(\bar{a})=f^{\mathcal{M}}({t_1}^{\mathcal{M}}(\bar{a}),\cdots,{t_{n_f}}^{\mathcal{M}}(\bar{a}))。$$

在定义1.2.2中，$t^{\mathcal{M}}$的定义仅仅与$\mathcal{M}$有关，不依赖于变元集的选取。容易观察到，如果x_{i_j}没有出现在t中，则当其他坐标分量不变时，a_{i_j}的改变不会引起函数$t^{\mathcal{M}}$的值的改变。

从现在开始，我们假设$\{x_i|\ i\in\lambda\}$是语言$\mathcal{L}$的变元符号的集合，其中λ是一个无穷基数。

定义 1.2.3　设$\mathcal{M}$是一个论域为M的$\mathcal{L}$-结构。我们称映射μ：$\{x_i|\ i\in\lambda\}\longrightarrow M$是一个$\mathcal{M}$-**指派**。我们也用$M$中的序列$<\mu(x_i)>_{i\in\lambda}$来表示$\mu$。

定义 1.2.4　设$\mathcal{M}$是一个论域为M的$\mathcal{L}$-结构，$\bar{b}=< b_i >_{i\in\lambda}$是一个$\mathcal{M}$-指派。我们按照如下方式递归地定义$\mathcal{L}$-项$t$在指派$\bar{b}$下的值$t^{\mathcal{M}}[\bar{b}]$：

(i) 若$i\in\lambda$且$t=x_i$，则$t^{\mathcal{M}}[\bar{b}]=b_i$；

(ii) 若c是$\mathcal{L}$中的常元且$t=c$，则$t^{\mathcal{M}}[\bar{b}]=c^{\mathcal{M}}$；

(iii) 若f是$\mathcal{L}$中的n-元函数符号，$t_1,\cdots,t_n$是$\mathcal{L}$-项，且$t=f(t_1,\cdots,t_n)$，则

$$t^{\mathcal{M}}[\bar{b}]=f^{\mathcal{M}}({t_1}^{\mathcal{M}}[\bar{b}],\cdots,{t_n}^{\mathcal{M}}[\bar{b}])。$$

这里需要注意到定义1.2.2中的记号$t^{\mathcal{M}}$是一个函数，定义1.2.4中的记号$t^{\mathcal{M}}[\bar{b}]$是M中的一个元素。这两种记号容易引起歧义。通过下面的练习，我们将看到，这种有歧义的记号是合理的。

练习 1.2.1　设$\mathcal{L}$-项$t=t(x_{m_1},\cdots,x_{m_n})$，$\mathcal{M}$是一个$\mathcal{L}$-结构，则对任意的$\mathcal{M}$-指派$\bar{b}$，都有$t^{\mathcal{M}}[\bar{b}]=t^{\mathcal{M}}(b_{m_1},\cdots,b_{m_n})$。特别地，$t^{\mathcal{M}}[\bar{b}]$的值仅与$b_{m_1}$，$\cdots,b_{m_n}$相关。

设$\mathcal{L}$是一个语言，$\mathcal{M}$和$\mathcal{N}$是两个$\mathcal{L}$-结构。由于$\mathcal{M}$-指派就是由变元符号集合到M的映射，故而对任意的$\mathcal{L}$-同态$h : \mathcal{M} \longrightarrow \mathcal{N}$，通过映射复合，$h$将$\mathcal{M}$-指派变为一个$\mathcal{N}$-指派。设$\bar{b} =< b_i >_{i\in\lambda}$ 是一个$\mathcal{M}$-指派，则$h(\bar{b}) =< h(b_i) >_{i\in\lambda}$是一个$\mathcal{N}$-指派。

引理 1.2.1 设$\mathcal{L}$是一个语言，$\mathcal{M}$和$\mathcal{N}$是两个$\mathcal{L}$-结构。若$h : \mathcal{M} \longrightarrow \mathcal{N}$是一个同态，且$t$是一个项，则对任意的$\mathcal{M}$-指派$\bar{b}$，都有$h(t^{\mathcal{M}}[\bar{b}]) = t^{\mathcal{N}}[h(\bar{b})]$。

证明: 对t的长度（或形式）归纳证明。 ■

引理 1.2.2 设$\mathcal{L}$是一个语言，$\mathcal{M}$是一个论域为M的$\mathcal{L}$-结构且$S \subseteq M$，则$\langle S\rangle^{\mathcal{M}}$的论域是

$$\bar{S} = \{t^{\mathcal{M}}(b_1, \cdots, b_n)|\ t(x_{m_1}, \cdots, x_{m_n})\text{是}\mathcal{L}\text{-项，}b_1, \cdots, b_n \in S\}\text{。}$$

证明: 首先证明

$$\bar{S} = \{t^{\mathcal{M}}(b_1, \cdots, b_n)|\ t(x_{m_1}, \cdots, x_{m_n})\text{是}\mathcal{L}\text{-项，}b_1, \cdots, b_n \in S\}$$

是子结构。设c是$\mathcal{L}$中的常元符号，则$c^{\mathcal{M}} \in \bar{S}$。设$f$是$\mathcal{L}$中的$m$-元函数符号，且$d_1, \cdots, d_m \in \bar{S}$，则存在项$t_1(x_{k_1}, \cdots, x_{k_n}), \cdots, t_m(x_{k_1}, \cdots, x_{k_n})$及$b_1, \cdots, b_n \in S$，使得$d_i = {t_i}^{\mathcal{M}}(b_1, \cdots, b_n)$，其中$1 \leqslant i \leqslant m$。故

$$f^{\mathcal{M}}(d_1, \cdots, d_m) = \big(f(t_1, \cdots, t_m)\big)^{\mathcal{M}}(b_1, \cdots, b_n) \in \bar{S}\text{。}$$

根据注1.1.2，只须证明$\bar{S}$包含所有常元符号的解释，并且关于每个函数符号f的解释$f^{\mathcal{M}}$封闭，故而$\bar{S}$是$\mathcal{M}$的一个子结构的论域。

其次要证明：对$\mathcal{M}$的任意子结构$\mathcal{M}_0$，如果其论域$M_0 \supseteq S$，则$M_0 \supseteq \bar{S}$。容易看出，这个证明与第一段的论证类似。 ■

推论 1.2.1 设$\mathcal{L}$是一个语言，$\mathcal{M}$是一个论域为M的$\mathcal{L}$-结构且$S \subseteq M$，则

$$|\langle S\rangle^{\mathcal{M}}| \leqslant \max\{|S|, |\mathcal{L}|, \aleph_0\}\text{。}$$

证明: 根据1.2.2，结构$\langle S\rangle^{\mathcal{M}}$的论域中的每个元素都可以表示为$S\cup\mathcal{L}$中的有限符号串$t,b_1,\cdots,b_n$，其中$t=t(x_{m_1},\cdots,x_{m_n})$是一个$\mathcal{L}$-项（即$\mathcal{L}$中的符号串）且$b_i\in S$。而$S\cup\mathcal{L}$ 中全体有限符号串集合的基数为$\max\{|S|,|\mathcal{L}|,\aleph_0\}$。

■

有了项的概念，我们就可以定义公式了。

定义 1.2.5　给定语言$\mathcal{L}$，则$\mathcal{L}$-**公式**可以根据如下规则递归定义：

(i) 如果t_1和t_2是$\mathcal{L}$-项，则$t_1=t_2$是$\mathcal{L}$-公式；

(ii) 如果$R\in\mathcal{R}$是n-元关系符号且$t_1,\cdots,t_n$是$\mathcal{L}$-项，则$R(t_1,\cdots,t_n)$是$\mathcal{L}$-公式；

(iii) 如果ϕ和ψ是$\mathcal{L}$-公式，则$\neg\phi,(\phi\vee\psi),(\phi\wedge\psi),(\phi\to\psi),(\phi\leftrightarrow\psi)$都是$\mathcal{L}$-公式；

(iv) 如果ϕ是$\mathcal{L}$-公式，则$\forall x_i\phi$和$\exists x_i\phi$是$\mathcal{L}$-公式；

(v) 所有的公式都是由有限次应用规则(i),(ii),(iii),(iv)得到的。

我们把由前两个规则(i)和(ii)得到的公式称为**原子$\mathcal{L}$-公式**。

在本节中，除非特殊说明，所有的项、公式、原子公式都分别是$\mathcal{L}$-项、$\mathcal{L}$-公式、原子$\mathcal{L}$-公式。

注 1.2.2　设$\Gamma=\{\phi_1,\cdots,\phi_n\}$是一个有限的$\mathcal{L}$-公式集。我们递归地定义$\vee\Gamma$如下：

(i) 若$n=1$，我们用$\bigvee\Gamma$（或$\bigvee_{1\leqslant k\leqslant n}\phi_k$）表示公式$\phi_1$；

(ii) 若$n>1$，令$\Gamma'=\{\phi_2,\cdots,\phi_n\}$，我们用$\bigvee\Gamma$（或$\bigvee_{1\leqslant k\leqslant n}\phi_k$）表示公式$(\phi_1\vee(\bigvee\Gamma'))$。

我们也用$\bigvee_{1\leqslant k\leqslant n}\phi_k$表示$\bigvee\Gamma$。可以类似地定义$\bigwedge\Gamma$（或$\bigwedge_{1\leqslant k\leqslant n}\phi_k$）。

令$\mathcal{M}$是一个论域为M的$\mathcal{L}$-结构。若$\bar{a} = (a_i)_{i\in\lambda}$ 是一个$\mathcal{M}$-指派，且$b \in M$，则$\bar{a}\frac{b}{x_j} = \bar{a'} = (a'_i)_{i\in\lambda}$，其中$a'_j = b$ 且当$i \neq j$时有$a'_i = a_i$。即$\bar{a}\frac{b}{x_j}$表示将序列$(a_i)_{i\in\lambda}$ 中的第j项a_j替换为b，同时保持其他项不变。显然$\bar{a}\frac{b}{x_j}$也是一个$\mathcal{M}$-指派。

1.2.2 一阶逻辑的语义

下面给出公式的语义，即一阶逻辑中“真”的概念。

定义 1.2.6 令$\mathcal{M}$ 是一个论域为M的$\mathcal{L}$-结构，ϕ是一个公式，$\bar{a} =< a_i >_{i\in\lambda}$ 是一个$\mathcal{M}$-指派，则$\mathcal{M}\models \phi[\bar{a}]$根据如下规则递归地定义：

(i) 如果t_1和t_2是项，并且ϕ是$t_1 = t_2$，则$\mathcal{M} \models \phi[\bar{a}]$当且仅当${t_1}^{\mathcal{M}}[\bar{a}] = {t_2}^{\mathcal{M}}[\bar{a}]$；

(ii) 如果ϕ是$R(t_1, \cdots, t_n)$，其中R是n-元关系符号且$t_1, \cdots, t_n$是项，则$\mathcal{M} \models \phi[\bar{a}]$当且仅当$({t_1}^{\mathcal{M}}[\bar{a}], \cdots, {t_n}^{\mathcal{M}}[\bar{a}]) \in R^{\mathcal{M}}$；

(iii) 如果ϕ是$\neg\psi$，则$\mathcal{M} \models \phi[\bar{a}]$当且仅当$\mathcal{M} \models \psi[\bar{a}]$ 不成立，记作$\mathcal{M} \not\models \psi[\bar{a}]$；

(iv) 如果ϕ是$(\theta \wedge \psi)$，则$\mathcal{M} \models \phi[\bar{a}]$当且仅当$\mathcal{M} \models \theta[\bar{a}]$且$\mathcal{M} \models \psi[\bar{a}]$；

(v) 如果ϕ是$(\theta \vee \psi)$，则$\mathcal{M} \models \phi[\bar{a}]$当且仅当$\mathcal{M} \models \theta[\bar{a}]$或$\mathcal{M} \models \psi[\bar{a}]$；

(vi) 如果ϕ是$(\theta \rightarrow \psi)$，则$\mathcal{M} \models \phi[\bar{a}]$当且仅当$\mathcal{M} \models \neg\theta[\bar{a}]$或$\mathcal{M} \models \psi[\bar{a}]$；

(vii) 如果ϕ是$(\theta \leftrightarrow \psi)$，则$\mathcal{M} \models \phi[\bar{a}]$当且仅当$\mathcal{M} \models (\theta \rightarrow \psi)[\bar{a}]$ 且$\mathcal{M} \models (\psi \rightarrow \theta)[\bar{a}]$；

(viii) 如果ϕ是$\exists y\psi(\bar{x}, y)$且$y = x_j$，则$\mathcal{M} \models \phi[\bar{a}]$当且仅当存在$b \in M$使得$\mathcal{M} \models \psi[\bar{a}\frac{b}{x_j}]$；

(ix) 如果ϕ是$\forall y\psi$且$y = x_j$，则$\mathcal{M} \models \phi[\bar{a}]$当且仅当对所有的$b \in M$都有$\mathcal{M} \models \psi[\bar{a}\frac{b}{x_j}]$。

如果有$\mathcal{M} \models \phi[\bar{a}]$，我们就称$\mathcal{M}$**满足**$\phi[\bar{a}]$或$\phi[\bar{a}]$在$\mathcal{M}$ **为真**或$\bar{a}$（在$\mathcal{M}$中）**实现了**ϕ。

显然，如果ϕ 是$\forall y\psi$且$y = x_j$，则$\mathcal{M} \models \phi[\bar{a}]$当且仅当$\mathcal{M} \models \neg\exists y\neg\psi[\bar{a}]$。因此我们可以认为$\forall y$是$\neg\exists y\neg$的简写。类似地，我们也可以证明$(\theta \vee \psi)$,$(\theta \to \psi)$,$(\theta \leftrightarrow \psi)$ 在语义上分别等价于$\neg(\neg\theta \wedge \neg\psi)$,$(\neg\theta \vee \psi)$,$((\theta \to \psi) \wedge (\psi \to \theta))$。因此，当我们需要对公式的长度归纳证明每个公式$\phi$都有性质$P$时，只需要证明：

基础步 每个原子公式ϕ都有性质P。

归纳步1 如果公式ϕ_1和ϕ_2均有性质P，则$\neg\phi_1$和$(\phi_1 \wedge \phi_2)$ 也具有性质P。

归纳步2 如果公式ϕ有性质P，x是一个变元符号，则$\exists x\phi$也具有性质P。

定义 1.2.7 设x是一个变元符号，我们递归地定义x在公式ϕ中**自由出现**：

(i) 如果变元x没有在公式ϕ中，则x总是在ϕ中自由出现；

(ii) 如果ϕ是原子公式，则x总是在ϕ中自由出现；

(iii) 如果ϕ是$\neg\psi$，则x在ϕ中自由出现当且仅当x在ψ中自由出现；

(iv) 如果ϕ 是$(\theta \wedge \psi)$ （或$(\theta \vee \psi)$, $(\theta \to \psi)$, $(\theta \leftrightarrow \psi)$），则$x$在$\phi$中自由出现当且仅当$x$在$\psi$中自由出现或$x$在$\theta$中自由出现；

(v) 如果ϕ 是$\exists y\psi$（或$\forall y\psi$），则x在ϕ中自由出现当且仅当$x \neq y$且x在ψ中自由出现。

如果x在ϕ中自由出现，则称x是ϕ的**自由变元**。否则称x是ϕ的**约束变元**。

如果一个公式ϕ中含有的变元符号都是自由的，则称这个公式为**无量词**的公式。显然，公式ϕ是无量词的当且仅当ϕ是原子公式的布尔组合。如果公式ϕ中的变元都是约束的，则称ϕ为**$\mathcal{L}$-句子**，简称句子。定义1.2.5中的第(v)条是极小性条件，由此可知每个公式都是$\mathcal{L}$中的一个有穷长的符号串。一个公式中至多含有有穷多个变元符号，我们用$\phi(x_{m_1},\cdots,x_{m_n})$来表示：

(i) 在ϕ中出现的自由变元符号均来自集合$\{x_{m_1},\cdots,x_{m_n}\}$；

(ii) 每个x_{m_k}均在ϕ中自由出现，其中$1\leqslant k\leqslant n$；

(iii) $m_i<m_j$当且仅当$i<j$。

引理 1.2.3 设$\mathcal{M}$是一个$\mathcal{L}$-结构，$\phi(x_{m_1},\cdots,x_{m_n})$是一个公式，$\bar{a}$与$\bar{b}$是两个$m$-指派。如果$\bar{a}$ 与$\bar{b}$在$\{x_{m_1},\cdots,x_{m_n}\}$上的取值相同，即$a_{m_k}=b_{m_k}$，其中$1\leqslant k\leqslant n$，则

$$\mathcal{M}\models\phi[\bar{a}]\Longleftrightarrow\mathcal{M}\models\phi[\bar{b}]。$$

证明: 对ϕ的长度归纳证明。 ■

练习 1.2.2 证明引理1.2.3。

根据引理1.2.3，公式在一个指派下的真值仅与这个指派在其自由变元上的值有关，特别地，对于一个$\mathcal{L}$-句子σ而言，其在结构$\mathcal{M}$中的真值与$\mathcal{M}$-指派无关。因此，我们用$\mathcal{M}\models\sigma$来表示存在一个（或对任意的）$\mathcal{M}$-指派$\bar{b}$，使得$\mathcal{M}\models\sigma[\bar{b}]$。我们还可以引入一个与定义1.2.6等价的定义。

定义 1.2.8 令$\mathcal{M}$ 是一个 $\mathcal{L}$-结构，$\phi(x_{i_1},\cdots,x_{i_m})$是一个公式，$\bar{a}=(a_1,\cdots,a_m)\in M^m$，则$\mathcal{M}\models\phi(\bar{a})$根据如下规则归纳地定义：

(i) 如果t_1和t_2是项且ϕ是$t_1=t_2$，则$\mathcal{M}\models\phi(\bar{a})$当且仅当${t_1}^{\mathcal{M}}(\bar{a})={t_2}^{\mathcal{M}}(\bar{a})$；

(ii) 如果ϕ是$R(t_1,\cdots,t_n)$，其中R是n-元关系符号且$t_1,\cdots,t_n$是项，则$\mathcal{M}\models\phi(\bar{a})$当且仅当$({t_1}^{\mathcal{M}}(\bar{a}),\cdots,{t_n}^{\mathcal{M}}(\bar{a}))\in R^{\mathcal{M}}$；

(iii) 如果ϕ是$\neg\psi$，则$\mathcal{M} \models \phi(\bar{a})$当且仅当$\mathcal{M} \models \psi(\bar{a})$不成立，记作$\mathcal{M} \not\models \phi(\bar{a})$；

(iv) 如果ϕ是$(\theta \wedge \psi)$，则$\mathcal{M} \models \phi(\bar{a})$当且仅当$\mathcal{M} \models \theta(\bar{a})$且$\mathcal{M} \models \psi(\bar{a})$；

(v) 如果ϕ是$(\theta \vee \psi)$，则$\mathcal{M} \models \phi(\bar{a})$当且仅当$\mathcal{M} \models \theta(\bar{a})$或$\mathcal{M} \models \psi(\bar{a})$；

(vi) 如果ϕ是$(\theta \to \psi)$，则$\mathcal{M} \models \phi(\bar{a})$当且仅当$\mathcal{M} \models \neg\theta(\bar{a})$或$\mathcal{M} \models \psi(\bar{a})$；

(vii) 如果ϕ是$(\theta \leftrightarrow \psi)$，则$\mathcal{M} \models \phi(\bar{a})$当且仅当$\mathcal{M} \models (\theta \to \psi)(\bar{a})$ 且$\mathcal{M} \models (\psi \to \theta)(\bar{a})$；

(viii) 如果ϕ是$\exists y\psi(\bar{x}, y)$，则$\mathcal{M} \models \phi(\bar{a})$当且仅当存在$b \in M$使得$\mathcal{M} \models \psi(\bar{a}, b)$；

(ix) 如果ϕ是$\forall y\psi(\bar{x}, y)$，则$\mathcal{M} \models \phi(\bar{a})$当且仅当对所有的$b \in M$都有$\mathcal{M} \models \psi(\bar{a}, b)$。

如果有$\mathcal{M} \models \phi(\bar{a})$，我们就称$\mathcal{M}$**满足**$\phi(\bar{a})$或$\phi(\bar{a})$在$\mathcal{M}$**为真**或$a$（在$\mathcal{M}$中）**实现了**$\phi$。

练习 1.2.3 设$\mathcal{M}$是一个$\mathcal{L}$-结构，$\bar{b}$是一个$\mathcal{M}$-指派，$\phi(x_{i_1}, \cdots, x_{i_m})$ 是一个公式。令$\bar{b_0} = (b_{i_1}, \cdots, b_{i_m})$，则$\mathcal{M} \models \phi[\bar{b}]$当且仅当$\mathcal{M} \models \phi(\bar{b_0})$。

引理 1.2.4 设$\mathcal{M}$和$\mathcal{N}$分别是论域为M和N的结构，则$h : \mathcal{M} \longrightarrow \mathcal{N}$是一个嵌入当且仅当：对任意的无量词的公式$\phi(x_{m_1}, \cdots, x_{m_n})$，对任意的$a_1, \cdots, a_n \in M$，都有

$$\mathcal{M} \models \phi(a_1, \cdots, a_n) \Longleftrightarrow \mathcal{N} \models \phi(h(a_1), \cdots, h(a_n))。$$

证明: 右边推左边是显然的。左边推右边可以对ϕ的长度归纳证明。 ■

练习 1.2.4 证明引理1.2.4。

我们再引入初等嵌入的概念：

定义 1.2.9　设$\mathcal{M}$和$\mathcal{N}$分别是论域为M和N的结构，则$h:\mathcal{M}\longrightarrow\mathcal{N}$是一个**初等嵌入**当且仅当：对任意的公式$\phi(x_{m_1},\cdots,x_{m_n})$，对任意的$a_1,\cdots,a_n \in M$，都有

$$\mathcal{M}\models\phi(a_1,\cdots,a_n)\Longleftrightarrow\mathcal{N}\models\phi(h(a_1),\cdots,h(a_n))。$$

特别地，当$M\subseteq N$，则称M是N的**初等子结构**（或**初等子模型**）。

1.2.3　可定义集

在命题逻辑中，我们的逻辑符号只有逻辑连接词。本质上，每个逻辑连接词都被解释为一个布尔函数，而一个n-元布尔函数完全由$\mathcal{P}(\{1,\cdots,n\})$ 的一个子集来确定。这就是说含有n个原子公式的命题公式“定义了”$\mathcal{P}(\{1,\cdots,n\})$的一个子集。按照同样的思路，我们将含有$n$个原子公式的命题公式替换为含有$n$个自由变元的一阶公式，就得到了以下定义：

定义 1.2.10　设$\mathcal{M}$是论域为M的$\mathcal{L}$-结构。我们称$X\subseteq M^n$（在结构$\mathcal{M}$中）是**可定义**的当且仅当存在一个公式$\phi(x_1,\cdots,x_n,y_1,\cdots,y_m)$及$\bar{b}\in M^m$，使得$X=\{\bar{a}\in M^n|M\models\phi(\bar{a},\bar{b})\}$。此时，我们称$\phi(\bar{x},\bar{b})$定义了$X$。设$A\subseteq M$，如果存在一个公式$\psi(\bar{x},z_1,\cdots,z_l)$及$\bar{b}\in A^l$，使得$\psi(\bar{x},\bar{b})$定义了$X$，则称$X$（在结构$\mathcal{M}$ 中）是A-**可定义的**或定义在A上。我们说一个函数$f:M^n\longrightarrow M^m$ 是A-可定义的是指集合$\{(\bar{a},\bar{b})|f(\bar{a})=\bar{b}\}$是$A$-可定义的。

定义 1.2.11　设$\mathcal{M}$是论域为M的 $\mathcal{L}$-结构，$A\subseteq M$是一个子集，则A在M中的**可定义闭包**是

$$\mathrm{dcl}_M(A)=\{b\in M|\ \{b\}\text{是}A\text{-可定义集}\}。$$

A在M中的**代数闭包**是

$$\mathrm{acl}_M(A)=\{b\in M|\ \text{存在一个有限的}A\text{-可定义集}X\text{使得}b\in X\}。$$

练习 1.2.5 设$\mathcal{M}$是论域为M的$\mathcal{L}$-结构，$A \subseteq M$是一个子集。证明：

(i) $\mathrm{dcl}_M(A) \subseteq \mathrm{acl}_M(A)$；

(ii) $\mathrm{acl}_M(\mathrm{acl}_M(A)) = \mathrm{acl}_M(A)$，$\mathrm{dcl}_M(\mathrm{dcl}_M(A)) = \mathrm{dcl}_M(A)$；

(iii) 如果$\mathcal{N}$是$\mathcal{M}$的初等子模型，并且$\mathcal{N}$的论域N包含A，则

$$\mathrm{acl}_M(A) = \mathrm{acl}_N(A) \subseteq M,\ \mathrm{dcl}_M(A) = \mathrm{dcl}_N(A) \subseteq M。$$

练习 1.2.6 设$\mathcal{M}$是论域为M的$\mathcal{L}$-结构，$A \subseteq M$是一个子集，$b \in M$。证明：$b \in \mathrm{dcl}_M(A)$当且仅当有可定义函数$f(x_1, \cdots, x_n)$及$a_1, \cdots, a_n \in A$，使得$b = f(a_1, \cdots, a_n)$。

设$\mathcal{M}$是一个论域为M的$\mathcal{L}$-结构。给定公式$\phi(x_{m_1}, \cdots, x_{m_n}, y_1, \cdots, y_l)$，其中$y_i = x_{k_i}$且$i < j$当且仅当$k_i < k_j$。令$\bar{c} = (c_1, \cdots, c_l) \in M^l$，$X \subseteq M$。我们用$\phi(X^n, \bar{c})$ 表示集合$\{a \in X^n | M \models \phi(a, \bar{c})\}$，当没有歧义时，我们也把$\phi(X^n, \bar{c})$简写为$\phi(X, \bar{c})$。如果$X \subseteq M^n$，则我们用$\phi(X, \bar{c})$ 表示集合$\{a \in X | M \models \phi(a, \bar{c})\}$。显然，当$X$是$A$-可定义集时，$\phi(X, \bar{c})$是$A \cup \{c_1, \cdots, c_l\}$-可定义的。

注 1.2.3 设$\mathcal{M}$是论域为M的$\mathcal{L}$-结构。若$B \subseteq M$，则$\mathcal{M}_B$是一个论域为M的$\mathcal{L}_B$-结构。若$\bar{x} = (x_{m_1}, \cdots, x_{m_n})$且$\phi(\bar{x})$是一个$\mathcal{L}_B$-公式，则存在$b_1, \cdots, b_l \in B$及一个$\mathcal{L}$-公式$\psi(\bar{x}, y_1, \cdots, y_l)$，使得

$$\phi(M^n) = \{\bar{a} \in M^n | \mathcal{M}_B \models \phi(\bar{a})\} = \{\bar{a} \in M^n | \mathcal{M} \models \psi(\bar{a}, b_1, \cdots, b_l)\}$$

$$= \psi(M^n, b_1, \cdots, b_l)。$$

即$X \in M^n$在结构$\mathcal{M}$中是B-可定义的当且仅当X在结构$\mathcal{M}_B$中是$\emptyset$-可定义的。

练习 1.2.7 证明注1.2.3。

定义 1.2.12 设$\mathcal{M}$是一个论域为M的$\mathcal{L}$-结构，$A \subseteq M$，$X \subseteq M^n$。我们用$\mathrm{Def}_A(X)$表示X的A-可定义的子集的全体，即

$$\mathrm{Def}_A(X) = \{Y \subseteq X | Y \text{是} A\text{-可定义的}\}\text{。}$$

我们用$\mathrm{Def}(M)$表示全体M-可定义集合，即$\mathrm{Def}(M) = \bigcup_{n \in \mathbb{N}^+} \mathrm{Def}_M(M^n)$。

练习 1.2.8 设$\mathcal{M}$是一个论域为M的$\mathcal{L}$-结构，$A \subseteq M$，$X \subseteq M^n$。证明$\mathrm{Def}_A(X)$是一个布尔代数（即关于交、并、补封闭的一族集合）。

定义 1.2.13 我们递归地定义**存在公式**：

(i) 如果公式ϕ是无量词的，则ϕ是存在公式；

(ii) 如果公式ϕ具有形式$\exists x \psi$，且ψ是存在公式，则ϕ是存在公式；

(iii) 所有的存在公式都由(i)和(ii)得到。

类似地，我们可以定义全称公式。

定义 1.2.14 我们递归地定义**全称公式**：

(i) 如果公式ϕ是无量词的，则ϕ是全称公式；

(ii) 如果公式ϕ具有形式$\forall x \psi$，且ψ是全称公式，则ϕ是全称公式；

(iii) 所有的全称公式都由(i)和(ii)得到。

引理 1.2.5 设$\mathcal{M}$和$\mathcal{N}$分别是论域为M和N的结构，$h : \mathcal{M} \longrightarrow \mathcal{N}$是一个嵌入。如果$\phi(x_{m_1}, \cdots, x_{m_n})$是一个存在公式，则对任意的$a_1, \cdots, a_n \in M$都有

$$\mathcal{M} \models \phi(a_1, \cdots, a_n) \Longrightarrow \mathcal{N} \models \phi(h(a_1), \cdots, h(a_n))\text{。}$$

证明：对ϕ的长度归纳证明。 ■

练习 1.2.9 证明引理1.2.5。

1.3 理论与模型

定义 1.3.1 设$\mathcal{M}$是一个$\mathcal{L}$-结构，Σ是一个$\mathcal{L}$-句子集合，σ是一个$\mathcal{L}$-句子，则

(i) 如果对每个$\sigma' \in \Sigma$都有$\mathcal{M} \models \sigma'$，则称$\mathcal{M}$是$\Sigma$的**模型**，记作$\mathcal{M} \models \Sigma$。

(ii) 如果Σ的模型均是$\{\sigma\}$的模型，则称Σ**蕴涵**σ，记作$\Sigma \models \sigma$。

(iii) 如果对任意的句子σ'都有若$\Sigma \models \sigma'$，则$\sigma' \in \Sigma$，则称Σ是一个$\mathcal{L}$-**理论**。

(iv) 如果Σ有一个模型，则称Σ是**一致的**（也称为**相容的**，或**可满足的**）。

(v) 如果$\{\sigma\}$一致，我们就称σ一致。

(vi) 如果对每个$\mathcal{L}$-句子σ'，都有$\sigma' \in \Sigma$或$\neg\sigma' \in \Sigma$，则称Σ是**完备的**$\mathcal{L}$-理论。

(vii) 设$\mathcal{K}$是一族$\mathcal{L}$-结构，则

$$\mathrm{Th}(\mathcal{K}) = \{\sigma' |\ \sigma'\text{是}\mathcal{L}\text{-句子，且对任意的}\mathcal{M} \in \mathcal{K}\text{都有}\mathcal{M} \models \sigma'\}\text{。}$$

若$\mathcal{K} = \{\mathcal{M}\}$，则$\mathrm{Th}(\mathcal{K})$也记作$\mathrm{Th}(\mathcal{M})$，并称$\mathrm{Th}(\mathcal{M})$为$\mathcal{M}$**的理论**。

(viii) 设$\mathcal{M}$和$\mathcal{N}$是两个$\mathcal{L}$-结构，如果$\mathrm{Th}(\mathcal{M}) = \mathrm{Th}(\mathcal{N})$，则称$\mathcal{M}$和$\mathcal{N}$**初等等价**，记作$\mathcal{M} \equiv \mathcal{N}$。

(ix) 设T是一个$\mathcal{L}$-理论，如果$\Sigma \subseteq T$且对每个$\sigma' \in T$都有$\Sigma \models \sigma'$，则称Σ是T的**公理**。

(x) 如果T是$\mathcal{L}$-理论且$\mathcal{K} = \{\mathcal{M} |\ \mathcal{M}\text{是}\mathcal{L}\text{-结构且}\mathcal{M} \models T\}$，则称$\mathcal{K}$是一个**初等类**。

练习 1.3.1 (i) 若Σ是一个句子集，则$\Sigma' = \{\sigma | \Sigma \models \sigma\}$是一个$\mathcal{L}$-理论。

(ii) 若$\mathcal{M}$是一个$\mathcal{L}$-结构，则$\mathrm{Th}(\mathcal{M})$是完备的$\mathcal{L}$-理论。

(iii) 设$\mathcal{K}$是一族$\mathcal{L}$-结构，则$\mathcal{K}$是初等类当且仅当$\mathcal{K} = \{\mathcal{M} | \mathcal{M} \models \mathrm{Th}(\mathcal{K})\}$。

(iv) 一个$\mathcal{L}$-理论T是完备的当且仅当T的模型相互初等等价。

例 1.3.1 令$\mathcal{L}_G = \{*, e\}$是群的语言，其中$*$是2-元函数符号，e是常元符号。设t_1, t_2是$\mathcal{L}_G$-项，我们一般把$*(t_1, t_2)$记作$t_1 * t_2$。

(i) 如果结构$\mathcal{M} = \{M,\ *^{\mathcal{M}},\ e^{\mathcal{M}}\}$是下面3个句子：

(a) $\sigma_1 : \forall x((e * x = x)\ \wedge\ (x * e = x))$

(b) $\sigma_2 : \forall x \forall y \forall z\ (x * (y * z) = (x * y) * z)$

(c) $\sigma_3 : \forall x \exists y((x * y = e)\ \wedge (y * x = e))$

的模型，则我们称$\mathcal{M}$是一个**群**。我们称句子集$Ax_G = \{\sigma_1, \sigma_2, \sigma_3\}$为群的公理。令$\mathcal{K}_G = \{\mathcal{M} | \ \mathcal{M}$是一个$\mathcal{L}_G$-结构，且是一个群$\}$，则显然$\mathcal{K}$是一个初等类。

(ii) 令σ_4为句子$\forall x \forall y\ x * y = y * x$。如果结构$\mathcal{M} = \{M,\ *^{\mathcal{M}},\ e^{\mathcal{M}}\}$是$Ax_{AG} = Ax_G \cup \{\sigma_4\}$的模型，则称$\mathcal{M}$是**阿贝尔群**。不是阿贝尔群的群称为**非阿贝尔群**。令

$$\mathcal{K}_{AG} = \{\mathcal{M} | \ \mathcal{M}\text{是一个}\mathcal{L}_G\text{-结构，且是一个阿贝尔群}\},$$

则显然$\mathcal{K}$是一个初等类。

(iii) 设$\mathcal{M} = \{M,\ *^{\mathcal{M}},\ e^{\mathcal{M}}\}$是一个群，如果对任意的$a \in M$都存在一个正整数$n$，使得$a^n = e^{\mathcal{M}}$，则称$\mathcal{M}$是一个**挠群**。在学完下一章的紧致性定理以后，就可以证明：

$$\mathcal{K}_{TG} = \{\mathcal{M} | \ \mathcal{M}\text{是一个}\mathcal{L}_G\text{-结构，且是一个挠群}\}$$

<u>不</u>是一个初等类。

例 1.3.2 令$\mathcal{L}_r = \{*, +, o, e\}$是环的语言，其中$*$和$+$均是2-元函数符号，$o$和$e$是常元符号。显然，语言$\mathcal{L}_r$是$\mathcal{L}_G$的扩张。类似地，设$t_1, t_2$是$\mathcal{L}_r$-项，我们一般把$*(t_1, t_2)$ 记作$t_1 * t_2$，把$+(t_1, t_2)$ 记作$t_1 + t_2$。

(i) 如果结构$\mathcal{M} = \{M,\ *^{\mathcal{M}}, +^{\mathcal{M}}, o^{\mathcal{M}}, e^{\mathcal{M}}\}$ 满足：

(a) $\mathcal{M}\restriction\mathcal{L}_G \models \{\sigma_1, \sigma_2\}$;

(b) $\mathcal{M}\restriction\{+, o\}$是一个阿贝尔群；

(c) $\mathcal{M} \models \forall x\forall y\forall z\big((x * (y+z) = (x*y) + (x*z)) \wedge ((y+z) * x = (y*x) + (z*x))\big)$,

则称$\mathcal{M}$是一个**环**。我们把$*^{\mathcal{M}}$和$+^{\mathcal{M}}$分别称为$\mathcal{M}$的**乘法**和**加法**，$o^{\mathcal{M}}$和$e^{\mathcal{M}}$ 分别称为$\mathcal{M}$的**零元**和**幺元**。如果$\mathcal{M}$是一个环且关于乘法交换，即$\mathcal{M}\restriction\mathcal{L}_G \models \sigma_4$，则称$\mathcal{M}$是一个**交换环**。如果交换环$\mathcal{M} \models \forall x((x \neq o) \rightarrow \exists y(x * y = e))$，则称$\mathcal{M}$是一个**域**。对每个非零的$a \in M$，都存在唯一的$b \in M$，使得$a *^{\mathcal{M}} b = e^{\mathcal{M}}$。我们称$b$为$a$ 的（乘法）**逆**，记作a^{-1}。如果域$\mathcal{M}$的论域M是有限集合，则称$\mathcal{M}$是**有限域**。

(ii) $\mathcal{K}_{FF} = \{\mathcal{M} |\ \mathcal{M}$是一个$\mathcal{L}_r$-结构，且是一个有限域$\}$<u>不</u>是一个初等类（需要紧致性定理）。

(iii) 令$\overline{\mathcal{K}_{FF}} = \{\mathcal{M} |\ \mathcal{M}$是一个$\mathcal{L}_r$-结构且$\mathcal{M} \models \mathrm{Th}(\mathcal{K}_{FF})\}$，则$\overline{\mathcal{K}_{FF}}$ 是一个初等类。我们将$\overline{\mathcal{K}_{FF}}$中的结构称为**伪有限域**。

练习 1.3.2 证明：如果结构$\mathcal{M}$与$\mathcal{N}$初等等价且$|\mathcal{M}| < \aleph_0$，则$\mathcal{M} \cong \mathcal{N}$。

例 1.3.3 向量空间：
设$(F, +_{_F}, \times_{_F}, 0_{_F}, 1_{_F})$是一个域。设$\mathcal{L}_{VF} = \{0,\ +\} \cup F$，其中，$+$是二元函数，0是常元，$F$中的每个元素都是一个1-元函数。

(i) 如果结构$\mathcal{V} = (V, 0^{\mathcal{V}}, +^{\mathcal{V}}, \{\sigma^{\mathcal{V}} |\ \sigma \in F\})$ 满足：

(a) $(V,+,0)$是一个阿贝尔群；

(b) 每个$\sigma \in F$都解释为群结构$(V,+,0)$到$(V,+,0)$的同态$\sigma^{\mathcal{V}}: V \longrightarrow V$；

(c) 对任意的$x \in V$，有${0_F}^{\mathcal{V}}(x) = 0$；

(d) 对任意的$x \in V$，有${1_F}^{\mathcal{V}}(x) = x$；

(e) 对任意的$\sigma, \gamma \in F$，对任意的$x \in V$，有$\sigma^{\mathcal{V}}(x) +^{\mathcal{V}} \gamma^{\mathcal{V}}(x) = (\sigma +_F \gamma)^{\mathcal{V}}(x)$；

(f) 对任意的$\sigma, \gamma \in F$，对任意的$x \in V$，有$\sigma^{\mathcal{V}}(\gamma^{\mathcal{V}}(x)) = (\sigma \times_F \gamma)^{\mathcal{V}}(x)$；

则称V是F上的**向量空间**。我们习惯于将$\sigma^{\mathcal{V}}(x)$记作σx。

(ii) $\mathcal{K}_{VF} = \{\mathcal{M} |\ \mathcal{M}$是一个$\mathcal{L}_{VF}$-结构，且是$F$上的向量空间$\}$是一个初等类。我们将这个初等类的理论记作$T_{VF}$。

关于向量空间的其他细节，请参考[6] 的第三章。

1.4 初等子结构

设$\phi(x_{m_1}, \cdots, x_{m_n})$是一个$\mathcal{L}$-公式，$c_1, \cdots, c_n$是$\mathcal{L}$中的常元符号。令$\phi(\frac{c_1}{x_{m_1}}, \cdots, \frac{c_n}{x_{m_n}})$表示将$\phi$ 中的自由出现的变元符号$x_{m_1}, \cdots, x_{m_n}$ 同时替换为$c_{m_1}, \cdots, c_{m_n}$而得到的新公式。在不产生歧义时，我们用$\phi(c_1, \cdots, c_n)$来表示公式$\phi(\frac{c_1}{x_{m_1}}, \cdots, \frac{c_n}{x_{m_n}})$。显然，$\phi(c_1, \cdots, c_n)$是一个$\mathcal{L}$-句子。

引理 1.4.1 设$\mathcal{M}$是一个$\mathcal{L}$-结构，$\phi(x_{m_1}, \cdots, x_{m_n})$是一个$\mathcal{L}$- 公式。若$c_1, \cdots, c_n$是$\mathcal{L}$ 中的常元符号，则$\mathcal{M} \models \phi(c_1, \cdots, c_n)$当且仅当$\mathcal{M} \models \phi({c_1}^{\mathcal{M}}, \cdots, {c_n}^{\mathcal{M}})$。

证明: 对公式ϕ的长度归纳证明。 ∎

练习 1.4.1 证明引理1.4.1。

定义 1.4.1 设$\mathcal{M}$是一个论域为M的$\mathcal{L}$-结构，则$\mathcal{M}$的**原子图**记作$\text{Diag}(\mathcal{M})$，定义为$\mathcal{L}_M$-句子集：

$$\text{Diag}(\mathcal{M}) = \{\phi(a_1,\cdots,a_n)|\ \phi(x_{m_1},\cdots,x_{m_n})\text{是一个无量词的}\mathcal{L}\text{-公式},$$
$$a_1,\cdots,a_n \in M, \text{且}\mathcal{M} \models \phi(a_1,\cdots,a_n)\}\text{。}$$

设$\mathcal{M}$和$\mathcal{N}$是论域分别为M和N的两个$\mathcal{L}$-结构。令$h: M \longrightarrow N$是一个映射。我们现在将$\mathcal{N}$扩张为一个$\mathcal{L}_M$-结构$\mathcal{N}'$：将$\mathcal{L}_M$中的新常元$a \in M$在$\mathcal{N}'$中解释为$h(a)$，即$a^{\mathcal{N}'} = h(a)$，并将$\mathcal{N}'$表示为$\mathcal{N}' = (\mathcal{N}, h(a))_{a\in M}$，则有如下引理成立：

引理 1.4.2 h是$\mathcal{M}$到$\mathcal{N}$的嵌入当且仅当$(\mathcal{N}, h(a))_{a\in M} \models \text{Diag}(\mathcal{M})$。

证明: 这个引理的证明由一连串等价命题构成。由引理1.2.4, h是$\mathcal{M}$到$\mathcal{N}$的嵌入当且仅当：对每个无量词的$\mathcal{L}$-公式$\phi(x_{m_1},\cdots,x_{m_n})$，都有$\sigma = \phi(a_1,\cdots,a_n) \in \text{Diag}(\mathcal{M})$当且仅当$\mathcal{N} \models \phi(h(a_1),\cdots,h(a_n))$。由$\phi$是$\mathcal{L}$-公式，$\mathcal{N} \models \phi(h(a_1),\cdots,h(a_n))$当且仅当$\mathcal{N}' \models \phi(h(a_1),\cdots,h(a_n))$。显然$\mathcal{N}' \models \phi(h(a_1),\cdots,h(a_n))$当且仅当$\mathcal{N}' \models \phi({a_1}^{\mathcal{N}'},\cdots,{a_n}^{\mathcal{N}'})$。根据引理1.4.1，

$$\mathcal{N}' \models \phi({a_1}^{\mathcal{N}'},\cdots,{a_n}^{\mathcal{N}'}) \text{ 当且仅当 } \mathcal{N}' \models \phi(\frac{a_1}{x_{m_1}},\cdots,\frac{a_n}{x_{m_n}})\text{。}$$

注意到$\phi(\frac{a_1}{x_{m_1}},\cdots,\frac{a_n}{x_{m_n}})$ 就是σ，这就证明了h是$\mathcal{M}$到$\mathcal{N}$的嵌入当且仅当对每个$\sigma \in \text{Diag}(\mathcal{M})$都有$\mathcal{N}' \models \sigma$。故引理得证。 ■

一个直接的推论是：

推论 1.4.1 设$\mathcal{M}$和$\mathcal{N}$是论域分别为M和N的两个$\mathcal{L}$-结构且$M \subseteq N$，则$\mathcal{M}$是$\mathcal{N}$的子结构当且仅当$\mathcal{N}_M \models \text{Diag}(\mathcal{M})$。

证明: $\mathcal{M}$是$\mathcal{N}$的子结构当且仅当包含映射$i: M \longrightarrow N$ $(x \mapsto x)$是嵌入。应用引理1.4.2即可。 ■

定义 1.4.2 设$\mathcal{M}$和$\mathcal{N}$是论域分别为M和N的$\mathcal{L}$-结构，$\mathcal{M}$的论域为M，$\mathcal{N}$的论域为N，$A \subseteq M$且$B \subseteq N$。$\eta: A \to B$ 是一个单射。

(i) 如果对于任意的$\bar{x}=(x_1,\cdots,x_n)$，无量词公式$\phi(\bar{x})$及任意的$\bar{a}\in A^n$，都有$\mathcal{M}\models\phi(\bar{a})$当且仅当$\mathcal{N}\models\phi(\eta(\bar{a}))$，则称$\eta:A\to B$是一个**部分$\mathcal{L}$-嵌入**。如果$\eta$是双射，则称$\eta$是**部分$\mathcal{L}$-同构**。

(ii) 如果对于任意的公式$\phi(\bar{x})$及任意的$\bar{a}\in A^n$，都有$\mathcal{M}\models\phi(\bar{a})$当且仅当$\mathcal{N}\models\phi(\eta(\bar{a}))$，则称$\eta:A\to B$ 是一个**部分$\mathcal{L}$-初等嵌入**。

注 1.4.1 (i) 显然部分初等嵌入一定也是部分嵌入。

(ii) 根据引理1.2.4，当$A=M$时，满足定义1.4.2的条件(i)的η就是我们之前定义的嵌入。

定义 1.4.3 (i) 当$A=M$且η满足定义1.4.2的条件(ii)，则η是$\mathcal{M}$到$\mathcal{N}$的**$\mathcal{L}$-初等嵌入**，在没有歧义时也简称初等嵌入。

(ii) 如果$A=M$，η满足定义1.4.2的条件(i)，且$\eta:M\to N$ 是双射，则称η是**$\mathcal{L}$-同构**（简称同构）。

(iii) 如果M是N的子集且包含映射$i:M\to N$是初等嵌入，则$\mathcal{M}$是$\mathcal{N}$的**初等子结构**，同时$\mathcal{N}$是$\mathcal{M}$的**初等膨胀**（记作$\mathcal{M}\prec\mathcal{N}$ 或$\mathcal{N}\succ\mathcal{M}$）。

练习 1.4.2 设$\mathcal{M}$和$\mathcal{N}$是论域分别为M和N的$\mathcal{L}$-结构。如果$h:M\longrightarrow N$是双射，证明h是$\mathcal{M}$到$\mathcal{N}$的嵌入当且仅当h是$\mathcal{M}$到$\mathcal{N}$的初等嵌入。即，$\mathcal{M}$到$\mathcal{N}$的同构都是初等嵌入。

下面的引理表明初等嵌入和初等子结构本质上是一回事。

引理 1.4.3 设$\mathcal{M}$和$\mathcal{N}$是论域分别为M和N的$\mathcal{L}$-结构。如果$\mathcal{H}:\mathcal{M}\longrightarrow\mathcal{N}$是初等嵌入，则存在$\mathcal{M}$的初等膨胀$\bar{\mathcal{M}}$，使得$\mathcal{H}$可以扩张为$\bar{\mathcal{M}}$到$\mathcal{N}$的同构。

证明: 显然$\mathcal{H}:M\longrightarrow\mathcal{H}(M)$是一个双射。现在令$N_0=N\backslash\mathcal{H}(M)$。不失一般性，我们设$N_0\cap M=\emptyset$。定义$\mathcal{G}:N\longrightarrow M\cup N_0$ 为：若$y=\mathcal{H}(x)\in\mathcal{H}(M)$，则$\mathcal{G}(y)=x$；若$x\in N_0$，则$\mathcal{G}(y)=y$，则$\mathcal{G}$是一

个双射，故可以将$\mathcal{N}$的结构拷贝到$M \cup N_0$上。令$\bar{\mathcal{M}}$是$\mathcal{G}$赋予$M \cup N_0$的结构，则$\mathcal{G}^{-1}$是$\mathcal{H}$的扩张，且是$\bar{\mathcal{M}}$到$\mathcal{N}$的同构。现在，对任意的$\mathcal{L}$-公式$\phi(x_1, \cdots, x_n)$及$a_1, \cdots, a_n \in M$，都有$\mathcal{M} \models \phi(a_1, \cdots, a_n)$当且仅当$\mathcal{N} \models \phi(\mathcal{H}(a_1), \cdots, \mathcal{H}(a_n))$，当且仅当$\bar{\mathcal{M}} \models \phi(\mathcal{G}(\mathcal{H}(a_1)), \cdots, \mathcal{G}(\mathcal{H}(a_n)))$，当且仅当$\bar{\mathcal{M}} \models \phi(a_1, \cdots, a_n)$。这就证明了$\mathcal{M} \prec \bar{\mathcal{M}}$。■

定义 1.4.4 设$\mathcal{M}$是一个论域为M的$\mathcal{L}$-结构，则$\mathcal{M}$的**初等图**(记作$\mathrm{Diag_{el}}(\mathcal{M})$)定义为$\mathcal{L}_M$-句子集：

$$\mathrm{Diag_{el}}(\mathcal{M}) = \{\phi(a_1, \cdots, a_n) |\ \phi(x_{m_1}, \cdots x_{m_n})\text{是一个}\mathcal{L}\text{-公式，}$$
$$a_1, \cdots, a_n \in M\text{，且}\mathcal{M} \models \phi(a_1, \cdots, a_n)\}\text{。}$$

显然，对任意的$\mathcal{L}$-结构$\mathcal{M}$都有：$\mathrm{Diag}(\mathcal{M}) \subseteq \mathrm{Diag_{el}}(\mathcal{M})$。类似引理1.4.2，我们有：

引理 1.4.4 h是$\mathcal{M}$到$\mathcal{N}$的初等嵌入当且仅当$(\mathcal{N}, h(a))_{a \in M} \models \mathrm{Diag_{el}}(\mathcal{M})$。

证明: 将引理1.4.2的证明中的无量词去掉即可。■

下面的定理可以用来判断初等子结构。

定理 1.4.1 (Tarski-Vaught测试) 设$\mathcal{M}$和$\mathcal{N}$是论域分别为M和N的$\mathcal{L}$-结构，且$\mathcal{M}$是$\mathcal{N}$的子结构，则$\mathcal{M} \prec \mathcal{N}$ 当且仅当对每个公式$\psi(x_{m_1}, \cdots, x_{m_n}, y)$及$a_1, \cdots, a_n \in M$都有

$$\mathcal{N} \models \exists y \psi(a_1, \cdots, a_n, y) \Longrightarrow \mathcal{M} \models \exists y \psi(a_1, \cdots, a_n, y)\text{。}$$

证明: 由左边推出右边是显然的。

下面证明右边可以推出左边，即证明：对每个$\phi(x_{m_1}, \cdots, x_{m_n})$及$a_1, \cdots, a_n$，都有

$$\mathcal{M} \models \phi(a_1, \cdots, a_n) \Longleftrightarrow \mathcal{N} \models \phi(a_1, \cdots, a_n)\text{。} \tag{1.1}$$

下面对ϕ的长度归纳证明。如果ϕ是无量词的，则(1.1)显然成立。下面设ϕ是

$$\exists y \theta(x_{m_1}, \cdots, x_{m_n}, y),$$

且θ满足归纳假设。对任意的$a_1,\cdots,a_n \in M$，如果

$$\mathcal{M} \models \exists y\theta(a_1,\cdots,a_n,y),$$

则存在$b \in M$使得$\mathcal{M} \models \theta(a_1,\cdots,a_n,b)$。根据归纳假设，

$$\mathcal{N} \models \theta(a_1,\cdots,a_n,b),$$

故有$\mathcal{N} \models \exists y\theta(a_1,\cdots,a_n,y)$。另一方面，由题设，总是有

$$\mathcal{N} \models \exists y\theta(a_1,\cdots,a_n,y) \Longrightarrow \mathcal{M} \models \exists y\theta(a_1,\cdots,a_n,y)。$$

故式(1.1)总是成立。 ■

定义 1.4.5 设$\mathcal{M}$是论域为M的$\mathcal{L}$-结构。如果$A \subseteq M$，A是$\mathcal{M}$的子结构，并且子结构$\mathcal{A} = (A,\{Z^{\mathcal{M}}\restriction A\}_{Z\in\mathcal{L}})$还是$\mathcal{M}$的初等子结构，则称集合$A$是$\mathcal{M}$的**初等子结构**。

也就是说，A是$\mathcal{M}$的初等子结构是指结构$\mathcal{M}$在A上的限制$\mathcal{A}$是$\mathcal{M}$的初等子结构。在没有歧义的情况下，我们将用A本身来表示结构$\mathcal{A}$。

定理 1.4.2 （Tarski 准则）设$\mathcal{M}$是论域为M的$\mathcal{L}$-结构，$A \subseteq M$非空，则以下表述等价：

(i) A是$\mathcal{M}$的初等子结构；

(ii) 若$X \subseteq M$是非空的A-可定义子集，则$X \cap A \neq \emptyset$。

证明:

(i)⟹(ii)： 根据初等子结构的定义可得，留给读者自己验证。

(ii)⟹(i)： 首先证明A是$\mathcal{M}$的子结构。设c是$\mathcal{L}$中的常元符号。$\{c^{\mathcal{M}}\}$是由公式$c = x_1$定义的可定义集，故而$\{c^{\mathcal{M}}\}$是A-可定义集，故与A相交非空，即$c^{\mathcal{M}} \in A$。设f是$\mathcal{L}$中的n-元函数符号，$a_1,\cdots,a_n \in A$，

则$\{f^{\mathcal{M}}(a_1,\cdots,a_n)\}$是由$\mathcal{L}_A$-公式$y=f(a_1,\cdots,a_n)$定义的可定义集合，故而与$A$相交非空，即$f^{\mathcal{M}}(a_1,\cdots,a_n)\in A$。故而$A$包含了所有常元符号的解释，并且关于函数符号的解释封闭。这就证明了A是$\mathcal{M}$的子结构。

下面证明A是$\mathcal{M}$的初等子结构。只须证明：对任意的$\mathcal{L}$-公式$\phi(x_{m_1},\cdots,x_{m_n})$ 以及$a_1,\cdots,a_n\in A$，都有$A\models\phi(a_1,\cdots,a_n)$当且仅当$\mathcal{M}\models\phi(a_1,\cdots,a_n)$。我们对$\phi$的长度归纳证明。若$\phi$无量词，由于$A$是子结构，故根据引理1.2.4，自然有

$$A\models\phi(a_1,\cdots,a_n)\Longleftrightarrow\mathcal{M}\models\phi(a_1,\cdots,a_n)$$

成立。设$\phi(x_{m_1},\cdots,x_{m_n})$是公式$\exists y\theta(x_{m_1},\cdots,x_{m_n},y)$，且$\theta(x_{m_1},\cdots,x_{m_n},y)$满足归纳假设。设$\mathcal{M}\models\exists y\theta(a_1,\cdots,a_n,y)$，则有$b\in M$使得$\mathcal{M}\models\theta(a_1,\cdots,a_n,b)$。故$X=\theta(a_1,\cdots,a_n,M)$是非空的$A$-可定义集合。由题设，$X\cap A\neq\emptyset$。设$b_0\in X\cap A$，则有$\mathcal{M}\models\theta(a_1,\cdots,a_n,b_0)$。由归纳假设，$A\models\theta(a_1,\cdots,a_n,b_0)$，故$A\models\exists y\theta(a_1,\cdots,a_n,y)$。另一方面，如果$A\models\exists y\theta(a_1,\cdots,a_n,y)$，则存在$b_1\in A$使得$A\models\theta(a_1,\cdots,a_n,b_1)$。由归纳假设，$\mathcal{M}\models\theta(a_1,\cdots,a_n,b_1)$，故$\mathcal{M}\models\exists y\theta(a_1,\cdots,a_n,y)$。

以上是对Tarski准则的证明。 ■

设$(I,<)$是一个偏序集。如果对任意的$i,j\in I$，都存在$k\in I$使得$i\leqslant k$且$j\leqslant k$，则称$(I,<)$是一个**定向集**。

定义 1.4.6 设$(I,<)$是一个定向集，$\{\mathcal{M}_i|\ i\in I\}$是一族$\mathcal{L}$-结构。

(i) 如果对任意的$i,j\in I$，都有$i<j\Longrightarrow\mathcal{M}_i\subseteq\mathcal{M}_j$，则称$\{\mathcal{M}_i|\ i\in I\}$是一条**链**；

(ii) 如果对任意的$i,j\in I$，都有$i<j\Longrightarrow\mathcal{M}_i\prec\mathcal{M}_j$，则称$\{\mathcal{M}_i|\ i\in I\}$是一条**初等链**。

若$\{\mathcal{M}_i|\ i\in I\}$是一条链，其中$\mathcal{M}_i$的论域为$M_i$，我们可以定义$\{\mathcal{M}_i|\ i\in I\}$的并，记作$\bigcup_{i\in I}\mathcal{M}_i$，其论域为$M=\bigcup_{i\in I}M_i$，常元符号$c$解释为$c^{\mathcal{M}_{i_0}}$，其中$i_0\in I$，函数符号$f$解释为$\bigcup_{i\in I}f^{\mathcal{M}_i}$，关系符号$R$解释为$\bigcup_{i\in I}R^{\mathcal{M}_i}$。注意到$n$-元函数$f^{\mathcal{M}_i}$可以理解为$\bigcup_{i\in I}M_i$上的$(n+1)$-元关系，此处$\bigcup_{i\in I}f^{\mathcal{M}_i}$指的是"$I$个$(n+1)$-元关系的并"。

引理 1.4.5　设$(I,<)$是一个定向集，$\{\mathcal{M}_i|\ i\in I\}$是一族$\mathcal{L}$-结构。令$\mathcal{M}=\bigcup_{i\in I}\mathcal{M}_i$。

(i) 若$\{\mathcal{M}_i|\ i\in I\}$是一条链，则$\mathcal{M}$是一个$\mathcal{L}$-结构，且对每个$i\in I$都有$\mathcal{M}_i\subseteq\mathcal{M}$；

(ii) 若$\{\mathcal{M}_i|\ i\in I\}$是一条初等链，则对每个$i\in I$都有$\mathcal{M}_i\prec\mathcal{M}$。

证明:

(i) 设c是常元符号，$i,j\in I$，c在$\mathcal{M}_i$和$\mathcal{M}_j$中的解释分别为$c^{\mathcal{M}_i}$和$c^{\mathcal{M}_j}$。任取一个$k\in I$使得$i<k$且$j<k$，则$\mathcal{M}_i\subseteq\mathcal{M}_k$且$\mathcal{M}_j\subseteq\mathcal{M}_k$。故而$c^{\mathcal{M}_i}=c^{\mathcal{M}_k}=c^{\mathcal{M}_j}$，这表明$c$的解释与$i_0\in I$的选择无关。下面证明：对任意的$n$-元函数符号$f$，$\bigcup_{i\in I}f^{\mathcal{M}_i}$是$\bigcup_{i\in I}M_i$上的函数。设$a_1,\cdots,a_n\in\bigcup_{i\in I}\mathcal{M}_i$，则存在$k\in I$使得$a_1,\cdots,a_n\in M_k$，故而$(a_1,\cdots,a_n,f^{\mathcal{M}_k}(a_1,\cdots,a_n))\in f^{\mathcal{M}_k}\subseteq\bigcup_{i\in I}f^{\mathcal{M}_i}$。另一方面，设$b\in\bigcup_{i\in I}M_i$，使得$(a_1,\cdots,a_n,b)\in\bigcup_{i\in I}f^{\mathcal{M}_i}$，则存在$k'\in I$，使得$f^{\mathcal{M}_{k'}}(a_1,\cdots,a_n)=b$。令$l\in I$使得$k<l$且$k'<l$，则$f^{\mathcal{M}_k}(a_1,\cdots,a_n)=f^{\mathcal{M}_l}(a_1,\cdots,a_n)=f^{\mathcal{M}_{k'}}(a_1,\cdots,a_n)$。这表明$\bigcup_{i\in I}f^{\mathcal{M}_i}$是函数。故$\mathcal{M}$是一个$\mathcal{L}$-结构。

下面证明对每个$i\in I$，每个$\mathcal{M}_i$都是$\mathcal{M}$的子结构。设c是常元符号，则c在$\mathcal{M}$中的解释恰好是$c^{\mathcal{M}_i}$。若f是n-元函数符号，且$a_1,\cdots,a_n\in M_i$，则根据定义有

$$(a_1,\cdots,a_n,f^{\mathcal{M}_i}(a_1,\cdots,a_n))\in f^{\mathcal{M}_i}\subseteq\bigcup_{i\in I}f^{\mathcal{M}_i}=f^{\mathcal{M}},$$

即$f^{\mathcal{M}}(a_1,\cdots,a_n)=f^{\mathcal{M}_i}(a_1,\cdots,a_n)$。设$R$是$n$-元谓词符号，$a_1,\cdots,a_n \in M_i$，则

$$(a_1,\cdots,a_n)\in R^{\mathcal{M}_i}\subseteq R^{\mathcal{M}}。$$

若$(a_1,\cdots,a_n)\in R^{\mathcal{M}}$，则存在$k\in I$使得$(a_1,\cdots,a_n)\in R^{\mathcal{M}_k}$。令$l\in I$使得$i<l$且$k<l$，则$\mathcal{M}_i\subseteq\mathcal{M}_l$ 且$\mathcal{M}_k\subseteq\mathcal{M}_l$。因此$(a_1,\cdots,a_n)\in R^{\mathcal{M}_k}$当且仅当$(a_1,\cdots,a_n)\in R^{\mathcal{M}_l}$当且仅当$(a_1,\cdots,a_n)\in R^{\mathcal{M}_i}$。这就证明了$\mathcal{M}_i\subseteq\mathcal{M}$。

(ii) 设$i\in I$。下面证明$\mathcal{M}_i\prec\mathcal{M}$。根据定理1.4.1，只须证明对每个公式$\psi(x_{m_1},\cdots,x_{m_n},y)$及$a_1,\cdots,a_n\in M_i$，都有

$$\mathcal{M}\models\exists y\psi(a_1,\cdots,a_n,y)\Longrightarrow\mathcal{M}_i\models\exists y\psi(a_1,\cdots,a_n,y)。\qquad(1.2)$$

我们对ψ的长度归纳证明式(1.2)成立。

基础步： 若$\psi(x_{m_1},\cdots,x_{m_n},y)$是无量词公式，且

$$\mathcal{M}\models\exists y\psi(a_1,\cdots,a_n,y)$$

存在$b\in M$使得$\mathcal{M}\models\psi(a_1,\cdots,a_n,b)$，存在$j\in I$使得

$$a_1,\cdots,a_n,b\in M_j。$$

我们已经证明了：$\mathcal{M}_j$是$\mathcal{M}$的子结构。现在ψ是无量词，因此$\mathcal{M}_j\models\psi(a_1,\cdots,a_n,b)$，故$\mathcal{M}_j\models\exists y\psi(a_1,\cdots,a_n,y)$。令$k\in I$使得$i<k$ 且$j<k$，则$\mathcal{M}_i\prec\mathcal{M}_k$且$\mathcal{M}_j\prec\mathcal{M}_k$，故而$\mathcal{M}_j\models\exists y\psi(a_1,\cdots,a_n,y)$当且仅当$\mathcal{M}_k\models\exists y\psi(a_1,\cdots,a_n,y)$ 当且仅当$\mathcal{M}_i\models\exists y\psi(a_1,\cdots,a_n,y)$。

归纳步： 设$\psi(x_{m_1},\cdots,x_{m_n},y)$是$\exists z\theta(x_{m_1},\cdots,x_{m_n},y,z)$。证明过程与之前类似。

■

练习 1.4.3 完成引理1.4.5(II)的证明。

注 1.4.2 从现在开始，我们总是假设$\mathcal{L}$是一个语言。用$|\mathcal{L}|$表示所有的以$\{x_n|\ n<\omega\}$中的元素为变元的$\mathcal{L}$-公式的基数。我们说语言$\mathcal{L}$可数是指$|\mathcal{L}|=\aleph_0$。我们假设所有公式、句子都是在$\mathcal{L}$中的公式、句子。没有特殊说明的理论T是具有**无穷**模型的$\mathcal{L}$-理论。没有特殊说明的结构都是**无穷**的$\mathcal{L}$-结构。我们一般用

$$x, y, z, x_1, x_2, \cdots, y_1, y_2, \cdots, z_1, z_2, \cdots$$

等符号来表示变元符号。有时也会引入不可数多个变元符号。$\bar{x}, \bar{y}, \bar{z}$分别表示变元组

$$(x_0, \cdots, x_{n-1}), (y_0, \cdots, y_{m-1}), (z_0, \cdots, z_{k-1})。$$

我们用$|\bar{x}|$ 来表示变元组$\bar{x}$中的变元个数。类似地，用$\bar{a}\in M^n$来表示M中的一个n元组。公式$\phi(\bar{x},\bar{y})$表示ϕ中的变元分为两个变元组$\bar{x},\bar{y}$，并且它们不相交。设M和I均是集合，则M^I表示所有I到M的函数的集合。直观地讲，M^I中的每个元素都是M中的一个序列$(a_i)_{i\in I}$。因此，$(a_i)_{i\in I}\subseteq M$和$(a_i)_{i\in I}\in M^I$表达的含义相同。

设A, B是两个集合，$f: A\longrightarrow B$是一个映射。对任意的$A_0\subseteq A$，$B_0\subseteq B$，

$$f(A_0)=\{f(x)|\ x\in A_0\},\ f^{-1}(B_0)=\{x\in A|f(x)\in B_0\}。$$

当f是一个部分映射时，即f并非在A中的每个元素上都有定义时，我们用$\mathrm{dom}(f)$表示f的定义域，即$\mathrm{dom}(f)=f^{-1}(B)$。$\mathrm{im}(f)$表示$f$的像的集合，即$\mathrm{im}(f)=f(A)$。$f{\restriction}A_0$表示$f$在$A_0$上的限制。即$f{\restriction}A_0$是$A_0$到$B$的映射，且对任意的$x\in\mathrm{dom}(f)\cap A_0$，有$f{\restriction}A_0(x)=f(x)$。

第 2 章　紧致性定理

2.1　Henkin构造法

回忆一下，我们称句子集Σ是一致的（也称为相容的，或可满足的）是指它有一个模型，即存在结构$\mathcal{M}$使得对任意的$\sigma \in \Sigma$都有$\mathcal{M} \models \sigma$。

定义 2.1.1　设Σ是一个句子集。如果Σ的每个有限子集Σ_0都有一个模型，则称Σ是**有限一致的**（也称**有限可满足的**或**有限相容的**）。如果Σ是有限一致的，且对任意的句子σ，都有$\sigma \in \Sigma$或者$\neg\sigma \in \Sigma$，则称Σ是极大有限一致的。

引理 2.1.1　如果句子集Σ是有限一致的，则对任意的句子σ，句子集$\Sigma \cup \{\sigma\}$和$\Sigma \cup \{\neg\sigma\}$至少有一个是有限一致的。

证明:　不妨设$\Sigma \cup \{\sigma\}$不是有限一致的，即存在有限子集$\Sigma_0 \subseteq \Sigma$使得$\Sigma_0 \cup \{\sigma\}$是不相容的，这表明，对$\Sigma_0$的任意模型$\mathcal{M}_0$，都有$\mathcal{M}_0 \models \neg\sigma$。

任取Σ的有穷子集Σ_{00}，则$\Sigma_{00} \cup \Sigma_0$也是$\Sigma$的有穷子集。$\Sigma$是有限一致的，故而有一个模型$\mathcal{N}_0$可以满足$\Sigma_{00} \cup \Sigma_0$。特别地，$\mathcal{N}_0 \models \Sigma_0$，从而$\mathcal{N}_0 \models \neg\sigma$。这就证明了：对任意有穷的$\Sigma_{00} \subseteq \Sigma$，存在结构$\mathcal{N}_0$使得$\mathcal{N}_0 \models \Sigma_{00} \cup \{\neg\sigma\}$。即$\Sigma \cup \{\neg\sigma\}$是有限一致的。 ■

引理2.1.1的一个直接推论是：

推论 2.1.1　如果句子集Σ是有限一致的，则存在极大有限一致的句子集Σ'使得$\Sigma \subseteq \Sigma'$。

证明:　设$\{\sigma_i | i \in \lambda\}$是$\mathcal{L}$-句子集的一个枚举，其中$\lambda \geqslant \omega$是$\mathcal{L}$的基数。我们递归地定义一个句子集序列$\{\Sigma_i | i \in \lambda\}$如下：

(i) $\Sigma_0 = \Sigma$;

(ii) 设Σ_i已经定义，如果$\Sigma_i \cup \{\sigma_i\}$有限一致，则令$\Sigma_{i+1} = \Sigma_i \cup \{\sigma_i\}$，否则$\Sigma_{i+1} = \Sigma_i \cup \{\neg\sigma_i\}$；

(iii) 若$\delta \in \lambda$是一个极限序数，则$\Sigma_\delta = \bigcup_{i<\delta} \Sigma_i$。

根据引理2.1.1，对每个$i < \lambda$，都有Σ_i是有限一致的，从而$\Sigma' = \bigcup_{i<\delta} \Sigma_i$也是有限一致的。根据以上构造，对每个$i < \lambda$，都有或者$\sigma_i \in \Sigma'$，或者$\sigma_i \notin \Sigma'$。 ■

引理 2.1.2 如果句子集Σ是极大有限一致的，则对任意的句子σ：

(i) $\sigma \in \Sigma$当且仅当$\neg\sigma \notin \Sigma$;

(ii) 如果任意结构都满足σ，则$\sigma \in \Sigma$。

证明: 留作练习。 ■

练习 2.1.1 证明引理2.1.2。

推论 2.1.2 如果句子集Σ是极大有限一致的，对任意的句子σ_1, σ_2，有$\sigma_1 \wedge \sigma_2 \in \Sigma$当且仅当$\{\sigma_1, \sigma_2\} \subseteq \Sigma$。

引理 2.1.3 设句子集Σ是有限一致的。若$\exists x\phi(x) \in \Sigma$且常元符号$c$没有在$\Sigma$的句子中出现过，则$\Sigma \cup \{\phi(c)\}$是有限一致的。

证明: 设Σ_0是Σ的一个有限子集。令$\mathcal{M}_0$是$\Sigma_0 \cup \{\exists x\phi(x)\}$的模型，其论域为$M_0$。令$\mathcal{L}' = \mathcal{L} \setminus \{c\}$是$\mathcal{L}$的子语言。由于$\Sigma_0 \cup \{\exists x\phi(x)\}$中没有符号$c$，是一个$\mathcal{L}'$-句子集，故$\mathcal{M}_0$在$\mathcal{L}'$上的约化$\mathcal{M}_0{}' = \mathcal{M}_0 \restriction \mathcal{L}'$也是$\Sigma_0$的模型。特别地，存在$a \in M_0$使得$\mathcal{M}_0{}' \models \phi(a)$。我们将$c$解释为$a$，从而将$\mathcal{L}'$-结构$\mathcal{M}_0{}'$扩张为$\mathcal{L}$-结构$\mathcal{M}_{00}$。同理，由于$\Sigma_0$ 中没有新常元符号c，故$\mathcal{M}_{00} \models \Sigma_0$。另一方面，由于$c^{\mathcal{M}_{00}} = a$，且$\mathcal{M}_{00} \models \phi(a)$，故$\mathcal{M}_{00} \models \phi(c)$。这表明$\mathcal{M}_{00}$是$\Sigma_0 \cup \{\phi(c)\}$的模型。即$\Sigma \cup \{\phi(c)\}$是有限一致的。 ■

定义 2.1.2 设Σ是一个句子集。如果对于每个形如$\exists x\phi(x)$的公式，如果$\exists x\phi(x) \in \Sigma$蕴含着存在一个常元$c$使得$\phi(c) \in \Sigma$，则称$\Sigma$具有Henkin **性质**。

引理 2.1.4 设ψ是公式，若x不是ψ的自由变元，则对任意的结构$\mathcal{M}$和$\mathcal{M}$-指派$\bar{b}$，有$\mathcal{M} \models \psi[\bar{b}]$当且仅当$\mathcal{M} \models (\exists x\psi)[\bar{b}]$。

证明: 留作练习。 ■

练习 2.1.2 证明引理2.1.4。

接下来，我们将给出模型论中最重要的一个定理——紧致性定理。紧致性定理最早由K. Gödel于1929年证明了其可数的情形。事实上，紧致性定理是Gödel完备性定理的一个推论。Gödel的证明在今天看来晦涩难懂，因此我们将采用由L. Henkin简化过的证明。

定理 2.1.1 （紧致性定理）假设$\mathcal{L}$可数，则句子集Σ是有限一致的当且仅当Σ是一致的。

证明: 若Σ是相容的，则它显然是有限一致的。下面证明Σ有限一致可以推出Σ是一致的。

设$\{c_i|\ i \in \omega\}$是一个新常元符号的集合，即每个c_i都不在$\mathcal{L}$中。令$\mathcal{L}' = \mathcal{L} \cup \{c_i|\ i \in \omega\}$为$\mathcal{L}$的扩张。令$\{\sigma_i|\ i \in \omega\}$是$\mathcal{L}'$-句子集的一个枚举，且满足：对任意的$j \in \omega$，$c_j$不在$\{\sigma_i|\ i \leqslant j\}$中出现。我们构造一个$\mathcal{L}'$-句子集的序列$\{\Sigma_i|\ i \in \omega\}$，使得它满足如下条件：

构造 (i) $\Sigma_0 = \Sigma$。

(ii) 若$i \leqslant j \in \omega$，则$\Sigma_i \subseteq \Sigma_j$。

(iii) 对每个$i \in \omega$，都有Σ_i是有限一致的。

(iv) (a) 若$\Sigma_i \cup \{\sigma_i\}$有限一致，则令${\Sigma_{(i+1)}}^a = \Sigma_i \cup \{\sigma_i\}$；否则，令${\Sigma_{(i+1)}}^a = \Sigma_i \cup \{\neg\sigma_i\}$。

(b) 若σ_i是公式$\exists x\phi(x)$，则$\Sigma_{(i+1)} = {\Sigma_{(i+1)}}^a \cup \{\phi(c_i)\}$；否则，令$\Sigma_{(i+1)} = {\Sigma_{(i+1)}}^a$。

断言1 令$\Sigma' = \bigcup_{i\in\omega}\Sigma_i$，则$\Sigma'$是一个包含$\Sigma$的具有Henkin性质的极大有限一致$\mathcal{L}'$-句子集。

证明: 第(i)，(ii)条使得$\Sigma \subseteq \Sigma'$，第(iii)条使得Σ'是有限一致的，第(iv)(a)条使得Σ'是极大有限一致的，第(iv)(b)条使得Σ'具有Henkin 性质，引理2.1.3可以保证经过第(iv)(b)的操作之后仍然是有限一致的。具体细节留作练习。 ■

接下来，我们将构造一个$\mathcal{L}'$-结构$\mathcal{M}$使得$\mathcal{M} \models \Sigma'$。首先在集合$\mathcal{L}'$的常元符号集合上定义一个二元关系$\sim$，即对任意的常元符号$c$和$c'$，$c \sim c'$当且仅当$c = c' \in \Sigma'$。

断言2 二元关系$\sim$是$\{c_i |\ i \in \omega\}$上的等价关系。

证明: 对任意的$i \in \omega$，由于$\neg(c_i = c_i)$没有模型，故$c_i = c_i \in \Sigma'$总是成立的，即$c_i \sim c_i$，从而证明了自反性。对任意的$i, j \in \omega$，若$c_i \sim c_j$，则$c_i = c_j \in \Sigma'$。由于$c_i = c_j \models c_j = c_i$，根据引理2.1.2，有$c_j = c_i \in \Sigma'$，即$c_j \sim c_i$，从而证明了对称性。对任意的$i, j, k \in \omega$，若$c_i \sim c_j$且$c_j \sim c_k$，则$\{c_i = c_j,\ c_j = c_k\} \subseteq \Sigma'$。由于$\{c_i = c_j,\ c_j = c_k\} \models c_i = c_k$，根据引理2.1.2，有$c_i = c_k \in \Sigma'$，即$c_i \sim c_k$，从而证明了传递性。 ■

断言3 对$\mathcal{L}'$中的每个常元符号c，都存在$i \in \omega$使得$c = c_i \in \Sigma'$。

证明: 显然，任意$\mathcal{L}'$-结构都满足公式$\exists x(x = c)$。根据引理2.1.2，$\exists x(x = c) \in \Sigma'$。由于$\{\sigma_i |\ i \in \omega\}$是$\mathcal{L}'$-句子的一个枚举，故存在$i \in \omega$，使得$\exists x(x = c)$是句子$\sigma_i$。根据我们的构造，有$(c_i = c) \in \Sigma_{i+1} \subseteq \Sigma'$。 ■

断言4 若f是n-元函数符号，对任意的常元符号$d_1, \cdots, d_n$，存在$i \in \omega$使得$f(d_i, \cdots, d_n) = c_i \in \Sigma'$。

证明: 显然，任意的$\mathcal{L}'$-结构都满足公式$\exists x(f(d_1, \cdots, d_n) = x)$。根据引理2.1.2，

$$\exists x(f(d_1, \cdots, d_n) = x) \in \Sigma'。$$

由于$\{\sigma_i|\ i\in\omega\}$是$\mathcal{L}'$-句子的一个枚举，因此一定存在$i\in\omega$，使得$\exists x(f(d_1,\cdots,d_n)=x)$是句子$\sigma_i$。根据我们的构造，有

$$(f(d_1,\cdots,d_n)=c_i)\in\Sigma_{i+1}\subseteq\Sigma'。$$

■

显然，重复断言2的证明过程，我们可以证明$\sim$是$\mathcal{L}$的常元符号集合上的等价关系，我们仍用$[c]$来表示c在常元符号集中的等价类。令$M=\{[c]|\ c$是$\mathcal{L}'$中的常元符号$\}$。显然，根据断言3， $M=\{[c_i]|\ i\in\omega\}$。我们现在构造一个以M为论域的$\mathcal{L}'$-结构$\mathcal{M}$。

常元符号的解释 若c是$\mathcal{L}'$中的常元符号，我们令$c^{\mathcal{M}}=[c]\in M$。

函数符号的解释 若f是n-元函数符号，对任意的$([c_{m_1}],\cdots,[c_{m_n}])\in M^n$，断言4保证存在$j\in\omega$使得$f(c_{m_1},\cdots,c_{m_n})=c_j\in\Sigma'$。我们令$f^{\mathcal{M}}([c_{m_1}],\cdots,[c_{m_n}])=[c_j]$。

关系符号的解释 若R是n-元关系符号。我们令

$$R^{\mathcal{M}}=\{([c_{m_1}],\cdots,[c_{m_n}])|\ R(c_{m_1},\cdots,c_{m_2})\in\Sigma'\}。$$

显然我们把常元符号c_j解释为它的等价类$[c_j]$是合理的。下面的断言保证了我们对函数符号和关系符号的解释也是合理的，即我们的定义与代表元的选取无关。

断言5 设$c_{m_1},\cdots,c_{m_n},c_{k_1},\cdots,c_{k_n}$是常元符号，且对每个$1\leqslant i\leqslant n$，都有$c_{m_i}\sim c_{k_i}$。

(i) 若f是n-元函数符号，则$f^{\mathcal{M}}([c_{m_1}],\cdots,[c_{m_n}])=f^{\mathcal{M}}([c_{k_1}],\cdots,[c_{k_n}])$；

(ii) 若R是n-元关系符号，则$R(c_{m_1},\cdots,c_{m_n})\in\Sigma'$当且仅当$R(c_{k_1},\cdots,c_{k_n})\in\Sigma'$。

证明: 与断言3和断言4的证明类似，留作练习。 ■

断言5表明$\mathcal{M}$是一个$\mathcal{L}'$-结构。

断言6 设t是$\mathcal{L}'$-项，且t不含变元符号，从而$t^{\mathcal{M}}$是一个常函数，则$t^{\mathcal{M}} = [c]$当且仅当$t = c \in \Sigma'$。

证明: 我们对t的长度归纳证明。

基础步1 若t是常元符号d，则根据定义$d^{\mathcal{M}} = [c]$当且仅当$d = c \in \Sigma'$。

基础步2 若t是$f(d_1, \cdots, d_n)$，其中f是n-元函数符号，$d_1, \cdots, d_n$是$\mathcal{L}'$中的常元符号，则根据定义，有$f^{\mathcal{M}}({d_1}^{\mathcal{M}}, \cdots, {d_n}^{\mathcal{M}}) = [c]$当且仅当$f(d_1, \cdots, d_n) = c \in \Sigma'$。

归纳步 若t是$f(t_1, \cdots, t_n)$，其中f是n-元函数符号，$t_1, \cdots, t_n$是$\mathcal{L}'$中的项。假设${t_i}^{\mathcal{M}} = [d_i]$，则根据归纳假设，$t_i = d_i \in \Sigma'$。$t^{\mathcal{M}} = [c]$ 当且仅当$f^{\mathcal{M}}({t_1}^{\mathcal{M}}, \cdots, {t_n}^{\mathcal{M}}) = [c]$，即$f^{\mathcal{M}}([d_1], \cdots, [d_n]) = [c]$。根据定义，有$f(d_1, \cdots, d_n) = c \in \Sigma'$。由于

$$\{t_1 = d_1, \cdots, t_n = d_n, f(d_1, \cdots, d_n) = c\} \models f(t_1, \cdots, t_n) = c,$$

根据引理2.1.2，$f(t_1, \cdots, t_n) = c \in \Sigma'$。

反之，设$f(t_1, \cdots, t_n) = c \in \Sigma'$。设${t_i}^{\mathcal{M}} = [d_i]$， 且

$$f^{\mathcal{M}}([d_1], \cdots, [d_n]) = [c']\text{”}$$

则根据归纳假设，$\{t_1 = d_1, \cdots, t_n = d_n, f(d_1, \cdots, d_n) = c'\} \subseteq \Sigma'$。显然

$$\{t_1 = d_1, \cdots, t_n = d_n, f(d_1, \cdots, d_n) = c', f(t_1, \cdots, t_n) = c\} \models c = c'。$$

根据引理2.1.2，有$c = c' \in \Sigma'$，从而$[c] = [c']$。

以上完成了对断言6的证明。 ■

断言7 对每个$\mathcal{L}$-句子σ都有：$\sigma \in \Sigma'$当且仅当$\mathcal{M} \models \sigma$。

证明：我们对句子σ的长度归纳证明。

基础步1 设σ是$t_1 = t_2$。若$\sigma \in \Sigma$，由于$\exists x(t_1 = x)$和$\exists x t_2 = x$被所有结构满足，故$\exists x t_1 = x$和$\exists x t_2 = x$均在Σ'中。由于Σ'有Henkin性质，故存在常元符号d_1, d_2使得$\{t_1 = d_1, t_2 = d_2\} \subseteq \Sigma'$，根据断言6，有${t_1}^{\mathcal{M}} = [d_1]$且${t_2}^{\mathcal{M}} = [d_2]$。另一方面，

$$\{t_1 = d_1, t_2 = d_2, t_1 = t_2\} \models d_1 = d_2。$$

即$[d_1] = [d_2]$，这就证明了$\mathcal{M} \models t_1 = t_2$。

反之，若$\mathcal{M} \models \sigma$，则存在常元$c$使得$t_1^{\mathcal{M}} = t_2^{\mathcal{M}} = [c]$。由断言6，$\{t_1 = c, t_2 = c\} \subseteq \Sigma'$。从而$\Sigma' \models t_1 = t_2$。

基础步2 设σ是$R(t_1, \cdots, t_n)$，其中R是n-元关系符号。若$\sigma \in \Sigma$，由于Σ'是极大有限一致的，故

$$\{(\exists x t_i = x) |\ 1 \leqslant i \leqslant n\} \subseteq \Sigma'。$$

由于Σ'有Henkin性质，故存在常元符号$d_1, \cdots, d_n$使得$\{t_i = d_i |\ 1 \leqslant i \leqslant n\} \subseteq \Sigma'$，故而${t_i}^{\mathcal{M}} = [d_i]$，$i = 1, \cdots, n$。另一方面，

$$\{t_1 = d_1, \cdots, t_n = d_n, R(t_1, \cdots, t_n)\} \models R(d_1, \cdots, d_n),$$

即$R(d_1, \cdots, d_n) \in \Sigma'$。根据定义，有$([d_1], \cdots, [d_n]) \in R^{\mathcal{M}}$，即

$$({t_1}^{\mathcal{M}}, \cdots, {t_n}^{\mathcal{M}}) \in R^{\mathcal{M}}。$$

这就证明了$\mathcal{M} \models R(t_1, \cdots, t_n)$。

反之，若$\mathcal{M} \models \sigma$，则$({t_1}^{\mathcal{M}}, \cdots, {t_n}^{\mathcal{M}}) \in R^{\mathcal{M}}$。存在常元$d_1, \cdots, d_m$使得$[d_i] = t_i^{\mathcal{M}}$，从而$([d_1], \cdots, [d_n]) \in R^{\mathcal{M}}$。由定义，有$R(d_1, \cdots, d_n) \in \Sigma'$。由断言6，有$[d_i] = t_i^{\mathcal{M}}$蕴涵$(d_i = t_i) \in \Sigma'$。故而$\Sigma' \models R(t_1, \cdots, t_n)$。

归纳步1 设σ是$\psi_1 \wedge \psi_2$，则$\mathcal{M} \models \sigma$当且仅当$\mathcal{M} \models \psi_1$且$\mathcal{M} \models \psi_2$。由归纳假设，$\mathcal{M} \models \psi_1$且$\mathcal{M} \models \psi_2$当且仅当$\{\psi_1, \psi_2\} \subseteq \Sigma'$。则根据引理2.1.2，$\{\psi_1, \psi_2\} \subseteq \Sigma'$当且仅当$\sigma \in \Sigma'$。

归纳步2 若σ是$\neg\psi$。由于Σ'是极大有限一致的，$\sigma \in \Sigma'$当且仅当$\psi \notin \Sigma'$。根据归纳假设，$\psi \notin \Sigma'$当且仅当$\mathcal{M} \not\models \psi$当且仅当$\mathcal{M} \models \sigma$。

归纳步3 (i) 设σ是$\exists x\psi(x)$。若ψ是句子，根据引理2.1.4，$\{\exists x\psi\} \models \psi$且$\{\psi\} \models \exists x\psi$。从而$\sigma \in \Sigma'$当且仅当$\psi \in \Sigma'$。根据归纳假设，$\psi \in \Sigma'$当且仅当$\mathcal{M} \models \psi$。再次利用引理2.1.4，有$\mathcal{M} \models \psi$当且仅当$\mathcal{M} \models \exists x\psi(x)$。

(ii) 设x是ψ中的自由变元符号。若$\sigma \in \Sigma'$，由于Σ'具有Henkin性质，则存在常元c使得$\psi(c) \in \Sigma'$。由于$\psi(c)$的长度比$\exists x\psi(x)$短，根据归纳假设，$\mathcal{M} \models \psi(c)$，即$\mathcal{M} \models \psi([c])$，从而$\mathcal{M} \models \exists x\psi(x)$。

反之，$\mathcal{M} \models \exists x\psi(x)$ 当且仅当存在常元c使得$\mathcal{M} \models \psi([c])$，从而$\mathcal{M} \models \psi(c)$。根据归纳假设，$\psi(c) \in \Sigma'$。显然$\{\psi(c)\} \models \exists x\psi(x)$。故$\sigma \in \Sigma'$。

以上是对断言7的证明。 ■

这就证明了$\mathcal{M}$是Σ'的模型。显然，若$\sigma \in \Sigma'$是$\mathcal{L}$-句子，则$\mathcal{M}$在$\mathcal{L}$上的约化$\mathcal{M}\restriction\mathcal{L}$满足$\sigma$。特别地，$\Sigma \subseteq \Sigma'$且$\Sigma$是$\mathcal{L}$-句子集，故$\mathcal{M}\restriction\mathcal{L} \models \Sigma$。 ■

在定理2.1.1的证明中不难发现，我们构造出的$\mathcal{M}$的基数至多为$\aleph_0$。事实上，对任意的无穷基数λ，若语言$\mathcal{L}^*$的基数为λ，并且Σ^*是有限一致的$\mathcal{L}^*$-句子集，令$\{c_i|\ i < \lambda\}$ 是一组新常元。按照以上方法，我们可以构造一个论域为$\{[c_i]|\ i < \lambda\}$的$\mathcal{L}^*$-结构满足Σ^*。因此，一般地，我们有以下推论：

推论 2.1.3 若$\mathcal{L}^*$是一个语言，Σ^*是一个有限一致的$\mathcal{L}^*$-句子集，则Σ^*有一个基数不超过$|\mathcal{L}^*|$的模型。

练习 2.1.3 证明推论2.1.3。

设Σ与Γ是两个句子集，若对Σ的每个模型$\mathcal{M}$，都存在$\gamma \in \Gamma$使得$\mathcal{M} \models \gamma$，则记作

$$\Sigma \models \bigvee \Gamma。$$

注 2.1.1 设Σ与Γ是两个句子集，则$\Sigma \models \bigvee \Gamma$只是一个记号。事实上，对于无穷的公式集$\Gamma$，$\bigvee \Gamma$并不是公式。

推论 2.1.4 设Σ与Γ是两个句子集。若$\Sigma \models \bigvee \Gamma$，则存在$\Sigma$的有限子集$\Sigma_0$及$\Gamma$的有限子集$\Gamma_0$，使得$\Sigma_0 \models \bigvee \Gamma_0$。

练习 2.1.4 证明推论2.1.4。

在第1章中，我们提到例1.3.1的（iii）需要紧致性定理。下面给出证明。

引理 2.1.5 $\mathcal{K}_{TG}$不是初等类（见例1.3.1）。

证明: 设各种记号如例1.3.1。令$T = \mathrm{Th}(\mathcal{K}_{TG})$，$\mathcal{L}' = \mathcal{L}_G \cup \{c\}$，其中$c$是一个新常元。令$\sigma_n$为$c^n \neq e$，其中$n = 1, 2, \cdots$。则$T \cup \{\sigma_n | \ n = 1, 2, \cdots\}$是有限一致的。对任意$\{\sigma_{m_1}, \cdots, \sigma_{m_k}\}$，令$N > \max\{m_1, \cdots, m_k\}$，且$I_N$是一个$N$阶循环群，则$I_N$显然是挠群，从而$I_N \models T$。现在将新常元$c$解释为$I_N$的生成元$a$，则$a^n = e$当且仅当$N$整除$n$，即$I_N \models T \cup \{\sigma_{m_1}, \cdots, \sigma_{m_k}\}$。这就证明了$T \cup \{\sigma_n | \ n = 1, 2, \cdots\}$是有限一致的。根据紧致性定理，有$T \cup \{\sigma_n | \ n = 1, 2, \cdots\}$是一致的。令$\mathcal{M}$是$T \cup \{\sigma_n | \ n = 1, 2, \cdots\}$ 的模型，则$c^{\mathcal{M}}$是无挠的，即对任意的正整数n，都有$c^{\mathcal{M}^n} \neq e^{\mathcal{M}}$。故$\mathcal{M}$不是挠群，从而$\mathcal{M} \notin \mathcal{K}_{TG}$。这就证明了$\mathcal{K}_{TG}$不是初等类。 ■

如果将以上证明中的σ_n改为表达含义为“至少有n个元素”的句子，即

$$\exists x_1, \cdots, x_n (\bigwedge_{1 \leqslant i \neq j \leqslant n} x_i \neq x_j),$$

由于有基数任意大的有限域，以上论证同样可以证明我们提到的例1.3.2的（ii），即

引理 2.1.6 $\mathcal{K}_{FF}$不是初等类。

2.2 超积

在上一节中，我们为有限一致的句子集Σ构造了一个模型。我们把这个构造称为Henkin构造法。在本节中，我们将用另一种方法构造Σ的模型，并把这种构造法称为超积。

对任意的集合X，我们用$\mathcal{P}(X)$表示X的幂集，即X的全体子集的集合。首先引入滤子的定义。

定义 2.2.1 设I是一个集合。如果$\mathcal{U} \subseteq \mathcal{P}(I)$满足：

(i) $\emptyset \notin \mathcal{U}$且$I \in \mathcal{U}$;

(ii) 对任意的$A, B \in \mathcal{P}(I)$，若$A \in \mathcal{U}$且$A \subseteq B$，则$B \in \mathcal{U}$;

(iii) 对任意的$A, B \in \mathcal{P}(I)$，若$A \in \mathcal{U}$且$B \in \mathcal{U}$，则$A \cap B \in \mathcal{U}$,

则称$\mathcal{U}$是I上的**滤子**。此外，如果对每个$A \in \mathcal{P}(I)$，均有$A \in \mathcal{U}$或$I/A \in \mathcal{U}$，则称滤子$\mathcal{U}$为**超滤子**（或**极大滤子**）。

设$\mathcal{U} \subseteq \mathcal{P}(I)$。若对任意的$n \in \mathbb{N}$，以及$A_1, \cdots, A_n \in \mathcal{U}$，均有

$$\bigcap_{1 \leqslant k \leqslant n} A_k \neq \emptyset,$$

则称$\mathcal{U}$有**有限交性质**。若$\mathcal{U} \subseteq \mathcal{P}(I)$有有限交性质，则$I$上存在包含$\mathcal{U}$的滤子。事实上，我们可以按照如下方法构造序列$\{\mathcal{U}_i |\ i \in \mathbb{N}\}$:

(i) $\mathcal{U}_0 = \mathcal{U}$;

(ii) 若$n = 2i + 1$，则$\mathcal{U}_n = \{\bigcap_{1 \leqslant k \leqslant m} A_k |\ A_1, \cdots, A_m \in \mathcal{U}_{2i}, m \in \mathbb{N}\}$;

(iii) 若$n = 2i + 2$，则$\mathcal{U}_n = \{B \subseteq I |$存在$A \in \mathcal{U}_{2i+1}$使得$A \subseteq B\}$。

令$\overline{\mathcal{U}} = \bigcup_{i \in \mathbb{N}} \mathcal{U}_i$，则$\overline{\mathcal{U}}$是包含$\mathcal{U}$的一个滤子。

练习 2.2.1 证明$\overline{\mathcal{U}}$是包含$\mathcal{U}$的一个滤子。

设Σ是X上的σ-代数。如果实值函数$\mu:\Sigma\longrightarrow\mathbb{R}$满足：

(i) 对任意的$E\in\Sigma$，都有$\mu(E)\geqslant 0$；

(ii) $\mu(\emptyset)=0$；

(iii) 设D为有限集，当$E_i|\ i\in D\subseteq\Sigma$两两互不相交时，有$\mu(\bigcup_{i\in D}E_i)=\sum_{i\in D}\mu(E_i)$，

则称μ是X上的一个**有限可加的测度**。如果μ的值只有0和1，则μ是一个$\{0,1\}$-**测度**。

注 2.2.1

(i) I上的一个超滤子$\mathcal{U}$恰好诱导出I上的一个$\{0,1\}$-测度$\mu:\mathcal{P}(I)\longrightarrow\{0,1\}$，其中$\mu$定义为$\mu(A)=1$当且仅当$A\in\mathcal{U}$。

(ii) 根据Zorn引理，每个滤子都可以扩张为一个极大滤子。

练习 2.2.2　证明注2.2.1(i)中定义的μ是一个$\{0,1\}$-测度。

在本节中，我们仍然设$\mathcal{L}$是一个可数语言。变元符号集为$\{x_i|\ i\in\omega\}$。我们也可以用x,y,z来表示变元符号。如果没有特殊说明，所有的常元符号、函数符号、关系符号均是$\mathcal{L}$中的常元符号、函数符号、关系符号，项、公式、结构均是$\mathcal{L}$-项、$\mathcal{L}$-公式、$\mathcal{L}$-结构。

设I是一个集合，$\mathcal{U}$是I上的一个滤子。$\{\mathcal{M}_i|i\in I\}$是一族结构，其中每个$\mathcal{M}_i$的论域是M_i。令$\Pi_{i\in I}M_i=\{f:I\longrightarrow\bigcup_{i\in I}M_i|\ f(i)\in M_i\}$。若$f\in\Pi_{i\in I}M_i$且$f(i)=a_i$，则用$(a_i)_{i\in I}$来表示$f$。我们定义$\Pi_{i\in I}M_i$上的关系$\sim_\mathcal{U}$如下：

$$s\sim_\mathcal{U} t\iff\{i\in I|s(i)=t(i)\}\in\mathcal{U}。$$

注 2.2.2　如果$\mathcal{U}$是超滤子，我们可以将$\mathcal{U}$看作是I上的$\{0,1\}$-测度，那么$\{i\in I|s(i)=t(i)\}\in\mathcal{U}$表明函数$s$和$t$在一个测度为1的集合上函数值相同。故我们可以将$s\sim_\mathcal{U} t$直观地理解为函数$s$和函数$t$几乎处处相等。

练习 2.2.3 证明$\sim_{\mathcal{U}}$是$\Pi_{i\in I}M_i$上的等价关系。

令$\sim_{\mathcal{U}}$是$\Pi_{i\in I}M_i$上的等价关系。若$t\in\Pi_{i\in I}M_i$，我们用$[t]$ 表示t 的等价类，用$\Pi_{i\in I}M_i/\sim_{\mathcal{U}}$表示$\Pi_{i\in I}M_i$关于等价关系$\sim_{\mathcal{U}}$的等价类的集合$\{[t]|\ t\in\Pi_{i\in I}M_i\}$。接下来，我们把$\Pi_{i\in I}M_i/\sim_{\mathcal{U}}$解释为一个$\mathcal{L}$-结构$\mathcal{M}$。

(i) 若c是常元符号，令$c_i=c^{\mathcal{M}_i}$，则$(c_i)_{i\in I}\in\Pi_{i\in I}M_i$。我们将$c$解释为$(c_i)_{i\in I}$的等价类$[(c_i)_{i\in I}]$。

(ii) 若f是n-元函数符号，对任意的$t_1,\cdots,t_n\in\Pi_{i\in I}M_i$，令

$$f^{\mathcal{M}}([t_1],\cdots,[t_n])=[(f^{\mathcal{M}_i}(t_1(i),\cdots,t_n(i)))_{i\in I}]。$$

(iii) 若R是n-元关系符号，对任意的$t_1,\cdots,t_n\in\Pi_{i\in I}M_i$，$([t_1],\cdots,[t_n])\in R^{\mathcal{M}}$当且仅当$\{i\in I|\ (t_1(i),\cdots,t_n(i))\in R^{\mathcal{M}_i}\}\in\mathcal{U}$。

我们有如下引理：

引理 2.2.1 $\mathcal{M}=\{\Pi_{i\in I}M_i/\sim_{\mathcal{U}},\ (Z^{\mathcal{M}})_{Z\in L}\}$是一个$\mathcal{L}$-结构。

证明: 设f是n-元函数符号。我们首先验证$f^{\mathcal{M}}$是良定的。设$t_1,\cdots,t_n,s_1,\cdots,s_n\in\Pi_{i\in I}M_i$且对所有的$1\leqslant k\leqslant n$均有$[t_k]=[s_k]$，即$D_k=\{i\in I|\ s_k(i)=t_k(i)\}\in\mathcal{U}$。由于$\mathcal{U}$是滤子，故$D=\cap_{1\leqslant k\leqslant n}D_k\in\mathcal{U}$。对每个$i\in D$，均有

$$f^{\mathcal{M}_i}(t_1(i),\cdots,t_n(i))=f^{\mathcal{M}_i}(s_1(i),\cdots,s_n(i)),$$

从而

$$D\subseteq\{i\in I|\ f^{\mathcal{M}_i}(t_1(i),\cdots,t_n(i))=f^{\mathcal{M}_i}(s_1(i),\cdots,s_n(i))\}。$$

由于$\mathcal{U}$是滤子，故

$$\{i\in I|\ f^{\mathcal{M}_i}(t_1(i),\cdots,t_n(i))=f^{\mathcal{M}_i}(s_1(i),\cdots,s_n(i))\}\in\mathcal{U},$$

即

$$[(f^{\mathcal{M}_i}(t_1(i),\cdots,t_n(i)))_{i\in I}]=[(f^{\mathcal{M}_i}(s_1(i),\cdots,s_n(i)))_{i\in I}]。$$

这就证明了$f^{\mathcal{M}}$是$\Pi_{i\in I}M_i/\sim_{\mathcal{U}}$上的$n$-元函数。类似地，可以证明对任意$n$-元关系符号$R$，$R^{\mathcal{M}}$是$\Pi_{i\in I}M_i/\sim_{\mathcal{U}}$上的$n$-元关系。 ■

我们将结构$\{\Pi_{i\in I}M_i/\sim_{\mathcal{U}},(Z^{\mathcal{M}})_{Z\in L}\}$记作$\Pi_{i\in I}\mathcal{M}_i/\sim_{\mathcal{U}}$，并称其为$\{\mathcal{M}_i|\ i\in I\}$在$\mathcal{U}$上的**积**，当$\mathcal{U}$是超滤子时，称其为$\{\mathcal{M}_i|\ i\in I\}$在$\mathcal{U}$上的**超积**。如果公式$\phi$中的逻辑连接词只有$\wedge$和$\vee$，则称$\phi$是一个**正公式**。

定理 2.2.1 （Loś超积定理）设I是一个集合，$\mathcal{U}$是I上的一个滤子，$\{\mathcal{M}_i|\ i\in I\}$是一族结构，$\phi(x_1,\cdots,x_n)$是一个正公式，$[s_1],\cdots,[s_n]\in\Pi_{i\in I}M_i/\sim_{\mathcal{U}}$，则

$$\Pi_{i\in I}\mathcal{M}_i/\sim_{\mathcal{U}}\models\phi([s_1],\cdots,[s_n])\iff\{i\in I|\ \mathcal{M}_i\models\phi(s_1(i),\cdots,s_n(i))\}\in\mathcal{U}。\tag{2.1}$$

若$\mathcal{U}$是I上的一个超滤子，则任意的公式$\phi(x_1,\cdots,x_n)$都满足式(2.1)。

证明: 设$\mathcal{U}$是I上的一个超滤子。对公式ϕ的长度归纳证明。

基础步 若ϕ是原子公式，则根据$\Pi_{i\in I}\mathcal{M}_i/\sim_{\mathcal{U}}$的定义，式（2.1）自然成立。

归纳步1 若ϕ是$\neg\psi$，由归纳假设，

$$\Pi_{i\in I}\mathcal{M}_i/\sim_{\mathcal{U}}\models\psi([s_1],\cdots,[s_n])\iff$$

$$\{i\in I|\ \mathcal{M}_i\models\psi(s_1(i),\cdots,s_n(i))\}\in\mathcal{U}。$$

故

$$\Pi_{i\in I}\mathcal{M}_i/\sim_{\mathcal{U}}\models\phi([s_1],\cdots,[s_n])$$

当且仅当

$$\Pi_{i\in I}\mathcal{M}_i/\sim_{\mathcal{U}}\not\models\psi([s_1],\cdots,[s_n]),$$

当且仅当

$$\{i \in I |\ \mathcal{M}_i \models \psi(s_1(i), \cdots, s_n(i))\} \notin \mathcal{U}。$$

由于$\mathcal{U}$是超滤子，故

$$D = \{i \in I |\ \mathcal{M}_i \models \psi(s_1(i), \cdots, s_n(i))\} \notin \mathcal{U}$$

当且仅当$I \backslash D \in \mathcal{U}$。显然

$$I \backslash D = \{i \in I |\ \mathcal{M}_i \not\models \psi(s_1(i), \cdots, s_n(i))\}$$

$$= \{i \in I |\ \mathcal{M}_i \models \phi(s_1(i), \cdots, s_n(i))\}。$$

这就证明了ϕ满足式(2.1)。

归纳步2 若ϕ是$\psi_1 \wedge \psi_2$，由归纳假设，ψ_1和ψ_2都满足式(2.1)。现在，

$$\Pi_{i \in I} \mathcal{M}_i / \sim_{\mathcal{U}} \models \phi([s_1], \cdots, [s_n])$$

当且仅当

$$\Pi_{i \in I} \mathcal{M}_i / \sim_{\mathcal{U}} \models \psi_1([s_1], \cdots, [s_n]) \Pi_{i \in I} \mathcal{M}_i / \sim_{\mathcal{U}} \models \psi_2([s_1], \cdots, [s_n]),$$

当且仅当

$$D_1 = \{i \in I |\ \mathcal{M}_i \models \psi_1(s_1(i), \cdots, s_n(i))\} \in \mathcal{U} \text{且}$$

$$D_2 = \{i \in I |\ \mathcal{M}_i \models \psi_2(s_1(i), \cdots, s_n(i))\} \in \mathcal{U}。$$

由于$\mathcal{U}$是滤子，$D_1 \in \mathcal{U}$且$D_2 \in \mathcal{U}$当且仅当$D_1 \cap D_2 \in \mathcal{U}$。

显然$D_1 \cap D_2 = \{i \in I |\ \mathcal{M}_i \models \phi(s_1(i), \cdots, s_n(i))\}$。这就证明了$\phi$满足式(2.1)。

归纳步3 若ϕ是$\exists y \psi$，则$\Pi_{i \in I} \mathcal{M}_i / \sim_{\mathcal{U}} \models \phi([s_1], \cdots, [s_n])$当且仅当有$[t] \in \Pi_{i \in I} \mathcal{M}_i / \sim_{\mathcal{U}}$使得$\Pi_{i \in I} \mathcal{M}_i / \sim_{\mathcal{U}} \models \psi([s_1], \cdots, [s_n], [t])$。由归纳假设，

$$\Pi_{i \in I} \mathcal{M}_i / \sim_{\mathcal{U}} \models \psi([s_1], \cdots, [s_n], [t])$$

当且仅当

$$D=\{i\in I|\ \mathcal{M}_i\models\psi(s_1(i),\cdots,s_n(i),t(i))\}\in\mathcal{U}。$$

显然，

$$D\subseteq\{i\in I|\ \mathcal{M}_i\models\exists y\psi(s_1(i),\cdots,s_n(i),y)\}。$$

由于$\mathcal{U}$是滤子，故$\{i\in I|\ \mathcal{M}_i\models\exists y\psi_1(s_1(i),\cdots,s_n(i))\}\in\mathcal{U}$。

反之，若$D'=\{i\in I|\ \mathcal{M}_i\models\exists y\psi(s_1(i),\cdots,s_n(i),y)\}\in\mathcal{U}$，则对每个$i\in D'$，都存在$t_i\in M_i$使得$\mathcal{M}_i\models\psi(s_1(i),\cdots,s_n(i),t_i)$。运用选择公理，取一个$t\in\Pi_{i\in I}\mathcal{M}_i/\sim$使得$t(i)=t_i$，则显然$D'\subseteq\{i\in I|\ \mathcal{M}_i\models\psi(s_1(i),\cdots,s_n(i),t(i))\}$。由于$\mathcal{U}$是滤子，故

$$\{i\in I|\ \mathcal{M}_i\models\psi(s_1(i),\cdots,s_n(i),t(i))\}\in\mathcal{U}。$$

根据归纳假设，$\Pi_{i\in I}\mathcal{M}_i/\sim_{\mathcal{U}}\models\psi([s_1],\cdots,[s_n],[t])$，即

$$\Pi_{i\in I}\mathcal{M}_i/\sim_{\mathcal{U}}\models\exists y\psi([s_1],\cdots,[s_n],y)。$$

在以上的证明中，基础步、归纳步2和归纳步3 只用到$\mathcal{U}$是滤子这个条件。只有在归纳步1中，我们用到了$\mathcal{U}$是超滤子这个性质。这表明，如果ϕ是正公式，即ϕ中没有否定符号，则$\mathcal{U}$是滤子即可推出式(2.1)成立。 ■

若$\mathcal{U}$是I上的超滤子，将$\mathcal{U}$看作是I上的一个$\{0,1\}$-测度，则Loś超积定理可以表述为：$\Pi_{i\in I}\mathcal{M}_i/\sim_{\mathcal{U}}$认为$\phi([s_1],\cdots,[s_n])$为真当且仅当几乎每个$\mathcal{M}_i$认为$\phi(s_1(i),\cdots,s_n(i))$为真。利用Loś超积定理，我们可以给定理2.1.1 一个更简洁优美的证明。

定理 2.2.2　句子集Σ是有限一致的当且仅当Σ是相容的。

证明: 设Σ是一个有限一致的句子集。不妨设Σ 是一个理论，即$\Sigma\models\sigma\Longrightarrow\sigma\in\Sigma$。令$\{\Sigma_i|\ i\in I\}$是$\Sigma$的所有有限子集，则对每个$i\in I$，存在$\Sigma_i$的模型$\mathcal{M}_i$。对每个$\sigma\in\Sigma$，令$X_\sigma=\{i\in I|\ \Sigma_i\models\sigma\}\subseteq I$。

设$\sigma_1,\cdots,\sigma_n\in\Sigma$，则$\bigwedge_{1\leqslant k\leqslant n}\sigma_k\in\Sigma$且$X_{\bigwedge_{1\leqslant k\leqslant n}\sigma_k}\subseteq\bigcap_{1\leqslant k\leqslant n}X_{\sigma_k}$。显然对每个$\sigma\in\Sigma$，$X_\sigma$非空，故$\bigcap_{1\leqslant k\leqslant n}X_{\sigma_k}$非空。这表明$\{X_\sigma\subseteq I|\ \sigma\in\Sigma\}$具有有限交性质，存在$I$上的一个滤子包含$\{X_\sigma\subseteq I|\ \sigma\in\Sigma\}$。根据Zorn引理，存在$I$上的一个极大滤子$\mathcal{U}$包含$\{X_\sigma\subseteq I|\ \sigma\in\Sigma\}$。

现在，对每个$\sigma\in\Sigma$，$X_\sigma\subseteq\{i\in I|\ \mathcal{M}_i\models\sigma\}$，故$\{i\in I|\ \mathcal{M}_i\models\sigma\}\in\mathcal{U}$。根据Łoś超积定理，有$\Pi_{i\in I}\mathcal{M}_i/\sim_{\mathcal{U}}\models\sigma$，即$\Pi_{i\in I}\mathcal{M}_i/\sim_{\mathcal{U}}$是$\Sigma$的模型。这就证明了$\Sigma$是一致的。 ■

若$\mathcal{U}$是集合I上的一个超滤子，$\mathcal{N}$是一个结构，对每个$i\in I$，令$\mathcal{M}_i=\mathcal{N}$，则将$\Pi_{i\in I}\mathcal{M}_i/\sim_{\mathcal{U}}$记作$\mathcal{N}^I/\sim_{\mathcal{U}}$。根据Łoś超积定理，显然有：

推论 2.2.1 *若$\mathcal{U}$是集合I上的一个超滤子，$\mathcal{N}$是一个结构，则$\mathcal{N}^I/\sim_{\mathcal{U}}$与$\mathcal{N}$初等等价。*

2.3 超积的应用

引理 2.3.1 *设$\mathcal{K}$是一族$\mathcal{L}$-结构，则$\mathcal{K}$是初等类当且仅当$\mathcal{K}$关于初等等价关系和超积封闭。*

证明: 令$T=\mathrm{Th}(\mathcal{K})$。若$\mathcal{K}$是初等类，即$\mathcal{M}\in\mathcal{K}$当且仅当$\mathcal{M}\models T$，设$\mathcal{M}\in\mathcal{K}$，并且假设$\mathcal{N}\equiv\mathcal{M}$，则$\mathcal{N}\models T$，从而$\mathcal{N}\in\mathcal{K}$。设$\{\mathcal{M}_i|\ i\in I\}\subseteq\mathcal{K}$且$\mathcal{U}$是$I$上的一个超滤，故$\{i\in I|\ \mathcal{M}_i\models T\}=I\in\mathcal{U}$，从而$\Pi_{i\in I}\mathcal{M}_i/\sim_{\mathcal{U}}\models T$。即$\mathcal{K}$关于初等等价关系和超积封闭。

现在设$\mathcal{K}$关于初等等价关系和超积封闭。设$\mathcal{M}\models T$。令$\Sigma=\mathrm{Th}(\mathcal{M})$，$\{\Sigma_i|\ i\in I\}$是$\Sigma$的全体有限子集。

断言 *对每个$i\in I$，存在$\mathcal{M}_i\in\mathcal{K}$使得$\mathcal{M}_i\models\Sigma_i$。*

证明: 否则，存在$i\in I$，使得对每个$\mathcal{N}\in\mathcal{K}$，都有$\mathcal{N}\not\models\Sigma_i$。设$\Sigma_i=\{\sigma_1,\cdots,\sigma_n\}$，则对每个$\mathcal{N}\in\mathcal{K}$，都有$\mathcal{N}\models\bigvee_{1\leqslant k\leqslant n}\neg\sigma_k$，即$\bigvee_{1\leqslant k\leqslant n}\neg\sigma_k\in T\subseteq\mathrm{Th}(\mathcal{M})$。故存在$1\leqslant k\leqslant n$使得$\neg\sigma_k\in\mathrm{Th}(\mathcal{M})$，即$\{\sigma_k,\neg\sigma_k\}\subseteq\mathrm{Th}(\mathcal{M})$。这是一个矛盾。 ■

现在，对每个$i \in I$，我们会有$\mathcal{M}_i \in \mathcal{K}$使得$\mathcal{M}_i \models \Sigma_i$，则$\Pi_{i\in I}\mathcal{M}_i/\sim_{\mathcal{U}} \in \mathcal{K}$。另一方面，根据定理2.2.2 的证明，存在$I$上的一个超滤子$\mathcal{U}$使得$\Pi_{i\in I}\mathcal{M}_i/\sim_{\mathcal{U}} \models \Sigma = \mathrm{Th}(\mathcal{M})$，即$\Pi_{i\in I}\mathcal{M}_i/\sim_{\mathcal{U}} \equiv \mathcal{M}$。从而$\mathcal{M} \in \mathcal{K}$。 ■

关于超积的一个重要定理是Keisler-Shelah同构定理。

定理 2.3.1 （Keisler-Shelah同构定理） *两个结构$\mathcal{M}$和$\mathcal{N}$初等等价当且仅当存在集合I及I上的超滤子$\mathcal{U}$，使得*

$$\mathcal{M}^I/\sim_{\mathcal{U}} \cong \mathcal{N}^I/\sim_{\mathcal{U}}。$$

Keisler-Shelah同构定理的证明需要用到第4章中的饱和模型的概念，以及集合论中的一些结论，因此，在学完饱和模型之后，我们将给出此定理简化版的一个证明（见Keisler-Shelah同构定理的证明1）。有兴趣了解完整证明的读者可参考[7]和[8]。

注 2.3.1 *设$\mathcal{K}$是一族结构。我们构造一个序列$\{\mathcal{K}_n|\ n \in \mathbb{N}\}$:*

(i) $\mathcal{K}_0 = \mathcal{K}$;

(ii) 若$n = 2i+1$，则$\mathcal{K}_n = \{\mathcal{M}|\ \mathcal{M}$是结构且存在$\mathcal{N} \in \mathcal{K}_{2i}$使得$\mathcal{M} \equiv \mathcal{N}\}$;

(iii) 若$n = 2i+2$，则$\mathcal{K}_n = \{\mathcal{M}|\ \mathcal{M}$是$\mathcal{K}_{2i+1}$中一族结构的超积$\}$。

*根据引理2.3.1，$\overline{\mathcal{K}} = \bigcup_{n\in\mathbb{N}} \mathcal{K}_n$是包含$\mathcal{K}$的最小的初等类。我们称其为$\mathcal{K}$的***初等类闭包**。

定义 2.3.1 *设$\mathcal{M}$是一个结构。如果对任意的句子σ都有：$\mathcal{M} \models \sigma$蕴涵着存在有限结构$\mathcal{M}_0 \models \sigma$，则称$\mathcal{M}$是***伪有限的**。*如果$\mathcal{M}$是伪有限的，并且不是有限的，则称$\mathcal{M}$是***严格伪有限的**。

引理 2.3.2 *$\mathcal{M}$是伪有限的当且仅当$\mathcal{M}$与一族有限结构的超积初等等价。*

证明: 设$\mathcal{M}$是伪有限的。对每个$\sigma \in \mathrm{Th}(\mathcal{M})$，令$\mathcal{M}_\sigma$是满足$\sigma$的有限结构。令$X_\sigma = \{\sigma' \in \mathrm{Th}(\mathcal{M})|\ \mathcal{M}_{\sigma'} \models \sigma\}$，则可以证明$\{X_\sigma|\ \sigma \in \mathrm{Th}(\mathcal{M})\} \subseteq$

$\mathcal{P}(\mathrm{Th}(\mathcal{M}))$ 有有限交性质。令$\mathcal{U} \subseteq \mathcal{P}(\mathrm{Th}(\mathcal{M}))$是包含$\{X_\sigma |\ \sigma \in \mathrm{Th}(\mathcal{M})\}$的极大滤子。容易验证：对任意的$\sigma \in \mathrm{Th}(\mathcal{M})$都有

$$\Pi_{\sigma\in\mathrm{Th}(\mathcal{M})}\mathcal{M}_\sigma/\sim_{\mathcal{U}} \models \sigma,$$

即$\mathcal{M} \equiv \Pi_{\sigma\in\mathrm{Th}(\mathcal{M})}\mathcal{M}_\sigma/\sim_{\mathcal{U}}$。

反之，若$\mathcal{M}$与一族有限结构$\{\mathcal{M}_i |\ i \in I\}$关于$\mathcal{U}$的超积$\Pi_{i\in I}\mathcal{M}_i/\sim_{\mathcal{U}}$初等等价，则对任意句子$\sigma$，$\mathcal{M} \models \sigma$当且仅当$Y_\sigma = \{i \in I |\ \mathcal{M}_i \models \sigma\} \in \mathcal{U}$。特别地，$Y_\sigma$非空。即存在$i \in I$使得$\mathcal{M}_i \models \sigma$，从而$\mathcal{M}$是伪有限的。 ■

事实上，我们在例1.3.2的（iii）中提到的伪有限域也是用超积的方法构造的。读者可以参考[9]的第四章来了解有关超积的更多性质。

2.4 型的空间

紧致性定理是模型论中最基础的定理。然而“紧致性”是拓扑学中的一个性质，我们将在本节中用拓扑学的观点来解释紧致性定理的含义。首先引入拓扑空间的定义。

定义 2.4.1 设X是一个集合，$\tau \subseteq \mathcal{P}(X)$。如果$\tau$满足：

(i) $\emptyset \in \tau$且$X \in \tau$；

(ii) 若$A \in \tau$且$B \in \tau$，则$A \cap B \in \tau$；

(iii) 对任意的加标集I，若$\{A_i |\ i \in I\} \subseteq \tau$，则$\bigcup_{i\in I} A_i \in \tau$，

则称(X,τ)是一个**拓扑空间**，称τ是X上的一个**拓扑**，称τ中的元素为拓扑空间(X,τ)上的**开集**。我们称开集的补集为**闭集** 。若$A \subseteq X$既是开集又是闭集，则称A为**开闭集**。在没有歧义的情况下，我们可以省略掉τ，直接称X为拓扑空间。

以上的拓扑是通过规定X的开集族来定义的。对偶地，我们也可以通过规定闭集来给出拓扑。事实上，容易验证：

注 2.4.1 设X是一个集合，$\tau \subseteq \mathcal{P}(X)$，$\bar{\tau} = \{A \subseteq X \mid X \backslash A \in \tau\}$。要证明$(X, \tau)$是一个拓扑空间，只须证明$\bar{\tau}$满足以下条件：

(i) $\emptyset \in \bar{\tau}$且$X \in \bar{\tau}$；

(ii) 若$A \in \bar{\tau}$且$B \in \bar{\tau}$，则$A \cup B \in \bar{\tau}$；

(iii) 对任意的加标集I，若$\{A_i \mid i \in I\} \subseteq \bar{\tau}$，则$\bigcap_{i \in I} A_i \in \bar{\tau}$。

定义 2.4.2 设(X, τ)是一个拓扑空间。

(i) 若对任意不同的$x, y \in X$，都存在互不相交的开集U_x和U_y，使得$x \in U_x$且$y \in U_y$，则称(X, τ)是一个Hausdorff**空间**。

(ii) 若对任意不同的$x, y \in X$，都存在开闭集$A \subseteq X$，使得$x \in A$且$y \notin A$，则称X是**完全不连通的**。

定义 2.4.3 设(X, τ)是一个拓扑空间，$U \subseteq X$。对X的任意的指标集I及任意一族开子集组$\{O_i \mid i \in I\}$，若$U \subseteq \bigcup_{i \in I} O_i$，则称$\{O_i \mid i \in I\}$ 是U的一个**开覆盖**。若存在I的有限子集I_0 使得$U \subseteq \bigcup_{i \in I_0} O_i$，则称$\{O_i \mid i \in I\}$有$U$的**有限子覆盖**。我们称$U \subseteq X$是$X$的**紧子集**是指：对$U$ 的任意开覆盖都有有限子覆盖。若X本身是紧集，则称(X, τ)是**紧致的**（或(X, τ)是**紧空间**）。

设$\mathcal{T}$是全体完备一致的$\mathcal{L}$-理论的集合。设Σ是一个句子集，则将$\{T \in \mathcal{T} \mid \Sigma \subseteq T\}$记作$[\Sigma]$。若$\Sigma = \{\sigma\}$，则$[\Sigma]$也记作$[\sigma]$。令

$$\tau = \{X \subseteq \mathcal{T} \mid \text{存在句子集}\Sigma\text{使得}X\text{的补集}\mathcal{T} \backslash X = [\Sigma]\} \subseteq \mathcal{P}(\mathcal{T}),$$

则$\bar{\tau} = \{A \subseteq \mathcal{T} \mid \mathcal{T} \backslash A \in \tau\} = \{[\Sigma] \mid \Sigma\text{是句子集}\}$。

引理 2.4.1 设各个记号的含义如上，则$(\mathcal{T}, \tau)$是一个紧致的、完全不连通的空间。

证明:

(i) 首先证明$(\mathcal{T},\tau)$是一个拓扑空间，即证明$\bar{\tau}$满足：

(a) $[\exists x(x\neq x)]=\emptyset$，$[\forall x(x=x)]=\mathcal{T}$，故$\emptyset\in\bar{\tau}$ 且$\mathcal{T}\in\bar{\tau}$。

(b) $\bar{\tau}$关于有限并封闭：设Σ_1和Σ_2是句子集，我们令

$$\Sigma_3=\{\sigma_1\vee\sigma_2|\ \sigma_1\in\Sigma_1\text{且}\sigma_2\in\Sigma_2\}。$$

容易验证：$[\Sigma_1]\cup[\Sigma_2]=[\Sigma_3]$。

(c) $\bar{\tau}$关于任意交封闭：设I是一个加标集，$\{\Sigma_i|\ i\in I\}$是一族句子，令$\Sigma=\bigcup_{i\in I}\Sigma_i$。容易验证：$\bigcap_{i\in I}[\Sigma_i]=[\Sigma]$。

故$(\mathcal{T},\tau)$是一个拓扑空间。

(ii) 对每个句子σ及$T\in\mathcal{T}$，由于T是完备的，有$\sigma\in T$成立或$\neg\sigma\in T$成立，故$\mathcal{T}\backslash[\sigma]=[\neg\sigma]$，故$[\sigma]$是一个开闭集。设$T_1,T_2\in\tau$是不同理论，则存在$\sigma$使得$\sigma\in T_1$且$\neg\sigma\in T_2$，从而$T_1\in[\sigma]$且$T_2\in[\neg\sigma]$。现在$[\sigma]$和$[\neg\sigma]$都是开闭集，且$[\sigma]\cap[\neg\sigma]=\emptyset$，这就证明了$\mathcal{T}$是完全不连通的空间。

(iii) 下面证明$(\mathcal{T},\tau)$是紧致的。

断言 若$O\subseteq\mathcal{T}$是一个开集，则对任意的$T\in O$，都存在句子σ使得$T\in[\sigma]\subseteq O$。即$O=\bigcup\{[\sigma]\subseteq O|\ \sigma\text{是句子}\}$。

证明: 设$O=\mathcal{T}\backslash[\Sigma]$，其中$\Sigma$是一个句子集。若$\Sigma$不一致，则$O=\mathcal{T}$。对于任意的$T\in\mathcal{T}$，任取$\sigma\in T$，有$T\in[\sigma]\subseteq O$。

现在设Σ是一致的，则$T\in O$当且仅当存在$\sigma\in\Sigma$使得$\neg\sigma\in T$。故$T\in[\neg\sigma]$。另一方面，对任意的$T'\in[\neg\sigma]$，有$\neg\sigma\in T'$。由于$\sigma\in\Sigma$且T'是一致的，故$\Sigma\not\subseteq T'$，从而$T'\in O$，即$[\neg\sigma]\subseteq O$。故断言成立。

■

设I是一个加标集且$\{O_i|\ i\in I\}$是$\mathcal{T}$的一个开覆盖。根据以上断言，对每个O_i，都有一族句子$\{\sigma_{i_k}|\ k\in|\mathcal{L}|\}$ 使得$O_i=\bigcup_{k\in|\mathcal{L}|}[\sigma_{i_k}]$，因

此，$\bigcup_{i\in I,k\in|\mathcal{L}|}[\sigma_{i_k}]=\mathcal{T}$。如果我们能证明$\{[\sigma_{i_k}]|\ i\in I,k\in|\mathcal{L}|\}$的一个有限子集可以覆盖$\mathcal{T}$，我们就完成了证明。

因此，不失一般性，我们可以假设对每个$i\in I$，都存在句子σ_i使得$[\sigma_i]=O_i$。显然$\{[\sigma_i]|\ i\in I\}$是$\mathcal{T}$的一个开覆盖当且仅当$\{\neg\sigma_i|\ i\in I\}$不一致。由紧致性定理，存在$I$的有限子集$I_0$使得$\{\neg\sigma_i|\ i\in I_0\}$不一致。故而，对任意的$T\in\mathcal{T}$，$\bigwedge_{i\in I_0}\sigma_i\notin T$。由于$T$是完备的，$\bigvee_{i\in I_0}\sigma_i\in T$，因此$\{[\sigma_i]|\ i\in I_0\}$是$\mathcal{T}$的一个有限开覆盖，从而$\mathcal{T}$是一个紧空间。

以上是对引理2.4.1的证明。 ■

事实上，由$\mathcal{T}$是紧空间可以直接推导出紧致性定理：若句子集Σ不一致，则任意的$T\in\mathcal{T}$，$\Sigma\not\subseteq T$。故对任意的$T\in\mathcal{T}$，存在$\sigma\in\Sigma$使得$\sigma\notin T$，从而$\neg\sigma\in T$，即$T\in[\neg\sigma]$。这表明$\{[\neg\sigma]|\ \sigma\in\Sigma\}$是$\mathcal{T}$的开覆盖。若$\mathcal{T}$是紧空间，则$\{[\neg\sigma]|\ \sigma\in\Sigma\}$有有限子覆盖，即存在有限子集$\Sigma_0\subseteq\Sigma$使得$\{[\neg\sigma]|\ \sigma\in\Sigma_0\}$是$\mathcal{T}$的覆盖，从而$\Sigma_0$是不一致的。这就证明了紧致性定理。因此我们有如下结论：

注 2.4.2 紧致性定理的等价表述是$\mathcal{T}$是紧空间。

从现在开始，我们允许出现任意多个的变元。设Σ是一个$\mathcal{L}$-公式集，I是一个加标集。若Σ中的公式的自由变元来自变元符号集$\{x_i|\ i\in I\}$，则将Σ记作$\Sigma(x_i)_{i\in I}$。但在不产生歧义的情况下，有时仍简记作Σ。

定义 2.4.4 设$\Sigma(x_i)_{i\in I}$是一个公式集，$\mathcal{M}$是论域为M的结构。我们称$\mathcal{M}$是$\Sigma(x_i)_{i\in I}$的**模型**是指：存在$\{a_i|\ i\in I\}\subseteq M$，使得对每个$\phi(x_{i_1},\cdots,x_{i_n})\in\Sigma(x_i)_{i\in I}$，均有$\mathcal{M}\models\phi(a_{i_1},\cdots,a_{i_n})$，记作$\mathcal{M}\models\Sigma(a_i)_{i\in I}$。若$\Sigma(x_i)_{i\in I}$有模型，则称$\Sigma(x_i)_{i\in I}$**一致**。若$\Sigma(x_i)_{i\in I}$的每个有限子集都一致，则称$\Sigma(x_i)_{i\in I}$**有限一致**。

练习 2.4.1 设$\Sigma(x_1,\cdots,x_n)$是一个有限公式集。证明：$\Sigma(x_1,\cdots,x_n)$一致当且仅当句子$\exists x_1,\cdots,x_n(\bigwedge\Sigma)$一致。

引理 2.4.2 设I是一个加标集，$\Sigma(x_i)_{i\in I}$是一个公式集，$\{c_i|\ i\in I\}$是不属于$\mathcal{L}$的一组新常元。令$\mathcal{L}'=\mathcal{L}\cup\{c_i|\ i\in I\}$，令$\Sigma(c_i)_{i\in I}$是通过用$c_i$替换$\Sigma(x_i)_{i\in I}$中自由出现的$x_i$而得到的一个$\mathcal{L}'$-句子集，则$\Sigma(x_i)_{i\in I}$一致当且仅当$\Sigma(c_i)_{i\in I}$一致。

证明: 设$\Sigma(x_i)_{i\in I}$一致，则存在论域为M的$\mathcal{L}$-结构$\mathcal{M}$，以及$\{a_1|\ i\in I\}\subseteq M$，使得$\mathcal{M}\models\Sigma(a_i)_{i\in I}$。将$c_i$解释为$a_i$，有$\mathcal{L}'$-结构$\mathcal{M}'=(\mathcal{M},\{a_i|\ i\in I\})$（见例1.1.2），则$\mathcal{M}'\models\Sigma(c_i)_{i\in I}$。反之，设$\Sigma(c_i)_{i\in I}$一致，则存在论域为$N$的$\mathcal{L}'$-结构$\mathcal{N}$，使得$\mathcal{N}\models\Sigma(c_i)_{i\in I}$。设${c_i}^{\mathcal{N}}=b_i$，令$\mathcal{N}$在$\mathcal{L}$上的约化为$\mathcal{N}_0$，则$\mathcal{N}_0\models\Sigma(b_i)_{i\in I}$。■

引理2.4.2 和定理2.1.1的直接推论是:

推论 2.4.1 设I是一个加标集，$\Sigma(x_i)_{i\in I}$ 是一个公式集。$\Sigma(x_i)_{i\in I}$一致当且仅当$\Sigma(x_i)_{i\in I}$有限一致。

练习 2.4.2 证明推论2.4.1。

定义 2.4.5

(i) 设I是一个加标集，$\Sigma(x_i)_{i\in I}$是一个公式集。若$\Sigma(x_i)_{i\in I}$是一致的，则称$\Sigma(x_i)_{i\in I}$是一个I-**型**。若T是一个理论（不必是完备的），且$T\cup\Sigma(x_i)_{i\in I}$是一致的，则称$\Sigma$是$T$**的**$I$-**型**。当$I=\{0,\cdots,n-1\}$时，我们将$T$的$I$-型称作$T$**的**$n$-**型**。

(ii) 设$\Sigma(x_i)_{i\in I}$是理论T的I-型。若对任意的$i_1,\cdots,i_n\in I$及任意的公式$\phi(x_{i_1},\cdots,x_{i_n})$，总有$\phi(x_{i_1},\cdots,x_{i_n})\in\Sigma$或$\neg\phi(x_{i_1},\cdots,x_{i_n})\in\Sigma$，则称$\Sigma$是$T$**的完全**$I$-**型**。类似地，我们也可以定义$T$**的完全**$n$-**型**。

引理 2.4.3 设I是一个加标集，$\Sigma(x_i)_{i\in I}$是一个公式集，$\mathcal{M}$是一个结构，$T=\mathrm{Th}(\mathcal{M})$，则$\Sigma(x_i)_{i\in I}$是$T$的$I$-型当且仅当对每个有限的$\Sigma_0\subseteq\Sigma$，都有$\mathcal{M}\models\exists\bar{x}(\bigwedge\Sigma_0(\bar{x}))$，其中$\bar{x}=x_{i_1},\cdots,x_{i_n}$是所有的出现在$\Sigma_0$中的自由变元。

证明:

$\Longleftarrow$ 设每个有限的$\Sigma_0 \subseteq \Sigma$都有$\mathcal{M} \models \exists\bar{x}(\bigwedge\Sigma_0(\bar{x}))$。根据练习2.4.1，$T \cup \Sigma_0$是一致的。根据推论2.4.1，有$T \cup \Sigma(x_i)_{i\in I}$一致。从而$\Sigma(x_i)_{i\in I}$是$T$的$I$-型。

$\Longrightarrow$ 反之，设$\Sigma(x_i)_{i\in I}$是T的I-型，则对每个有限的$\Sigma_0(\bar{x}) \subseteq \Sigma(x_i)_{i\in I}$，有$T \cup \Sigma_0(\bar{x})$ 一致。故存在论域为N的结构$\mathcal{N}$及$\bar{a} = (a_1, \cdots, a_n) \in N^n$，使得$\mathcal{N} \models T\cup\Sigma_0(\bar{a})$。由于$T$ 是完备的，$T = \mathrm{Th}(\mathcal{N}) = \mathrm{Th}(\mathcal{M})$。另一方面，$\mathcal{N} \models \Sigma_0(\bar{a})$蕴含着$\mathcal{N} \models \exists\bar{x}(\bigwedge\Sigma_0(\bar{x}))$。故$\exists\bar{x}(\bigwedge\Sigma_0(\bar{x})) \in T$，从而$\mathcal{M} \models \exists\bar{x}(\bigwedge\Sigma_0(\bar{x}))$。

证毕。 ■

定义 2.4.6 设T是一个理论，我们用记号$S_n(T)$表示T的全体完全n-型构成的集合。

注 2.4.3 我们在$S_n(T)$上引入一个拓扑τ：即$X \subseteq S_n(T)$是闭集当且仅当存在T的一个n-型$\Sigma(x_0, \cdots, x_{n-1})$，使得$X = \{p(x_0, \cdots, x_{n-1}) \in S_n(T) \mid \Sigma \subseteq p\}$。我们把这样的$X$记作$[\Sigma]$。类似引理2.4.1，可以证明$(S_n(T), \tau)$是一个紧致的、完全不连通的Hausdorff空间。此外，还可以证明：$X \subseteq S_n(T)$是开闭集当且仅当存在公式$\phi(x_0, \cdots, x_{n-1})$，使得$X = [\{\phi\}]$。我们将$[\{\phi\}]$简记作$[\phi]$。

练习 2.4.3 设T是一个一致的理论。证明：

(i) 以上定义的$(S_n(T), \tau)$是一个拓扑空间；

(ii) $(S_n(T), \tau)$是一个紧致的、完全不连通的Hausdorff空间。

2.5 Löwenheim-Skolem定理

紧致性定理的一个重要应用是Löwenheim-Skolem定理。L. Löwenheim在1915年证明了：可数语言$\mathcal{L}$上的句子σ如果是可满足的，则σ一定有一个可数模型。T. Skolem在1921年给出一个简化的证明并作出了推广。

定理 2.5.1 (下行Löwenheim-Skolem定理) 设$\mathcal{M}$是一个论域为M的结构，$A \subseteq M$，则存在$N \subseteq M$使得N是$\mathcal{M}$的初等子结构，$A \subseteq N$，且

$$|N| \leqslant \max\{|A|, |\mathcal{L}|, \aleph_0\}。$$

证明: 我们用Tarski准则（定理1.4.2）来证明。我们按照如下方法构造M的子集序列$A_0 \subseteq A_1 \subseteq \cdots$:

(i) $A_0 = A$。

(ii) 设A_n已经构造好，则至多有$|A_n| + |\mathcal{L}| + \aleph_0$个$\mathcal{L}_{A_n}$-公式，故$M$的非空的$A_n$-可定义集至多有$|A_n| + |\mathcal{L}| + \aleph_0$个。设$P_n$是全体非空的$A_n$-可定义集，令$f_n : P_n \longrightarrow M$是选择函数，即对每个$X \in P_n$，有$f_n(X) \in X$。显然$f_n$的像的集合$f_n(P_n)$的基数不超过$|A_n|+|\mathcal{L}|+\aleph_0$。令$A_{n+1} = A_n \cup f_n(P_n)$。

令$N = \bigcup_{n\in\mathbb{N}} A_n$，则

断言1 N是$\mathcal{M}$的初等子结构。

证明: 我们用Tarski准则来证明。设$X \subseteq M$是$\mathcal{M}$的非空的N-可定义子集。定义X只要用到有限多个参数，即存在$b_1, \cdots, b_n \in N$使得X是$\{b_1, \cdots, b_n\}$-可定义集。由于$N = \bigcup_{n\in\mathbb{N}} A_n$，故存在充分大的$m \in \mathbb{N}$使得$\{b_1, \cdots, b_n\} \subseteq A_m$，即$X$是非空的$A_m$-可定义集。由于$f_m(X) \in X \cap A_{m+1}$，故$X \cap N$非空。故而$N$是$M$的初等子结构。 ■

断言2 $|N| \leqslant \max\{|A|, |\mathcal{L}|, \aleph_0\}$。

证明: 显然，只须证明每个A_n都满足$|A_n| \leqslant \max\{|A|, |\mathcal{L}|, \aleph_0\}$。我们对$n \in \mathbb{N}$归纳证明。$n = 0$时显然成立。若$n = m+1$且$|A_m| \leqslant \max\{|A|, |\mathcal{L}|, \aleph_0\}$，则$A_{m+1} = A_m \cup f_m(P_m)$。由于

$$|f_m(P_m)| \leqslant \max\{|A_m|, |\mathcal{L}|, \aleph_0\},$$

故

$$|A_{m+1}| \leqslant \max\{|A_m|, |\mathcal{L}|, \aleph_0\} \leqslant \max\{|A|, |\mathcal{L}|, \aleph_0\}。$$

■

故而N满足定理条件。 ■

由于作为初等子结构的集合$N \subseteq M$可以自然地解释为$\mathcal{M}$的初等子结构，因此定理2.5.1也可表述为：

定理 2.5.2 （下行Löwenheim-Skolem定理'） 设$\mathcal{M}$是一个论域为M的结构，$A \subseteq M$，则存在论域为N的结构$\mathcal{N}$使得$\mathcal{N} \prec \mathcal{M}$，$A \subseteq N$，且

$$|N| \leqslant \max\{|A|, |\mathcal{L}|, \aleph_0\}。$$

定理 2.5.3 （上行Löwenheim-Skolem定理） 设$\mathcal{M}$是一个论域为M的$\mathcal{L}$-结构，其中M是无穷集合，$\lambda \geqslant |M| + |\mathcal{L}|$，则存在基数为$\lambda$的$\mathcal{L}$-结构$\mathcal{N}$，使得$\mathcal{M} \prec \mathcal{N}$。

证明：令$\{c_i | \ i < \lambda\}$是不在$\mathcal{L}_M$中出现的一组新常元。令$\mathcal{L}' = \mathcal{L}_M \cup \{c_i | \ i < \lambda\}$，则$|\mathcal{L}'| = \lambda$。令$\Sigma = \mathrm{Diag_{el}}(\mathcal{M}) \cup \{c_i \neq c_j | \ i < j < \lambda\}$。显然$\mathcal{M}$可以自然地解释为一个$\mathcal{L}_M$-结构，且$\mathcal{M} \models \mathrm{Diag_{el}}(\mathcal{M})$。

断言 Σ是一个有限一致的$\mathcal{L}'$-句子集。

证明：设$i_1 < \cdots < i_n < \lambda$，则$\mathrm{Diag_{el}}(\mathcal{M}) \cup \{c_{i_j} \neq c_{i_k} | \ 1 \leqslant j < k \leqslant n\}$是一致的。事实上，由于$M$是无穷集合，因此可以找到$n$个元素。我们可以将$c_{i_1}, \cdots, c_{i_n}$解释为$M$中互不相同的$n$个元素，从而将$\mathcal{M}$扩张为一个$\mathcal{L}_M \cup \{c_{i_k} | 1 \leqslant k \leqslant n\}$-结构$\mathcal{M}'$。显然$\mathcal{M}' \models \{c_{i_k} \neq c_{i_j} | \ 1 \leqslant j < k \leqslant n\}$。另一方面，由于每个$c_{i_k}$都是新常元，故对每个$\mathcal{L}_M$-句子$\sigma$，都有$\mathcal{M} \models \sigma$当且仅当$\mathcal{M}' \models \sigma$。显然，$\mathcal{M}' \models \mathrm{Diag_{el}}(\mathcal{M})$。这就证明了$\mathcal{M}' \models \mathrm{Diag_{el}}(\mathcal{M}) \cup \{c_{i_j} \neq c_{i_k} | \ 1 \leqslant j < k \leqslant n\}$，即$\Sigma$是一个有限一致的$\mathcal{L}'$-句子。 ■

根据推论2.1.3，有一个基数不超过$|\mathcal{L}'| = \lambda$的$\mathcal{L}'$-结构$\mathcal{N}$满足Σ。另一方面，$\mathcal{N} \models \{c_i \neq c_j | \ i < j < \lambda\}$表明$|\mathcal{N}| \geqslant \lambda$，从而$\mathcal{N}$的基数为$\lambda$。$\mathcal{N}$（在

$\mathcal{L}_M$上的约化）是$\mathrm{Diag}_{\mathrm{el}}(\mathcal{M})$ 的模型。根据引理1.4.4，映射$h: a \mapsto a^{\mathcal{N}}$是$\mathcal{L}$-结构$\mathcal{M}$到$\mathcal{L}$-结构$\mathcal{N}\restriction\mathcal{L}$ 的初等嵌入。根据引理1.4.3，存在$\bar{\mathcal{M}} \succ \mathcal{M}$使得$\bar{\mathcal{M}} \cong \mathcal{N}$。显然$|\bar{\mathcal{M}}| = \lambda$。 ■

注 2.5.1 需要注意的是，定理2.5.3中，$\mathcal{M}$是无穷结构这一条件是必要的。有趣的是，由于Skolem本人不相信存在着不可数集合，因此他也不相信上行Löwenheim-Skolem定理。并且一直以自己的名字命名“Löwenheim-Skolem定理”为耻。为了说明Löwenheim-Skolem定理是错的，Skolem还在集合论上提出了一个有趣的“悖论”，称为Skolem**悖论**：我们知道集合论的语言是$\{\in\}$，从而是一个可数语言。如果ZF（Zermelo - Fraenkel 公理，见[1]）有模型，则ZF有一个无穷模型。因此ZF有一个可数模型M。我们假设M是传递的，即$x \in y \wedge y \in M$蕴涵着$x \in M$。现在$ZF \models \exists x\ (x = \omega)$，从而$M \models \exists x\ (x = \omega)$（即$M$中有个元素$x$，$x$是无穷集合）。因此$M \models \exists y \exists x\ (x = \omega$且$y = \mathcal{P}(x))$，故而$M \models \exists y\ (y$是不可数的)。也就是说，$M$认为$M$中有一个元素$y$，$y$中有不可数多个元素，而$y$中的元素都是$M$的元素，因此$M$是不可数的。

以上的“悖论”事实上源于“不可数”的定义。在集合论中，我们称一个集合X不可数，是指不存在X到自然数集合$\mathbb{N}$的单射。在上面的例子中，M认为“M中有一个元素y且y中有不可数多个元素”指的是“不存在y到$\mathbb{N}$的单射的M-可定义函数”。显然M中至多有可数多个M-可定义函数，而y到$\mathbb{N}$的函数有$\mathbb{N}^{|y|}$个，因此在比M更“大”的结构中，我们就能找到y到$\mathbb{N}$的单射函数了。

另一个解释是：在结构M中，x的幂集$\mathcal{P}(x)$只包含了x在M中的子集，即$\mathcal{P}(x) = \{x_0 \in M|\ x_0 \subseteq x\}$，因此，（在结构$M$外看来）是可数的，但是$M$中找不到$\mathcal{P}(x)$到$\mathbb{N}$的单射。以上讨论表明：“可数”是一个相对的概念。

练习 2.5.1 设$\mathcal{M}$是一个有限的$\mathcal{L}$-结构。证明$\mathcal{M}$的每个初等膨胀都与$\mathcal{M}$同构，即上行Löwenheim-Skolem定理此时不成立。

推论 2.5.1 设T是一个$\mathcal{L}$-理论，且T有一个无穷模型。若无穷基数$\lambda \geqslant |\mathcal{L}|$，则存在$T$的基数为$\lambda$的模型。

证明: 由定理2.5.2和定理2.5.3直接推出。 ■

命题 2.5.1 设结构$\mathcal{M}_1$和$\mathcal{M}_2$初等等价，则存在结构$\mathcal{N}$及初等嵌入$g_1 : \mathcal{M}_1 \longrightarrow \mathcal{N}$和初等嵌入$g_2 : \mathcal{M}_2 \longrightarrow \mathcal{N}$。

证明: 设$\mathcal{M}_1$和$\mathcal{M}_2$的论域分别为M_1和M_2。不失一般性，设$M_1 \cap M_2 \neq \emptyset$。令$\mathcal{L}' = \mathcal{L}_{M_1} \cup \mathcal{L}_{M_2}$。

断言 $\mathrm{Diag_{el}}(\mathcal{M}_1) \cup \mathrm{Diag_{el}}(\mathcal{M}_2)$是一致的$\mathcal{L}'$-句子集。

证明: 设$\Sigma_1 \subseteq \mathrm{Diag_{el}}(\mathcal{M}_1)$和$\Sigma_2 \subseteq \mathrm{Diag_{el}}(\mathcal{M}_2)$是两个有限子集。

令$\phi(a_1, \cdots, a_n)$为$\bigwedge \Sigma_1$，$\psi(b_1, \cdots, b_m)$为$\bigwedge \Sigma_2$，其中$\phi(x_1, \cdots, x_n)$和$\psi(y_1, \cdots, y_m)$是两个$\mathcal{L}$-公式，$a_1, \cdots, a_n \in M_1$，并且$b_1, \cdots, b_m \in M_2$，故

$$\mathcal{M}_1 \models \phi(a_1, \cdots, a_n) \text{且} \mathcal{M}_2 \models \psi(b_1, \cdots, b_m)\text{。}$$

故

$$\mathcal{M}_1 \models \exists x_1, \cdots, x_n \phi(x_1, \cdots, x_n)\text{。}$$

由于$\mathcal{M}_1 \equiv \mathcal{M}_2$，故$\mathcal{M}_2 \models \exists x_1, \cdots, x_n \phi(x_1, \cdots, x_n)$。故存在$b'_1, \cdots, b'_n \in M_2$使得$\mathcal{M}_2 \models \phi(b'_1, \cdots, b'_n)$。

由于$a_1, \cdots, a_n$不在$\mathcal{L}_{M_2}$中出现，我们将新常元$a_1, \cdots, a_n$在$\mathcal{M}_2$中解释为$b'_1, \cdots, b'_n$，从而将$\mathcal{M}_2$扩张为一个$\mathcal{L}_{M_2} \cup \{a_1, \cdots, a_n\}$-结构$\mathcal{M}'_2$，且

$$\mathcal{M}'_2 \models \phi(a_1, \cdots, a_n) \cap \psi(b_1, \cdots, b_m),$$

即$\mathcal{M}'_2 \models \Sigma_1 \cup \Sigma_2$。这就证明了$\Sigma$有限一致，从而一致。 ■

令$\mathcal{L}'$-结构$\bar{\mathcal{N}} \models \mathrm{Diag_{el}}(\mathcal{M}_1) \cup \mathrm{Diag_{el}}(\mathcal{M}_2)$。令$\mathcal{N}$是$\bar{\mathcal{N}}$在$\mathcal{L}$上的约化，根据引理1.4.4，$g_1 : M_1 \longrightarrow N$，$a \mapsto a^{\mathcal{N}}$及$g_2 : M_2 \longrightarrow N$，$b \mapsto b^{\mathcal{N}}$是两个初等嵌入。 ■

练习 2.5.2　假设$M_1 \cap M_2 \neq \emptyset$。证明命题2.5.1。

显然，命题2.5.1和引理1.4.3的直接推论就是：

推论 2.5.2　设结构$\mathcal{M}_1$和$\mathcal{M}_2$初等等价，则存在结构$\mathcal{N}$使得$\mathcal{M}_1 \prec \mathcal{N}$且$\mathcal{M}_2 \prec \mathcal{N}$。

练习 2.5.3　证明推论2.5.2。

第3章 紧致性定理的应用

我们在第1章中，先引入语言的定义，再引入结构的定义。事实上，这个顺序也可反过来。我们可以先定义结构，后给出语言。比如设M是一个非空集，$\{R_i|\ i\in I\}$是M上的一族关系，其中R_i是n_i-元关系，$\{f_j|\ j\in J\}$是M上的一族函数，其中f_j是m_j-元函数，$\{c_k|\ k\in K\}\subseteq M$是一些“特殊元素”。那么，我们可以令语言$\mathcal{L}$为$\{\bar{R}_i, \bar{f}_j, \bar{c}_k|\ i\in I, j\in J, k\in K\}$。将$\bar{R}_i$，$\bar{f}_j$，$\bar{c}_k$分别解释为$R_i$，$f_j$，$c_k$，则$(M,\{R_i\}_{i\in I},\{f_j\}_{j\in J}, \{c_k\}_{k\in K})$就是一个$\mathcal{L}$-结构。当然，我们选用不同的语言$\mathcal{L}'$，也可以使得$(M, \{R_i\}_{i\in I}, \{f_j\}_{j\in J}, \{c_k\}_{k\in K})$成为$\mathcal{L}'$-结构。这表明结构本质上并不依赖语言，语言$\mathcal{L}$只是方便我们表达结构而已。因此我们可以直接称$(M, \{R_i\}_{i\in I}, \{f_j\}_{j\in J}, \{c_k\}_{k\in K})$为一个结构。为了方便表达，我们有时不会将结构中的关系、函数及常元完全列出。比如，$(M, <, \cdots)$指的是一个含有二元关系$<$和其他关系、函数及常元的结构，而$(M, \cdots)$表示一个一般的结构。

我们也会用结构的论域来表示结构本身。例如，如果$\mathcal{M}=(M, \cdots)$是一个结构，那么在没有歧义时，我们直接称M是一个结构，即结构M指的是结构$(M, \cdots)$。

定义 3.0.1 设λ是一个基数。如果一个$\mathcal{L}$-理论T的基数为λ的模型都是相互同构的，则称理论T是λ-**范畴**的。

如果理论T的基数为λ的模型都是相互同构的，我们也可以说：T的基数为λ的模型在同构意义下只有一个。显然，在定义3.0.1中，我们限定一个基数λ是必要的。这是因为：如果T有一个无穷模型，那么根据推论2.5.1，对任意的无穷基数$\kappa\geqslant|\mathcal{L}|$，$T$有基数为$\kappa$的模型，而不同基数的模型显然不能互相同构。

定理 3.0.4 （Loś-Vaught测试） $\mathcal{L}$-理论T只有无穷模型，且T是λ-范畴的，其中$\lambda\geqslant|\mathcal{L}|+\aleph_0$，则$T$是完备的。

证明: 我们用反证法。反设T不完备，则存在句子σ使得$T_1 = T \cup \{\sigma\}$和$T_2 = T \cup \{\neg\sigma\}$都是一致的。由题设，$T_1$和$T_2$都是只有无穷模型的理论。由推论2.5.1，存在$M_1 \models T_1$和$M_2 \models T_2$，且$|M_1| = |M_2| = \lambda$。显然$M_1$和$M_2$均是$T$的模型，但是$M_1 \models \sigma$且$M_2 \models \neg\sigma$，故它们不同构。这是一个矛盾。 ∎

3.1 代数闭域

在第1章中，我们用环的语言$\mathcal{L}_r = \{*, +, o, e\}$给出了域的公理$\Sigma_F$，即结构$(R, \times_R, +_R, 0_R, 1_R)$是域当且仅当$R \models \Sigma_F$。

接下来，我们快速地回忆一下和域相关的一些知识点。我们假设读者学过基本的代数知识。

设R是一个交换环，我们用$R[x_1, \cdots, x_n]$表示系数来自R的所有n-元多项式的集合。容易验证，$R[x_1, \cdots, x_n]$在多项式的加法和乘法下是一个环，因此我们也称$R[x_1, \cdots, x_n]$是R上的n-元多项式环。事实上，$R[x_1, \cdots, x_{n-1}]$与$R[x_1, \cdots, x_{n-1}][x_n]$作为环是同构的。$R$上的1-元多项式环也简称为$R$上的多项式环，记作$R[x]$。设$f(x) \in R[x]$，我们用$\deg(f)$表示$f(x)$的次数。对每个$f(x) \in R[x]$，$f(x)$在$R$中至多有$\deg(f)$个根。

考虑语言$\mathcal{L}_r = \{*, +, o, e\}$。设$R$是一个$\mathcal{L}_r$-结构，$t$、$s$均是$\mathcal{L}_{r_R}$-项，我们将项$t * s$记作$ts$，将$\underbrace{t + \cdots + t}_{n个t}$记作$nt$，将$\underbrace{t * \cdots * t}_{n个t}$记作$t^n$。对任意的$a \in R$，我们用$-a$表示$a$的加法逆元。如果$a$的乘法逆元存在，则用$a^{-1}$来表示它。我们将“$-$”在$R$中解释为对$R$中的元素取加法逆。由于每个元素都有唯一的加法逆元，因此$-$是R上的一个函数，故我们可以把R看作是一个$(L_r \cup \{-\})_R$-结构。此时$R[x_1, \cdots, x_n]$ 中的元素可以看作是$(L_r \cup \{-\})_R$-项。

注 3.1.1 整数集$\mathbb{Z}$及其上的加法和乘法是一个交换环。由于$\mathbb{Z}$恰好是由其常元{0, 1}生成的，故对任意的交换环$(R, *_R, +_R, 0_R, e_R)$，定义映射$\chi : \mathbb{Z} \longrightarrow R$为：当$n > 0$时，$n \mapsto ne_M$；当$n = 0$时，$n \mapsto 0_M$；当$n < 0$时，$n \mapsto -n(-e_M)$，则$\chi$是一个$\mathcal{L}_r$-同态。

由于交换环上的乘法和加法运算都是交换的，容易验证，当R是交换环时，有下面的引理：

引理 3.1.1 设R是一个交换环，则

(i) 若$t(x_1, \cdots, x_n)$是一个$L_r \cup \{-\}$-项，则有$f(x_1, \cdots, x_n) \in \mathbb{Z}[x_1, \cdots, x_n]$，使得$R \models \forall x_1, \cdots, x_n(f = t)$；

(ii) 若$t(x_1, \cdots, x_n)$是一个$L_{r_R} \cup \{-\}$-项，则有$f(x_1, \cdots, x_n) \in R[x_1, \cdots, x_n]$，使得$R \models \forall x_1, \cdots, x_n(f = t)$。

练习 3.1.1 证明引理3.1.1。

引理3.1.1表明，对于交换环R而言，$L_{r_R} \cup \{-\}$-项就是R上多元多项式，$L_r \cup \{-\}$-项就是$\mathbb{Z}$ 上多元多项式。

设M是一个域。若$A_0 \subseteq M$，则根据引理1.2.2和引理3.1.1，A_0生成的M的$\mathcal{L}_r \cup \{-\}$-子结构$\langle A_0 \rangle^M$是

$$\{f(a_1, \cdots, a_n) |\ f \in \mathbb{Z}[x_1, \cdots, x_n],\ a_1, \cdots, a_n \in A_0,\ n \in \mathbb{N}\},$$

它是一个环。令$\mathrm{Frac}(\langle A_0 \rangle^M) = \{ab^{-1} |\ a,\ b \in \langle A_0 \rangle^M,\ \ b \neq 0_M\}$，则$\mathrm{Frac}(\langle A_0 \rangle^M)$是一个域，我们称其为$A_0$生成的$M$的子域，记作$[A_0]^M$。事实上，$[A_0]^M$是包含$A_0$的最小的域。此外，$[A_0]^M$中的每个元素都形如$\dfrac{f(a_1, \cdots, a_n)}{g(b_1, \cdots, b_m)}$，其中$f \in \mathbb{Z}[x_1, \cdots, x_n]$，$g \in \mathbb{Z}[x_1, \cdots, x_m]$，$a_1, \cdots, a_n$，$b_1$，$\cdots, b_m \in A_0$，且$g(b_1, \cdots, b_m) \neq 0$。

若$M_0 \subseteq M$是M的子结构且$(M_0,\ \times,\ +,\ 0_M,\ 1_M)$也是域（或者环），则称$M_0$为$M$的**子域**（或者**子环**）。一般用$M/M_0$表示$M_0$是$M$的子域，称$M$是$M_0$的**扩张域**，称$M/M_0$是一个**域扩张**。

如果域M中的每一个非零多项式$f \in M[x]$都在M中有根，即对任意的$a_0, \cdots, a_n \in M$，都存在$b \in M$使得b是$a_n y^n +_M \cdots +_M a_1 y +_M a_0 = 0$的

解，则称M是**代数闭域**。显然，代数闭域是一个初等类。也就是说，存在句子集，记作ACF，使得M是代数闭域当且仅当$M \models ACF$。事实上，我们令θ_n为句子$\forall x_0, \cdots, x_n((x_n \neq 0) \to \exists y(x_n y^n + \cdots + x_1 y + x_0 = 0))$，则$ACF = \Sigma_F \cup \{\theta_n | \ n = 1, 2, \cdots\}$。

设M是一个域。如果存在正整数n使得$M \models ne = 0$，且p是使得$M \models pe = 0$成立的最小的正整数，则称M是**特征为p的域**。如果对任意的正整数n，都有$M \models ne \neq 0$，则称域M的**特征为0**。显然M的特征为0当且仅当注3.1.1中的映射χ是单射。令χ_n为句子$ne \neq 0$，则M是特征为0的代数闭域当且仅当$M \models ACF \cup \{\chi_n | \ n = 1, 2, \cdots\}$。令$ACF_0 = ACF \cup \{\chi_n | \ n = 1, 2, \cdots\}$，则$M \models ACF_0$当且仅当$M$是**特征为0的代数闭域**。令$ACF_p = ACF \cup \{pe = 0\}$，则$M \models ACF_p$当且仅当$M$是**特征为$p$的代数闭域**。

定理 3.1.1 （代数基本定理）复数域是特征为0的代数闭域，即$(\mathbb{C}, \times, +, 0, 1) \models ACF_0$。

3.1.1 有限域

若M是特征为p的域，则容易验证p一定是一个素数。否则，若存在整数n_1，$n_2 > 1$使得$p = n_1 n_2$，则$M \models (pe = (n_1 e)(n_2 e))$。由于$M$是域，$(n_1 e_M)(n_2 e_M) = 0$蕴涵$n_1 e_M = 0$或者$n_2 e_M = 0$，这与$p$的极小性矛盾。因此，大于零的特征只能是素数。令$\chi : \mathbb{Z} \longrightarrow M$是按照3.1.1定义的映射，则有如下引理：

引理 3.1.2 若M的特征p大于零，则$\chi(\mathbb{Z}) \subseteq M$是$M$的基数为$p$的子域。

证明: 对任意的$n \in \mathbb{Z}$，存在$m \in \mathbb{Z}$及$0 \leqslant k \leqslant p-1$，使得$n = mp + k$，故

$$\chi(n) = \chi(mp) +_M \chi(k) = \chi(m) *_M \chi(p) +_M \chi(k) = \chi(k)。$$

由p的极小性，对任意的$0 \leqslant k_1 \neq k_2 \leqslant p-1$，都有$\chi(k_1) \neq \chi(k_2)$。故$\chi(\mathbb{Z}) = \{\chi(0), \cdots, \chi(p-1)\}$，且$|\chi(\mathbb{Z})| = p$。显然，由于$\chi$是同态，$(\chi(\mathbb{Z}), *_M, +_M, 0_M, e_M)$是一个交换环。

下面验证$(\chi(\mathbb{Z})$，$*_M$，$+_M$，0_M，$e_M)$是一个域。对任意的$1 \leqslant k \leqslant p-1$，$k$和$p$是互素的，即存在$s$，$t \in \mathbb{Z}$使得$sk+tp=1$，故而$\chi(sk+tp)=e_M$。即$\chi(sk+tp)=\chi(sk)+_M\chi(tp)=\chi(s)*_M\chi(k)+_M\chi(t)*_M\chi(p)=e_M$，从而证明了$(\chi(\mathbb{Z})$，$*_M$，$+_M$，$0_M$，$e_M)$是一个域。 ■

显然，映射$k \mapsto \chi(k)$是$\{0,\cdots,p-1\}$到$\{\chi(0),\cdots,\chi(p-1)\}$的双射。利用这个双射，可以给$\{0,\cdots,p-1\}$赋予一个域结构，我们称这个域为$\mathbb{F}_p$。引理3.1.2表明，任何一个特征为$p>0$的域都有一个同构于$\mathbb{F}_p$的子域。若$M$是一个有限域，则$M$的特征一定大于零：由鸽巢原理，一定存在正整数$m<n$使得$me_M=ne_M$，即$(n-m)e_M=0_M$。若有限域$M$的特征为$p$，则在同构的意义下，$\mathbb{F}_p$是$M$的子域，即$M$是$\mathbb{F}_p$上的向量空间。显然有限域$M$是$\mathbb{F}_p$上的有限维的向量空间。当维数为$n$时，$M$的基数恰好为$p^n$。我们不加证明地给出以下性质：

性质 3.1.1 对任意的素数p及任意的正整数n，在同构意义下有且仅有一个基数为p^n的域。当正整数$m \leqslant n$时，基数为p^m的域在同构意义下是基数为p^n的域的子域。

根据性质3.1.1，有限域的结构完全由基数确定，我们将基数为$q=p^n$的有限域记作$\mathbb{F}_q$。

3.1.2 代数相关性

设M是一个域，A是M的子集，$b \in M$。若存在$a_0,\cdots,a_n \in [A]^M$使得$a_nb^n+\cdots+a_1b+a_0=0_M$，则称$b$在$A$上是**代数的**(或$A$与$b$**代数相关**)，否则，称$b$在$A$上是**超越的**(或$A$与$b$**代数独立**)。

若M/A 是域扩张，且每个$b \in M$在A上都是代数的，则称M/A是**代数扩张**。设M/A 是域扩张，$b \in M$，我们称使得$f(b)=0$的次数最小的首一多项式$f \in A[x]$ 为b在A上的**极小多项式**。我们称多项式f在A上**可约**是指，存在f_1，$f_2 \in A[x]$，使得$\deg(f_1)$，$\deg(f_2)<\deg(f)$且$f=f_1f_2$，否则，称f在A上**不可约**。显然，任意的$b \in M$在A上的极小多项式$f(x)$都是

不可约的。否则会有$f_1(b)f_2(b)=0_M$，从而有$f_1(b)=0$或$f_2(b)=0$，这是一个矛盾。显然$b\in A$当且仅当b的极小多项式是一次多项式。反之，域A是代数闭域当且仅当$A[x]$中的在A 上不可约的多项式都是一次多项式。

练习 3.1.2 设M是一个域，$b\in M$，A是M的子域，并且$f\in A[x]$是b在A上的极小多项式。证明：若$g(x)\in A[x]$使得$g(b)=0$，则f整除g，即存在$h\in A[x]$使得$g=hf$。（提示：利用多项式的带余除法）

设M是一个域，$f\in M[x]$是M上的不可约多项式。我们定义$M[x]$上的一个等价关系"$\sim_f$"：$g_1\sim_f g_2$当且仅当g_1-g_2被f整除，即存在$h\in M[x]$使得$g_1-g_2=fh$。对任意的$g\in M[x]$，用$[g]_f$表示g的等价类。令$M[x]/(f)=\{[g]|\, g\in M[x]\}$。定义$[g_1]_f+_{\sim_f}[g_2]_f$为$[g_1+g_2]_f$，定义$[g_1]_f*_{\sim_f}[g_2]_f$为$[g_1g_2]_f$，则$(M[x]/(f)$，$*_{\sim_f}$，$+_{\sim_f}$，$[0_M]_f$，$[e_M]_f)$是一个域并且我们有如下性质：

性质 3.1.2 设M是一个域，$f=x^n+a_{n-1}x^{n_1}+\cdots+a_1x+a_0\in M[x]$是$M$上的不可约多项式，则映射$\mathcal{H}:M\longrightarrow M[x]/(f)$，$a\mapsto[a]_f$是$M$到$M[x]/(f)$ 的嵌入，且$[x]_f\in M[x]/(f)$恰好是$\bar{\mathcal{H}}(f)\in\Big(M[x]/(f)\Big)[y]$的根，其中$\bar{\mathcal{H}}(f)=y^n+\mathcal{H}(a_{n-1})y^{n_1}+\cdots+\mathcal{H}(a_1)y+(a_0)$。

这就是说，在同构意义下，M是$M[x]/(f)$的子域，并且$M[x]/(f)$中有f的根。此外，$M[x]/(f)$是M上的$\deg(f)$维向量空间。其实，$\{[1]_f,[x]_f,\cdots,[x^{\deg(f)-1}]_f\}$恰好是$M[x]/(f)$ 的一组向量基。

设N/M是一个域扩张，对任意的$b\in N$，令$M[b]=\{f(b)|\ f\in M[x]\}\subseteq N$，则$M[b]$是$N$的一个子环。

性质 3.1.3 设N/M是一个域扩张，对任意的$b\in N$，我们有：

(i) 若b在M上是代数的，则$M[b]$同构于$M[x]/(f)$，其中$f\in M[x]$是b的极小多项式；

(ii) 若b在M上是超越的，则$M[b]$同构于多项式环$M[x]$。

推论 3.1.1 设M是一个域，$f = x^n + a_{n-1}x^{n-1} + \cdots + a_1x + a_0 \in M[x]$是$M$上的不可约多项式，则存在域扩张$N/M$使得$N$中有$f$的根，且$N$是$M$上的$\deg(f)$ 维向量空间。

构造 3.1.1 我们可以通过如下过程来构造包含域M的代数闭域M^{alg}。如果

$$M = M_0 \subseteq M_1 \subseteq M_2 \subseteq \cdots$$

是一个域的序列，使得每个$f \in M_n[x]$都在M_{n+1}上有根，则$M^{\mathrm{alg}} = \bigcup_{n\in\mathbb{N}} M_n$是一个代数闭域。这是因为任取$f \in M^{\mathrm{alg}}$，则存在$n \in \mathbb{N}$使得$f \in M_n[x]$，从而$f$在$M_{n+1} \subseteq M^{\mathrm{alg}}$中有一个根。根据推论3.1.1，当我们已经构造出$M_n$后，令$M_n[x] = \{f_i(x) |\ i < |M_n|\}$，则存在域的序列$\{N_{n,\ i} |\ i < |M_n|\}$，使得

(i) $N_{n,\ 0} = M_n$；

(ii) 对任意的$i < j < |M_n|$，都有$N_{n,\ i} \subseteq N_{n,\ j}$；

(iii) 对任意的$i < |M_n|$，将f_i看作$N_{n,\ i}[x]$中的多项式，则推论3.1.1断言存在$N_{n,i+1}$使得f_i在$N_{n,\ i+1}$中有根，且$N_{n,i+1}$是$N_{n,i}$上的有限维向量空间；

(iv) 若$i < |M_n|$是一个极限序数，则令$N_{n,\ i} = \bigcup_{k<i} N_{n,\ k}$。

显然，对每个$0 < i < |M_n|$，对每个$k < i$，$N_{n,\ i}$中都有f_k的根，则M_{n+1}是$\bigcup_{i<|M_n|} N_{n,\ i}$。显然，当$M$是无穷域时，每个$M_n$的基数都是$|M|$，从而$M^{\mathrm{alg}}$的基数也是$|M|$。事实上，$M^{\mathrm{alg}}$是包含$M$的最小的代数闭域。即，对任意的$N \supseteq M$，若$N$是代数闭域，则同构的意义下有$M^{\mathrm{alg}} \subseteq N$。我们称$M^{\mathrm{alg}}$是$M$的**代数闭包**。以下性质给出代数闭包的等价刻画。

性质 3.1.4 如果N/M是一个域扩张，且N是代数闭域，则

$$M^{\mathrm{alg}} = \{b \in N |\ b\text{在}M\text{上是代数的}\}。$$

另外，还有以下性质：

性质 3.1.5　F_p的代数闭包$\mathbb{F}_p{}^{\mathrm{alg}}$恰好是所有特征为$p$的有限域的并。

定义 3.1.1　设I是一个加标集，$A \subseteq M$。我们称$\{b_i|\ i \in I\} \subseteq M$在$A$上**代数独立**是指：对任意的$i \in I$，$b_i$在$A \cup \{b_j|\ j \in I$且$j \neq i\}$ 上是超越的；称$\{b_i|\ i \in I\} \subseteq M$是$M$在$A$ 上的一组**超越基**是指：$\{b_i|\ i \in I\}$在A上代数独立，且任意的$b \in M$都在$A \cup \{b_i|\ i \in I\}$ 上是代数的。

我们直接给出以下结论：

性质 3.1.6

(i) 若M是特征为0的域，则$f : (\mathbb{Q},\times,+,0,1) \longrightarrow (M,\times_M,+_M,0_M,1_M)$，

$$\frac{m}{n} \mapsto (\underbrace{1_M +_M \cdots +_M 1_M}_{m\text{个}1_M})(\underbrace{1_M +_M \cdots +_M 1_M}_{n\text{个}1_M})^{-1}$$

是一个嵌入。

(ii) 若域A与域B同构，且$h : A \longrightarrow B$是同构。M/A和N/B是两个扩域，$b \in M$在A上是代数的，$d \in N$在B上是代数的。设b在A上的极小多项式为$x^n + \cdots + a_1x + a_0$。若$d$在$B$上的极小多项式为$x^n + \cdots + h(a_1)x + h(a_0)$，则$h$可以扩张为$[A \cup b]^M$到$[B \cup d]^N$的同构$\bar{h}$，且满足$\bar{h}(b) = d$。

(iii) 若域A与域B同构，且$h : A \longrightarrow B$是同构。M/A和N/B是两个扩域。若$\{b_i|\ i \in I\} \subseteq M$在$A$上代数独立，$\{d_i|\ i \in I\} \subseteq N$在$B$上代数独立，则$h$可以扩张为$[A \cup \{b_i|\ i \in I\}]^M$到$[B \cup \{d_i|\ i \in I\}]^N$的同构$\bar{h}$，且满足$\bar{h}(b_i) = d_i$。

引理 3.1.3　若$\mathbb{Q} \subseteq M \models ACF_0$且$|M| > \aleph_0$，则$M$在$\mathbb{Q}$上的超越基的基数为$|M|$。

证明: 设I是一个加标集，$\{b_i|\ i \in I\} \subseteq M$是$M$在$\mathbb{Q}$上的一组超越基，则$I$的基数一定是$|M|$。这是因为$[\mathbb{Q} \cup \{b_i|\ i \in I\}]^M$中的每个元素都形如$\dfrac{f(a_1,\cdots,a_n)}{g(d_1,\cdots,d_m)}$，其中

$$f \in \mathbb{Z}[x_1,\cdots,x_n],\quad g \in \mathbb{Z}[x_1,\cdots,x_m],$$

$$a_1,\cdots,a_n,\ d_1,\cdots,d_m \in \mathbb{Q} \cup \{b_i|\ i \in I\},$$

且$g(d_1,\cdots,d_m) \neq 0$。故

$$|[\mathbb{Q} \cup \{b_i|\ i \in I\}]^M| = \max\{|\mathbb{Q}|,\ |I|\}。$$

另一方面，由于$\{b_i|\ i \in I\}$是M在$\mathbb{Q}$上的一组超越基，故每个$d \in M$都在$[\mathbb{Q} \cup \{b_i|\ i \in I\}]^M$上是代数的。由于$M$是代数闭域，根据性质3.1.4，

$$M = \left([\mathbb{Q} \cup \{b_i|\ i \in I\}]^M\right)^{\mathrm{alg}}。$$

根据构造3.1.1，

$$|\left([\mathbb{Q} \cup \{b_i|\ i \in I\}]^M\right)^{\mathrm{alg}}| = |[\mathbb{Q} \cup \{b_i|\ i \in I\}]^M|。$$

故$|M| = \max\{|\mathbb{Q}|,\ |I|\}$。由于$|\mathbb{Q}| = \aleph_0 < |M|$，故$|I| = |M|$。 ■

同理可证:

引理 3.1.4 若p是素数，$\mathbb{F}_p \subseteq M \models ACF_p$且$|M| > \aleph_0$，则$M$在$\mathbb{F}_p$上的超越基的基数为$|M|$。

性质 3.1.7 若$h: F_1 \longrightarrow F_2$是域同构，则$h$可以扩张为$F_1^{\mathrm{alg}}$到$F_2^{\mathrm{alg}}$的同构。

定理 3.1.2 对任意的基数λ，若$\lambda > \aleph_0$，则ACF_0是λ-范畴的$\mathcal{L}_r$-理论。

证明: 设M和N是两个特征为零、基数均为λ的代数闭域。根据性质3.1.6，我们可以假设$\mathbb{Q} \subseteq M$且$\mathbb{Q} \subseteq N$。根据引理3.1.3，可以设$\{b_i|\ i < \lambda\} \subseteq M$ 和$\{d_i|\ i < \lambda\} \subseteq N$分别是$M$和$N$在$\mathbb{Q}$上的超越基。根据性

质3.1.6，存在同构$h:[Q\cup\{b_i|\ i<\lambda\}]^M\longrightarrow[Q\cup\{d_i|\ i<\lambda\}]^N$使得$h(b_i)=d_i$。现在$M=[Q\cup\{b_i|\ i<\lambda\}]^{M^{\mathrm{alg}}}$，$N=[Q\cup\{d_i|\ i<\lambda\}]^{N^{\mathrm{alg}}}$。根据性质3.1.7，$M$与$N$同构。 ■

同理可证：

定理 3.1.3 对任意的基数λ，若$\lambda>\aleph_0$，则对任意的素数p，都有ACF_p是λ-范畴的$\mathcal{L}_r$-理论。

由定理3.0.4、定理3.1.2和定理3.1.3可知：

定理 3.1.4 若$p=0$或者p是素数，则ACF_p是完备的$\mathcal{L}_r$-理论。

注 3.1.2 由于复数域和${\mathbb{F}_p}^{\mathrm{alg}}$都是无限域，根据定理3.1.4，任何代数闭域都是无限域。

定理 3.1.5 设Σ是一个$\mathcal{L}_r$-句子集。若存在$n_0\in\mathbb{N}$使得对任意大于n_0的素数p，均有$ACF_p\models\Sigma$，则有$ACF_0\models\Sigma$。

证明: 令χ_n为句子$ne\neq 0$，则$ACF_0=ACF\cup\{\chi_n|\ n=1,2,\cdots\}$。由于$AFC_0$是完备的，故而只须证明$ACF_0\cup\Sigma$是一致的。由紧致性定理，只须证明

$$ACF\cup\{\chi_n|\ n=1,2,\cdots\}\cup\Sigma$$

是有限一致的。反设$ACF\cup\{\chi_n|\ n=1,2,\cdots\}\cup\Sigma$不是有限一致的，则存在$N\in\mathbb{N}$使得$ACF\cup\Sigma\models\bigvee_{n<N}\neg\chi_n$。现在任取一个素数$p$使得$p>\max\{N,n_0\}$，则由题设，有$ACF_p\models ACF\cup\Sigma$，从而$ACF_p\models\bigvee_{n<N}\neg\chi_n$。现在$ACF_p\models\bigvee_{n<N}\neg\chi_n$蕴涵着$p$可以整除某个$n<N$，而$0<n<p$，这是一个矛盾。 ■

定理3.1.5有一个有趣的推论：

推论 3.1.2 设$\mathbb{C}$是复数域，$f_i:\mathbb{C}^m\longrightarrow\mathbb{C}$是由$m$-元多项式定义的函数，其中$i=1,\cdots,m$。若

$$f(x_1,\cdots,x_m)=(f_1(x_1,\cdots,x_m),\cdots,f_m(x_1,\cdots,x_m))$$

是$\mathbb{C}^m$到$\mathbb{C}^m$ 的单射函数，则f也是满射函数。

证明: 令θ_n为命题“若$g_1(x_1,\cdots,x_m),\cdots,g_m(x_1,\cdots,x_m)$是次数至多为$n$的一组多项式，且$g=(g_1,\cdots,g_m)$ 是单射，则g是满射”的一阶表达式，则θ_n是一个$\mathcal{L}_r$-句子。令

$$\Sigma=\{\theta_n|\ n=0，1，2，\cdots\}。$$

设p是一个素数。我们考虑域的扩张链

$$\mathbb{F}_p=A_0\subseteq A_1\subseteq\cdots\subseteq A_k\subseteq A_{k+1}\subseteq\cdots,$$

使得A_{k+1}中有$A_k[x]$中所有次数不超过k的多项式的根。我们还可以要求每个A_k是有限域。事实上，假设A_k有限，则$A_k[x]$中所有次数不超过k的多项式至多有有限多个。每个次数不超过k的多项式$g(x)$的根都存在于A_k的一个扩张域K_g中。根据推论3.1.1，可以要求K_g是A_k上的有限维向量空间，从而K_g有限。由于$A_k[x]$中所有次数不超过k的多项式至多有有限多个，只须作有限多次以上的域扩张，就可以得到满足要求的A_{k+1}。令$\overline{\mathbb{F}}_p=\bigcup_{k\in\mathbb{N}}A_k$。容易验证$\overline{\mathbb{F}}_p$是一个包含$\mathbb{F}_p$的代数闭域，从而特征是$p$。现在，若$h_1,\cdots,h_m\in\overline{\mathbb{F}}_p[x_1,\cdots,x_m]$使得$h=(h_1,\cdots,h_m)$是${\overline{\mathbb{F}}_p}^m$到${\overline{\mathbb{F}}_p}^m$的单射，设$b_1,\cdots,b_m\in\overline{\mathbb{F}}_p$，由$\overline{\mathbb{F}}_p$的构造可知，存在$k\in\mathbb{N}$使得$b_1,\cdots,b_m$及$h_1,\cdots,h_m$的系数均在$A_k$中。现在，$h{\restriction}_{{A_k}^m}:{A_k}^m\longrightarrow{A_k}^m$是单射。由于${A_k}^m$是有限集，从而$h{\restriction}_{{A_k}^m}:{A_k}^m\longrightarrow{A_k}^m$也是满射，即存在$a_1$，$\cdots$，$a_m\in{A_k}^m$使得$h(a_1,\cdots,a_m)=(b_1,\cdots,b_m)$。这就证明了$h:{\overline{\mathbb{F}}_p}^m\longrightarrow{\overline{\mathbb{F}}_p}^m$ 是满射。由h的任意性，我们有$\overline{\mathbb{F}}_p\models\Sigma$。由于$ACF_p$是完备的，故$ACF_p\models\Sigma$。这就证明了，对任意的素数$p$都有$ACF_p\models\Sigma$。根据定理3.1.5，可得$ACF_0\models\Sigma$。根据定理3.1.1，可得$\mathbb{C}\models\Sigma$。证毕。 ■

3.2 无穷小量

无穷小量是数学分析中的一个基本概念，可以追溯到莱布尼兹。在经典的微积分中，无穷小量并不是一个数量，而是一个“以0为极限”的变

量。函数的导数、微分、积分等概念都是在无穷小量的基础之上定义出来的。在本节中，我们将对无穷小量给出一个逻辑的解释。

我们考察带有序结构的实数域$\mathcal{R} = (\mathbb{R}, <, +, \times, 0, 1)$，其对应的语言是有序环的语言$\mathcal{L}_{or} = \{<, +, \times, 0, e\}$。有理数域$\mathbb{Q}$是$\mathcal{R}$的子结构。

定义 3.2.1　设$I_1 \subseteq \mathbb{Q}$和$I_2 \subseteq \mathbb{Q}$满足条件：

(i) $I_1 \cap I_2 = \emptyset$;

(ii) $I_1 \cup I_2 = \mathbb{Q}$;

(iii) $I_1 \neq \emptyset$且$I_2 \neq \emptyset$;

(iv) 对任意的$x \in I_1$和$y \in I_2$，均有$x < y$，

则称有序对(I_1, I_2)是$\mathbb{Q}$上的一个Dedekind**切割**。

注 3.2.1　任意的线序$(I, <_I)$上都可以按照定义3.2.1来定义I上的Dedekind切割。

对每个$r \in \mathbb{R}$，令$I_{r1} = \{q \in \mathbb{Q} | q \leqslant r\}$，$I_{r2} = \{q \in \mathbb{Q} | \ r < q\}$，则$(I_{r1}, I_{r2})$显然是$\mathbb{Q}$上的一个Dedekind切割。反过来，我们有如下性质：

性质 3.2.1　（实数公理）对$\mathbb{Q}$上的任意一个Dedekind切割(I_1, I_2)，都存在$r \in \mathbb{R}$使得$I_1 = I_{r1}$ 且$I_2 = I_{r2}$。即实数集合与$\mathbb{Q}$上的Dedekind切割的集合一一对应。

引理 3.2.1　存在$\mathcal{R}$的初等膨胀$\mathcal{R}^* = \{\mathbb{R}^*, <, +, \times, 0, 1\}$及$a \in \mathbb{R}^*$，使得$a > 0$，且对任意的$0 < r \in \mathbb{R}$，都有$\mathcal{R}^* \models a < r$。

证明: 令c是一个新常元，Σ为$\mathcal{L}_{or_{\mathbb{R}}} \cup \{c\}$-句子集$\{0 < c < r | \ 0 < r \in \mathbb{R}\}$。显然，只须证明$\mathrm{Diag_{el}}(\mathcal{R}) \cup \Sigma$是一致的。容易验证$\mathcal{R}$是$\mathrm{Diag_{el}}(\mathcal{R}) \cup \Sigma$的任何一个有限子集的模型，故$\mathrm{Diag_{el}}(\mathcal{R}) \cup \Sigma$是有限一致的，从而是一致的。 ■

定义 3.2.2　如果$\mathcal{L}_{or}$-结构$\mathcal{R}^* = \{\mathbb{R}^*，<，+，\times，0，1\}$是$\mathcal{R}$的初等膨胀，则称$\mathcal{R}^*$是一个**超实数域**。设$a \in \mathbb{R}^*$，

(i) 若$a \neq 0$，且对任意的$0 < r \in \mathbb{R}$，都有$\mathcal{R}^* \models -r < a < r$，则称$a$为**无穷小量**；

(ii) 若存在$0 < r \in \mathbb{R}$使得$\mathcal{R}^* \models -r < a < r$，则称$a$是**有界的**；

(iii) 若对任意的$r \in \mathbb{R}$，总有$\mathcal{R}^* \models r < a$，或者总有$\mathcal{R}^* \models a < r$，则称$a$是**无界的**。

引理3.2.1表明，存在含有无穷小量的超实数域$\mathcal{R}^*$。无穷小量的直观含义就是“无限接近0”。显然，对任意的$a \in \mathbb{R}^*$，或者有界，或者无界。若$a \in \mathbb{R}^*$是有界的，令$I_{a1} = \{q \in \mathbb{Q} | q \leqslant a\}$，$I_{a2} = \{q \in \mathbb{Q} |\ a < q\}$，则$(I_{a1}，I_{a2})$显然是$\mathbb{Q}$上的一个Dedekind切割，故而$(I_{a1}，I_{a2})$对应$\mathbb{R}$中的一个元素$a_0$。我们称$a_0$为$a$的标准部分，记作$\mathrm{st}(a)$。显然$a \mapsto \mathrm{st}(a)$是$\mathbb{R}^*$中的有界元素集到$\mathbb{R}$的满射函数。

练习 3.2.1　$\mathcal{R}^* = \{\mathbb{R}^*，<，+，\times，0，1\}$是超实数域。若$a \in \mathbb{R}^*/\mathbb{R}$是有界的，则$a - \mathrm{st}(a)$是无穷小量。若$a \in \mathbb{R}^*/\mathbb{R}$是无界的，则$a^{-1}$是无穷小量。

设$f : \mathbb{R} \longrightarrow \mathbb{R}$是一个可定义函数，则$f$可以自然地扩张为$\mathbb{R}^*$上的可定义函数，仍然记作$f$。我可以用无穷小量的概念给出导数的定义：设$0 < \Delta x \in \mathbb{R}^*$ 是一个无穷小量，$x_0 \in R$，若

$$\frac{f(x_0 + \Delta x) - f(x_0)}{\Delta x}$$

和

$$\frac{f(x_0 - \Delta x) - f(x_0)}{-\Delta x}$$

均有界，且

$$\mathrm{st}(\frac{f(x_0 + \Delta x) - f(x_0)}{\Delta x}) = \mathrm{st}(\frac{f(x_0 - \Delta x) - f(x_0)}{-\Delta x}),$$

则称f在x_0点**可导**，称$\mathrm{st}(\dfrac{f(x_0-\Delta x)-f(x_0)}{-\Delta x})$是$f$在$x_0$点的**导数**。

练习 3.2.2 按照以上导数的定义，计算$y=x^3$在$x=3$的导数。

如果$f:\mathbb{R}\longrightarrow\mathbb{R}$不是可定义函数，且$x_0\in\mathbb{R}$。为了计算$f$在$x_0$的导数，我们需要将语言$L_{or}$扩张为$L_{or}\cup\{\bar{f}\}$，并且将$\bar{f}$解释为$f$，从而将$\mathcal{R}=(\mathbb{R}，<，+，\times，0，1)$扩张为结构$\mathcal{R}_f=(\mathbb{R}，<，+，\times，f，0，1)$。此时$f$是$\mathcal{R}_f$中的可定义函数，我们可以利用无穷小量的概念给出$f$在$x_0$点的可导性及导数的定义。

3.3 无穷图的四色定理

定义 3.3.1 **有向图**G是一个二元组$(V，E)$，其中V是一个集合，称为**顶点集**，$E\subseteq V^2$是一个二元关系，称为**边集**。若$x，y\in V$使得$(x，y)\in E$，则称x与y**邻接**。它们亦可写成$V(G)$和$E(G)$。如果E是对称的，且反自反的，即对任意$x，y\in V$，都有$(x，y)\in E$当且仅当$(y，x)\in E$且$(x，x)\notin E$，则称G是一个**无向图**，简称**图**。如果V是有穷集合，则称G是**有穷图**，否则，称G是**无穷图**。如果图G的任何两个不同的顶点都邻接，即$E=V\times V/\{(x，x)|x\in V\}$，则称$G$是**完全图**，如果图$G$的任何两个顶点都不邻接，即$E$是空集，则称$G$是**离散图**。

为了研究图的一阶性质，我们只须引入一个只含有二元关系E的语言$\mathcal{L}=\{E\}$。显然，任意一个有穷图都可以被“画”在平面上。在图论中，如果一个有限图G可以画在平面上并且使得不同的边可以互不交叠，则称G是**有穷平面图**。若$G=(V，E)$是无穷图，并且V的任意有限子集V_0生成的子结构$(V_0，E\restriction V_0)$都是有穷平面图，则称V是无穷平面图。

定理 3.3.1 (四色定理[10]) 设$G=(V，E)$是有穷平面图，则可以用四种颜色对其顶点集V着色，使得对任意的$x，y\in V$，若$G\models E(x，y)$，则x与y的颜色不同。

定理 3.3.2　设$G=(V，E)$是无穷平面图，则可以用四种颜色对其顶点集V着色，使得对任意的$x，y\in V$，若$G\models E(x，y)$，则x与y的颜色不同。

证明: 令$\mathcal{L}'=\{E\}\cup\{R，W，B，Y\}$，其中$E$是二元关系符号，而$R，W，B，Y$均为一元关系符号，分别代表红色、白色、黑色、黄色。令σ_1为命题“$R，W，B，Y$互不相交”的一阶表达式。令σ_2为一阶表达式$\forall x(R(x)\vee W(x)\vee B(x)\vee Y(x))$。令$\sigma_X$为一阶表达式

$$\forall xy\big(E(x，y)\to\neg(X(x)\wedge X(y))\big)，$$

其中$X\in\{R，W，B，Y\}$。令σ_3为$(\sigma_R\wedge\sigma_W\wedge\sigma_B\wedge\sigma_Y)$。

令$\mathcal{L}=\{E\}$，$\mathcal{L}$-结构$G=(V，E^G)$是一个无穷平面图。我们有以下断言：

断言　$\mathcal{L}'_V$-句子集$\Sigma=\mathrm{Diag}(G)\cup\{\sigma_1，\sigma_2，\sigma_3\}$是一致的。

证明: 根据紧致性定理，只须证明Σ是有限一致的。令$\Sigma_0\subseteq\mathrm{Diag}(G)$是有限子集，则存在有限的$V_0\subseteq V$，使得$\Sigma_0$中的常元均来自$V_0$。令$G_0=(V_0，E^G{\restriction}_{V_0})$，则$G_0$是$G$的有限子结构。根据引理1.4.2，$\Sigma_0\subseteq\mathrm{Diag}(G_0)$，即$G_0\models\Sigma_0$。另一方面，$G_0$显然是一个有穷图，根据题设，$G_0$还是平面图。根据四色定理，可以用四种颜色对其顶点集G_0的顶点集V_0着色，使得相邻的顶点不同色。我们将R解释为着红色的点集，将W解释为着白色的点集，将B解释为着黑色的点集，将Y解释为着黄色的点集。即G_0可以扩张为一个$\mathcal{L}'_{V_0}$-结构

$$G_0'=(V_0，E^{G_0}，R^{G_0}，W^{G_0}，B^{G_0}，Y^{G_0}，\{a\}_{a\in V_0})$$

并且$G_0'\models\{\sigma_1，\sigma_2，\sigma_3\}$。故$G_0'\models\Sigma_0\cup\{\sigma_1，\sigma_2，\sigma_3\}$，即$\Sigma$有限一致。证毕。 ■

令$\mathcal{L}'_V$-结构

$$G'=(V'，E^{G'}，R^{G'}，W^{G'}，B^{G'}，Y^{G'}，\{a\}_{a\in V})$$

为Σ的模型。我们将G'看作是一个图(V'，$E^{G'}$)，将$R^{G'}(V')$中的点着红色，将$W^{G'}(V')$中的点着白色，将$B^{G'}(V')$中的点着黑色，将$Y^{G'}(V')$中的点着黄色。(V'，$E^{G'}$)按照以上方案着色，则可以保证每个顶点着唯一的一种颜色，且相邻接的顶点着不同颜色。由于$G' \models \mathrm{Diag}(G)$，故$G = (V，E^G)$是($V'$，$E^{G'}$)的子结构。将对$V'$的着色方案限制在$V$上，则$G$中每个顶点着唯一的一种颜色，且相邻接的顶点着不同颜色。从而定理得证。 ■

3.4 Ramsey定理与不可辨元序列

本节我们将用无穷Ramsey定理推出有穷Ramsey定理和不可辨元序列。

3.4.1 Ramsey定理

设X是一个集合，$n \in \mathbb{N}$是一个自然数。我们称$[X]^n = \{A \subseteq X \| A| = n\}$ 为X 的n-**元素子集**。特别地，当$n = 2$时，任取$E_0 \subseteq [X]^n$，则E_0定义了X上的一个无向图。事实上，令$E = \{(x，y)| \{x，y\} \in E_0\}$，则($X$，$E$)就是$E_0$定义的无向图。反之，$X$上的无向图规定了$[X]^2$的一个子集。因此，我们可以认为$[X]^2$的任何一个子集都是$X$ 上的一个图。显然，$[X]^2$是X上的完全图。这一概念可以随着n的变化而作如下推广：对任意的$n \geqslant 1$，我们也称$[X]^n$是X上的**完全超图**。若$0 < k \in \mathbb{N}$且$f : [X]^n \longrightarrow \{0, \cdots, k-1\}$是一个函数，则称$f$是$[X]^n$的一个$k$-**着色**。当$n = 2$时，若$f$是$[X]^n$的一个$k$-着色，则直观上，$f$给出了用$k$种颜色对$X$上的完全图的边的集合的一个着色方案。

定理 3.4.1 (Ramsey定理) 对任意无穷集合X，对任意的$n \in \mathbb{N}$及$0 < k \in \mathbb{N}$，若$f : [X]^n \longrightarrow \{0, \cdots, k-1\}$是一个函数，则存在无穷的$A \subseteq X$，使得$f$限制在$[A]^n$上是一个常函数。

证明: 对n归纳证明。基础步显然成立。假设$n = m$时定理是成立的。现在设函数$f:[X]^{m+1}\longrightarrow\{0,\cdots,k-1\}$。

断言 对任意的$a\in X$，存在无穷的$Y\subseteq X\backslash\{a\}$，使得$f$在$\{\{a\}\cup B|\ B\in[Y]^m\}$上是常值函数。

证明: 任取无穷的$Z\subseteq X\backslash\{a\}$。定义$g:[Z]^m\longrightarrow\{0,\cdots,k-1\}$为$g(B)=f(\{a\}\cup B)$。根据归纳假设，存在无穷的$Y\subseteq Z$，使得$g$在$[Y]^m$上是常值函数。而对任意的$B\in[Y]^m$，有$g(B)=f(\{a\}\cup B)$。故$f$ 在$\{\{a\}\cup B|\ B\in[Y]^m\}$上是常值函数。 ■

注意到，我们证明断言时只用到归纳假设和X是无穷的这两个条件，因此我们可迭代以上过程：任取$a_0\in X$，则存在无穷的$Y_0\subseteq X\backslash\{a_0\}$，使得$f$在$\{\{a_0\}\cup B|\ B\in[Y_0]^m\}$上是常值函数。然后将$f$限制在$[Y_0]^{m+1}$上，则断言告诉我们，对任意的$a_1\in Y_0$，存在无穷的$Y_1\subseteq Y_0\backslash\{a_1\}$，使得$f$在$\{\{a_1\}\cup B|\ B\in[Y_1]^m\}$ 上是常值函数。持续迭代，我们可以得到序列$\{a_i|\ i\in\mathbb{N}\}$和集合序列$\{Y_i|\ i\in\mathbb{N}\}$，使得:

(i) 对任意的$i\in\mathbb{N}$，$0<j\in\mathbb{N}$，有$a_{i+j}\in Y_i$；

(ii) 对任意的$i\in\mathbb{N}$，有$\{a_k|\ k\leqslant i\}\cap Y_i=\emptyset$；

(iii) 对任意的$i\in\mathbb{N}$，有Y_i是一个无穷集合，且$X\supset Y_i\supset Y_{i+1}$；

(iv) 对任意的$i\in\mathbb{N}$，有f在$\{\{a_i\}\cup B|\ B\in[Y_i]^m\}$上是常值函数。

令$D_i=\{\{a_i\}\cup B|\ B\in[Y_i]^m\}$。现在$f$在每个$D_i$上都是常值函数，因此，根据鸽巢原理，存在$\mathbb{N}$的一个无穷子集$\mathcal{I}$及某个$0\leqslant s_0\leqslant k-1$，使得对任意的$i\in\mathcal{I}$，都有$f$在$D_i$上取常值$s_0$。令$A=\{a_i|\ i\in\mathcal{I}\}$。任取$\bar{B}=\{a_{j_1},\cdots,a_{j_{m+1}}\}\in[A]^{m+1}$，其中$j_1<\cdots<j_{m+1}$，则$a_{j_2},\cdots,a_{j_{m+1}}\in Y_{j_1}$，从而$B=\{a_{j_2},\cdots,a_{j_{m+1}}\}\in[Y_{j_1}]^m$。故$\bar{B}=\{a_{j_1}\}\cup B\in D_{j_i}$。$j_i\in\mathcal{I}$，故$f(\bar{B})=s_0$。这就证明了对任意的$\bar{B}\in[A]^{m+1}$，均有$f(\bar{B})=s_0$，即$f$限制在$[A]^{m+1}$上是一个常函数。证毕。 ■

我们已经知道，对任意的集合X，$[X]^2$的每个子集唯一地确定一个顶点为X的无向图。另一方面，$[X]^2$的每个子集唯一地对应$[X]^2$到$\{0，1\}$的一个函数。事实上，若$f:[X]^2\longrightarrow\{0,1\}$是一个函数，则$f^{-1}(\{1\})$是$[X]^2$的子集。反之，若$Y\subseteq[X]^2$，则有函数$f_Y:[X]^2\longrightarrow\{0,1\}$定义为$f_Y(a)=1$当且仅当$a\in Y$。因此，我们可以将函数$f:[X]^2\longrightarrow\{0,1\}$看作是$X$上的无向图$(X,E_f)$，即对任意的$a$，$b\in X$，$a$，$b$之间有边当且仅当$f(\{a,b\})=1$，则定理3.4.1的一个直接推论是：

推论 3.4.1 若$G=(X,E)$是一个无穷无向图，则G或者有一个无穷的子结构G_0是离散图，或者G有一个无穷的子结构G_1是完全图。

接下来，我们来证明有穷Ramsey定理。

定理 3.4.2 对任意的$n\in\mathbb{N}$，存在一个$r\in\mathbb{N}$，使得任意的有r个顶点的图$G=(V^G,E^G)$，或者有一个基数为n的子结构G_0是离散图，或者G有一个基数为n的子结构G_1是完全图。

证明：反证法。反设存在$n\in\mathbb{N}$，使得对任意的$r\in\mathbb{N}$，存在基数为r的图G_r使得G_r中既没有一个基数为n的子结构G_{r_0}是离散图，也没有一个基数为n的子结构G_{r_1}是完全图。令$\mathcal{L}=\{E\}$，且$\mathcal{L}'=\mathcal{L}\cup C$，其中$C=\{c_i|\ i\in\mathbb{N}\}$是新常元。对每个$i\neq j\in\mathbb{N}$，令$\sigma_{i,j}$为$\mathcal{L}'$-句子：$\neg(c_i=c_j)$。令$\theta$为$\mathcal{L}$-句子：

$$\forall x_1,\cdots,x_n\neg((\bigwedge_{1\leqslant j<k\leqslant n}E(x_j,x_k))\vee(\bigwedge_{1\leqslant j<k\leqslant n}\neg E(x_j,x_k))),$$

即对任意的$\{x_1,\cdots,x_n\}$，它们既不构成完全图，也不构成离散图。

令$\Sigma=\{\forall x,y(E(x,y)\leftrightarrow E(y,x)),\forall x\neg E(x,x)\}\cup\{\sigma_{i,j}|i\neq j\in\mathbb{N}\}\cup\{\theta\}$。下面证明$\Sigma$是有限一致的。令$\Sigma_0\subseteq\Sigma$是有限子集，则存在有限子集$N_0\subseteq\mathbb{N}$，使得

$$\Sigma_0\subseteq\{\forall x,y(E(x,y)\leftrightarrow E(y,x)),\forall x\neg E(x,x)\}\cup\{\sigma_{i,j}|i\neq j\in N_0\}\cup\{\theta\}。$$

现在，根据反设，存在一个基数为$|N_0|=r$的图G_r，使得G_r中既没有一个基数为n的子结构G_{r_0}是离散图，也没有一个基数为n的子结构G_{r_1}是完

全图。故将$\{c_i|\ i\in N_0\}$中的常元解释为G_r中互不相同的顶点，则可以将G_r扩张为一个$\mathcal{L}\cup\{c_i|\ i\in N_0\}$-结构，且

$$G_r\models\{\forall x,y(E(x,y)\leftrightarrow E(y,x)),\forall x\neg E(x,x)\}\cup\{\sigma_{i,j}|i\neq j\in N_0\}\cup\{\theta\},$$

从而$G_r\models\Sigma_0$。这就证明了Σ有限一致，从而一致。令$G\models\Sigma$，其论域为V^G，则$\{\forall x,y(E(x,y)\leftrightarrow E(y,x)),\forall x\neg E(x,x)\}$保证$(V^G,E^G)$是一个图，$\{\sigma_{i,j}|i\neq j\in N_0\}$保证$V^G$是一个无穷集合。而$G\models\theta$表明$G$既没有一个基数为$n$的子结构$G_0$是离散图，也没有一个基数为$n$的子结构$G_1$是完全图。这与推论3.4.1矛盾。 ■

3.4.2 不可辨元序列

接下来，我们将用Ramsey定理来构造不可辨元序列。我们设$\mathcal{L}$是一个一般的语言，T是一个一致的$\mathcal{L}$-理论，$(I,\ <_I)$是一个无穷的线序结构。

定义 3.4.1 设$\mathcal{L}$-结构M，$A\subseteq M$，$(\bar{a}_i|\ i\in I)$是M中的m-元组的序列。如果对任意的$n\in\mathbb{N}$，任意的$i_1<_I\cdots<_I i_n\in I$和$j_1<_I\cdots<_I j_n\in I$，以及任意的$\mathcal{L}_A$-公式$\phi(\bar{x}_1,\cdots,\bar{x}_n)$（其中$|\bar{x}_1|=\cdots=|\bar{x}_n|=m$），均有

$$M\models\phi(\bar{a}_{i_1},\cdots,\bar{a}_{i_n})\leftrightarrow\phi(\bar{a}_{j_1},\cdots,\bar{a}_{j_n}),$$

则称$(\bar{a}_i|\ i\in I)$（在M中的）是A**上的不可辨元序列**，或$(\bar{a}_i|\ i\in I)$（在M中的）是A-**不可辨元序列**。

根据定义，$(\bar{a}_i|\ i\in I)$是A-不可辨元序列直观上指的是：如果只用A中的元素作为参数，则结构M不能区分下标序相同的两个n-元组$(\bar{a}_{i_1},\cdots,\bar{a}_{i_n})$和$(\bar{a}_{j_1},\cdots,\bar{a}_{j_n})$。一个极端的例子是$(\bar{a}_i|\ i\in I)$是一个常序列。事实上，若$(a_i|\ i\in I)$是$A$-不可辨元序列，且某个$a_i$恰好是$A$中的元素$a$，则公式$x=a$是$\mathcal{L}_A$-公式，且$M\models\bar{a}_i=\bar{a}$。由不可区分性，必然有$M\models\bar{a}_j=\bar{a}$对一切$j\in I$均成立，从而$(\bar{a}_i|\ i\in I)$是常序列$(\bar{a},\bar{a},\bar{a},\cdots)$。我们把常序列的$A$-不可辨元序列称作**平凡的**$A$-**不可辨元序列**。

另一个极端的例子是：

例 3.4.1 令 $\mathcal{L}=\{<\}$，则无穷线序 $(I,\ <_I)$ 自然是一个 $\mathcal{L}$- 结构。若 $(I,\ <_I)$ 是一个没有端点的稠密线序，则序列 $(i|\ i\in I)$（在结构$(I,\ <_I)$中）是$\emptyset$-不可辨的。证明$(i|\ i\in I)$的不可区分性需要用到量词消去，我们在下一章学完量词消去的理论后会给出证明（见练习7.2.8）。

练习 3.4.1 令$\mathcal{L}=\{<\}$，$\mathcal{L}$-结构$(I,\ <_I)$是一个无穷线序。证明：若$\mathcal{L}$-公式$\phi(x_1,\cdots,x_n)$是一个不含量词的公式，则对任意的$i_1<_I\cdots<_I i_n\in I$和$j_1<_I\cdots<_I j_n\in I$，有$I\models\phi(i_1,\cdots,i_n)\leftrightarrow\phi(j_1,\cdots,j_n)$。

例 3.4.2 我们考察环的语言$\mathcal{L}_r$。对任意的$(I,\ <_I)$，如果$(a_i)_{i\in I}\subseteq\mathbb{C}$在$\mathbb{Q}$上代数独立,根据性质3.1.6(iii)，对任意的$i_1<_I\cdots<_I i_n\in I$和$j_1<_I\cdots<_I j_n\in I$，存在自同构$\sigma\in\mathrm{Aut}(\mathbb{C}/\mathbb{Q})$，使得对任意的$1\leqslant k\leqslant n$都有$\sigma(a_{i_k})=a_{j_k}$。故而对任意的$\mathcal{L}_{r_{\mathbb{Q}}}$-公式$\phi(x_1,\cdots,x_n)$，均有$\mathbb{C}\models\phi(a_{i_1},\cdots,a_{i_n})\leftrightarrow\phi(a_{j_1},\cdots,a_{j_n})$，即$(a_i)_{i\in I}$是$\mathbb{Q}$-不可辨元序列。

定理 3.4.3 设$(I,\ <_I)$是一个无穷线序，M是一个无穷的$\mathcal{L}$-结构。对任意的$A\subseteq M$，存在M的初等膨胀N，使得N中有一个序列$(b_i|\ i\in I)$是非平凡的A-不可辨元序列。

证明: 令$C=\{c_i|\ i\in I\}$是一族新常元，$\mathcal{L}'=\mathcal{L}\cup C\cup M$。对每个$\mathcal{L}_A$-公式$\phi(x_1,\cdots,x_n)$，令$\Sigma_\phi$为$\mathcal{L}'$-句子集

$$\{\phi(c_{i_1},\cdots,c_{i_n})\leftrightarrow\phi(c_{j_1},\cdots,c_{j_n})|\ i_1<_I\cdots<_I i_n\in I,\ \ j_1<_I\cdots<_I j_n\in I\}。$$

令

$$\Sigma=\bigcup_{\phi\in\mathcal{L}_A}\Sigma_\phi,$$

$$\Gamma=\mathrm{Diag_{el}}(M)\cup\Sigma\cup\{\neg(c_i=c_j)|\ i\neq j\in I\}。$$

若Γ是一致的，即存在$N\models\Gamma$，根据引理1.4.4，$N\models\mathrm{Diag_{el}}(M)$表明$N\succ M$。$N\models\Sigma$表明$\{c_i|\ i\in I\}$在$N$中的解释$(b_i|\ i\in I)$是$A$-不可辨元序列。而$N\models\{\neg(c_i=c_j)|\ i\neq j\in I\}$表明$(b_i|\ i\in I)$是非平凡的$A$-不可辨元序列。

断言 Γ是有限一致的。

证明: 设$\Gamma_0 \subseteq \Gamma$是有限子集。由于$\Sigma_{\phi\wedge\psi} \models \Sigma_\phi \cup \Sigma_\psi$，不失一般性，我们可以假设存在$\mathcal{L}_A$-公式$\phi(x_1, \cdots, x_n)$，使得$\Gamma_0 \subseteq \mathrm{Diag_{el}}(M) \cup \Sigma_\phi \cup \{\neg(c_i = c_j)|\ i \neq j \in I\}$。设$|M| = \lambda$，且$M = \{a_\alpha | \alpha \in \lambda\}$是$M$中元素的一个枚举。定义$f : [M]^n \longrightarrow \{0,\ 1\}$ 为：对任意的$\alpha_1 < \cdots < \alpha_n \in \lambda$，有$f(\{a_{\alpha_1}, \cdots, a_{\alpha_n}\}) = 1$当且仅当$M \models \phi(a_{\alpha_1}, \cdots, a_{\alpha_n})$。显然，$f$是一个函数。根据定理3.4.1，存在$M$的一个无穷子集$X$，使得$f$在$[X]^n$上是常值。令$\mathcal{D} = \{\alpha|\ a_\alpha \in X\} \subseteq \lambda$是$X$中元素的下标集合。设$f$在$[X]^n$上的值恒为0，则对任意的$\alpha_1 < \cdots < \alpha_n \in \mathcal{D}$有$M \models \neg\phi(a_{\alpha_1}, \cdots, a_{\alpha_n})$。故而对任意的$\alpha_1 < \cdots < \alpha_n \in \mathcal{D}$ 及$\beta_1 < \cdots < \beta_n \in \mathcal{D}$，有

$$M \models \phi(a_{\alpha_1}, \cdots, a_{\alpha_n}) \leftrightarrow \phi(a_{\beta_1}, \cdots, a_{\beta_n}) \tag{3.1}$$

恒成立。同理，当f在$[X]^n$上的值恒为1时，式子(3.1)也恒成立。现在$\Gamma_0 \subseteq \mathrm{Diag_{el}}(M) \cup \Sigma_\phi \cup \{\neg(c_i = c_j)|\ i \neq j \in I\}$且$\Gamma_0$有限，故存在有限的$I_0 \subseteq I$，使得

$$\Gamma_0 \subseteq \mathrm{Diag_{el}}(M) \cup \Sigma_{\phi, I_0} \cup \{\neg(c_i = c_j)|\ i \neq j \in I_0\},$$

其中

$$\Sigma_{\phi,I_0} =$$

$$\{\phi(c_{i_1}, \cdots, c_{i_n}) \leftrightarrow \phi(c_{j_1}, \cdots, c_{j_n})|\ i_1 <_I \cdots <_I i_n \in I_0, j_1 <_I \cdots <_I j_n \in I_0\}。$$

我们任取$\mathcal{D}$中的一个基数为$|I_0|$的子集$\mathcal{D}_0$。令$g : I_0 \longrightarrow \mathcal{D}_0$是保序的双射。对每个$i \in I_0$，将$c_i$解释为$a_{g(i)} \in X \subseteq M$，从而将$M$扩张为一个$\mathcal{L}_M \cup \{c_i|\ i \in I_0\}$-结构。显然$M \models \mathrm{Diag_{el}}(M)$。由于式子(3.1)对一切的$\alpha_1 < \cdots < \alpha_n \in \mathcal{D}$和$\beta_1 < \cdots < \beta_n \in \mathcal{D}$恒成立，并且$g$是保序双射，因此在以上的解释之下，扩张后的

$$M \models \Sigma_{\phi,\ I_0} \cup \{\neg(c_i = c_j)|\ i \neq j \in I_0\}。$$

故$\mathcal{L}_M \cup \{c_i|\ i \in I_0\}$-结构$M \models \Gamma_0$。这就证明了断言。 ■

由于Γ有限一致，从而一致。证毕。 ■

类似地，利用紧致性还可以证明：

推论 3.4.2　设T是一个理论，$(I,\ <_I)$是一个无穷的线序集，$\Sigma(x_i)_{i\in\omega}$是一个$\mathcal{L}$-公式集，对任意的$k\in\omega$，令$\Sigma_k(x_0,\cdots,x_{k-1})$是$\Sigma$中的变量来自$\{x_0,\cdots,x_{k-1}\}$的公式的集合。如果存在$M\models T$及$M$中的序列$(a_i)_{i\in\omega}$，使得对任意的$m_0<\cdots<m_{k-1}$，都有$M\models\Sigma_k(a_{m_0},\cdots,a_{m_{k-1}})$，则存在$T$的模型$N$及$(b_i)_{i\in I}\subseteq N$，使得对任意的$m_0<_I\cdots<_I m_{k-1}\in I$，都有$M\models\Sigma_k(b_{m_0},\cdots,b_{m_{k-1}})$且$(b_i)_{i\in I}$是不可辨元序列。

练习 3.4.2　证明推论3.4.2。（提示：参考定理3.4.3 的证明。）

推论 3.4.3　设T是一个理论，$(I,\ <_I)$是一个无穷的线序集，$M\models T$，$(a_i)_{i\in I}\subseteq M$是一个不可辨元序列，则对任意的线序$(J,\ <_J)$，都存在$M$的初等膨胀$N$及$N$中的不可辨元序列$(b_i)_{i\in J}\subseteq N$，使得对任意的$k\in\mathbb{N}^+$，任意的$\mathcal{L}$-公式$\phi(x_0,\cdots,x_{k-1})$，任意的的$m_0<_I\cdots<_I m_{k-1}\in I$和$n_0<_J\cdots<_J n_{k-1}\in J$，都有

$$N\models\phi(a_{m_0},\cdots,a_{m_{k-1}})\iff N\models\phi(b_{n_0},\cdots,b_{n_{k-1}})。$$

练习 3.4.3　证明推论3.4.3。

第 4 章　饱和性与齐次性

4.1　ω-饱和性与ω-齐次性

定义 4.1.1

(i) 设$\Sigma(x_i)_{i\in I}$是一个公式集，其中I是一个加标集。M是一个结构。如果存在$(a_i)_{i\in I}\in M^I$，使得$M\models\Sigma(a_i)_{i\in I}$，则称$\Sigma$**被**$M$**实现**（或**被**$M$**满足**），并且称$(a_i)_{i\in I}$（在$M$中）**实现了**（或**满足了**）$\Sigma$。否则，称$\Sigma$**被**$M$**省略**。

(ii) 设M是一个结构，I是一个加标集，$\{x_i|\ i\in I\}$是一族变元。$(a_i|\ i\in I)\in M^I$，$A\subseteq M$，则$\mathrm{tp}_M((a_i)_{i\in I}/A)$表示公式集：

$$\{\phi(x_{i_1},\cdots,x_{i_n})|\ \phi\text{是}\mathcal{L}_A\text{-公式，}M\models\phi(a_{i_1},\cdots,a_{i_n}),i_1,\cdots,i_n\in I\}\text{。}$$

我们称$\mathrm{tp}_M((a_i)_{i\in I}/A)$为$(a_i)_{i\in I}$在（$M$中的）$A$上的$I$-型。当$I=\{0,\cdots,n-1\}$时，称$A$上的$I$-型为$A$**上的**$n$**-型**。当$A=\emptyset$时，我们将$\mathrm{tp}_M((a_i)_{i\in I}/A)$简记作$\mathrm{tp}_M((a_i)_{i\in I})$。

注 4.1.1

(i) 根据紧致性定理，对任意的加标集I，任意一致的理论T，T的任意I-型（见定义2.4.5）都被T的某个模型M实现。

(ii) 公式集$\Sigma(\bar{x})$是理论T的完全I-型当且仅当存在T的模型M及$\bar{a}\in m^I$，使得$\Sigma=\mathrm{tp}_M(\bar{a})$。

(iii) 设M是一个结构，$A\subseteq M$，$(I,<_I)$是一个线序集，则$(a_i)_{i\in I}\subseteq M$是$A$上的不可辨元序列当且仅当对任意的$n\in\mathbb{N}$及任意的$i_0<_I\cdots<_I i_{n-1}\in I$和$j_0<_I\cdots<_I j_{n-1}\in I$，总有$\mathrm{tp}_M(a_{i_0},\cdots,a_{i_{n-1}})=\mathrm{tp}_M(a_{j_0},\cdots,a_{j_{n-1}})$。

(iv) 设M,N是两个$\mathcal{L}$-结构，$A\subseteq M$。如果$f:A\longrightarrow N$是一个部分$\mathcal{L}$-初等嵌入，则对任意的$\mathcal{L}$-公式$\phi(x_0,\cdots,x_{n-1})$及任意的$a_0,\cdots,a_{n-1}\in A$，均有$M\models\phi(a_0,\cdots,a_{n-1})$当且仅当$N\models\phi(f(a_0),\cdots,f(a_{n-1}))$。用型的语言来说就是：设$A=\{a_i|\ i\in I\}$，则$f$是部分$\mathcal{L}$-初等嵌入当且仅当

$$\mathrm{tp}_M((a_i)_{i\in I})=\mathrm{tp}_N((f(a_i))_{i\in I})。$$

定义 4.1.2 设M，N是两个$\mathcal{L}$-结构，$M\prec N$，$\Sigma(\bar{x})$是一个$\mathcal{L}_N$-公式集。如果对任意有限的$\Sigma_0\subseteq\Sigma$，都可以被M实现（满足），则称Σ在M中**有限可满足**。

练习 4.1.1 设M是一个结构，$\Sigma(\bar{x})$是一个$\mathcal{L}_M$-公式集。证明：Σ在M中有限可满足当且仅当存在M的初等膨胀N，使得Σ被N满足。

练习 4.1.2 设M是一个结构，$\Sigma(\bar{x})$是一个$\mathcal{L}_M$-公式集。证明以下表述等价：

(i) Σ在M中有限可满足；

(ii) $\Sigma\cup\mathrm{Diag}_{\mathrm{el}}(M)$一致；

(iii) Σ是$\mathrm{Th}(M,a)_{a\in M}$的型。

例 4.1.1 设M是一个无穷结构。一个被M省略但在M中有限可满足的例子是$\mathcal{L}_M$-句子集$\Sigma(x)=\{\neg(x=a)|\ a\in M\}$。

定义 4.1.3 设M是一个$\mathcal{L}$-结构，$A\subseteq M$。

(i) 设I是一个加标集，则$S_I(A,M)$表示$\mathcal{L}_A$-理论$\mathrm{Th}(M,a)_{a\in A}$的全体完全$I$-型的集合。

(ii) 当$I=\{0,1,\cdots,n-1\}$时，我们将$S_I(A,M)$记作$S_n(A,M)$。$S_0(A,M)=\mathrm{Th}(M,a)_{a\in A}$。

(iii) 我们称$p(\bar{x}) \in S_I(A,M)$是A上的**代数型**，是指存在$\bar{b} \in \mathrm{acl}_M(A)^I$使得$M \models p(\bar{b})$。如果$p$不是$A$上的代数型，则称$p$是$A$上的**非代数型**。

练习 4.1.3 设M,N是两个$\mathcal{L}$-结构且$M \prec N$。证明：$p(x) \in S_n(M,N)$是代数型当且仅当p被M实现。

注 4.1.2

(i) 由引理2.4.1和注2.4.3可知当M是一个$\mathcal{L}$-结构，$A \subseteq M$时，$S_n(A,M)$是一个紧致的、完全不连通的开闭集。$X \subseteq S_n(A,M)$是开闭集当且仅当存在$\mathcal{L}_A$-公式$\phi(x_0,\cdots,x_{n-1})$使得$X=[\phi]$。$X \subseteq S_n(A,M)$ 是开集当且仅当X是一族$[\phi]$的并。

(ii) 如果$N \succ M$,$A \subseteq M$，则$S_n(A,M)=S_n(A,N)$。这表明$S_n(A,M)$关于M的任意初等膨胀是“不变的”，它仅仅与A有关。因此，在没有歧义时，我们直接把它简记作$S_n(A)$。

注 4.1.3

(i) 设$A \subseteq M$，如果$\mathcal{L}_A$-公式集$\Sigma(\bar{x})$是$\mathrm{Th}(M,a)_{a\in A}$的$n$-型，则称$\Sigma(\bar{x})$是$(M,A)$上的$n$-型。当没有歧义时，我们也简称$A$ 上的n-型。

(ii) 设$A \subseteq M \prec N$，则$\Sigma(\bar{x})$是(M,A)上的n-型当且仅当$\Sigma(\bar{x})$是(N,A)上的n-型。即以上定义关于初等膨胀是不变的，而只与参数集合A有关。因此，当没有歧义时，我们也简称Σ为A 上的n-型。

(iii) 设$A \subseteq M$。如果Σ是A上的n-型，则存在一个$N \succ M$使得Σ被N实现。

(iv) A上的每个n-型都可以扩张为一个完全n-型，因此A上的n-型可以看作是$S_n(A)$ 的一个非空闭子集。

练习 4.1.4 证明注4.1.3的(ii)。

定义 4.1.4 设M是一个结构。我们称M是ω-**饱和结构**是指：对任意的$n < \omega$，任意的变元组$\bar{x} = (x_0, \cdots, x_n)$，任意的有限集$A \subseteq M$，当$\mathcal{L}_A$-公式集$\Sigma(\bar{x})$在$M$中有限可满足时，$\Sigma(\bar{x})$被$M$实现（满足）。

引理 4.1.1 设M是一个结构，则以下命题等价：

(i) M是ω-饱和的；

(ii) 对任意有限的$A \subseteq M$，A上的任意一个n-型都被M实现；

(iii) 对任意有限的$A \subseteq M$，任意的$p \in S_n(A)$都被M实现。

证明:

(i)$\Longrightarrow$(ii) 设M是ω-饱和的。令$\mathcal{L}_A$-公式集$\Sigma(\bar{x})$是A上的一个n-型，则$\Sigma(\bar{x}) \cup \mathrm{Th}((M, a)_{a\in A})$ 是一致的。由于$\mathrm{Th}((M, a)_{a\in A})$是完备的$\mathcal{L}_A$-理论，故对任意有限的$\Sigma_0(\bar{x}) \subseteq \Sigma(\bar{x})$，必然有

$$\mathrm{Th}((M, a)_{a\in A}) \models \exists\bar{x}(\bigwedge \Sigma_0(x))。$$

从而$M \models \exists\bar{x}(\bigwedge \Sigma_0(x))$，即存在$\bar{a} \in M^n$使得$M \models \Sigma_0(\bar{a})$。从而$\Sigma(\bar{x})$在$M$中有限可满足。由于$M$是$\omega$-饱和的，故而$\Sigma(\bar{x})$被$M$实现。

(ii)$\Longrightarrow$(iii) 显然。

(iii)$\Longrightarrow$(i) 设$\mathcal{L}_A$-公式集$\Sigma(\bar{x})$在M中有限可满足，则任取有限的$\Sigma_0(\bar{x}) \subseteq \Sigma(\bar{x})$，存在$\bar{a} \in M^n$ 使得$M \models \Sigma_0(\bar{a})$，故 $M \models \Sigma_0(\bar{a}) \cup \mathrm{Th}((M, a)_{a\in A})$。这表明$\Sigma(\bar{x}) \cup \mathrm{Th}((M, a)_{a\in A})$是有限一致的。根据推论2.1.1，$\Sigma(\bar{x}) \cup \mathrm{Th}((M, a)_{a\in A})$可以被扩张为一个极大的一致的$\mathcal{L}_A$-公式集$p(\bar{x})$。显然$p(\bar{x}) \in S_n(A)$，故而被$M$实现，故而$\Sigma \subseteq p$也被$M$实现。

以上证明了三个命题等价。 ■

引理 4.1.2 任意的$\mathcal{L}$-结构M都有一个ω-饱和的初等膨胀N。当$\mathcal{L}$和M都可数时，N的基数可以不超过2^ω。

证明: 设$|M| = \lambda$，则M的全体有限子集的基数也是λ。令$\mathcal{D} = \{A_i|\ i \in \lambda\}$是$M$的全体有限子集。对每个$i \in \lambda$，每个$0 < n \in \mathbb{N}$，$A_i$上的$n$-型至多有$2^{|\mathcal{L}|}$个。这是因为至多有$|\mathcal{L}|$个$\mathcal{L}_{A_i}$-公式，而每个型都是$\mathcal{L}_{A_i}$-公式集的一个子集。令

$$\mathcal{T}_{i,n} = \{\Sigma_{i,n,j}(\bar{x})|\ j \in \mu_i\}$$

是全体A_i上的n-型，其中$\mu_i \leqslant 2^{|\mathcal{L}|}$是一个基数。对每个$(i,n,j)$，引入一个新的常元组$C_{i,n,j} = \{{c_{i,n,j}}^1, \cdots, {c_{i,n,j}}^n\}$，使得当$(i,n,j) \neq (i',n',j')$时，有$C_{i,n,j} \cap C_{i',n',j'}$是空集。令$\mathcal{C} = \bigcup_{i\in\lambda, n\in\mathbb{N}, j\in\mu_i} C_{i,n,j}$，则$|\mathcal{C}| \leqslant \max\{\lambda, 2^{|\mathcal{L}|}\}$。显然，我们只须证明$\mathcal{L}_M \cup \mathcal{C}$-句子集

$$\mathrm{Diag_{el}}(M) \cup \Big(\bigcup_{i\in\lambda, n\in\mathbb{N}, j\in\mu_i} \Sigma_{i,n,j}({c_{i,n,j}}^1, \cdots, {c_{i,n,j}}^n)\Big)$$

是一致的。对每个下标i,n,j，$\Sigma_{i,n,j}(x_1, \cdots, , x_n)$是$A_i$上的$n$-型，因此，根据练习4.1.2，$\mathcal{L}_M$-公式集

$$\mathrm{Diag_{el}}(M) \cup \Sigma_{i,n,j}(x_1, \cdots, x_n)$$

是一致的。由于$C_{i,n,j}$是不在$\mathcal{L}_M$中出现的新常元，故而

$$\mathrm{Diag_{el}}(M) \cup \Sigma_{i,n,j}({c_{i,n,j}}^1, \cdots, {c_{i,n,j}}^n)$$

也是一致的。由于下标不同的$C_{i,n,j}$互不相交，故对任意的两个不同的下标i,n,j和i',n',j'，句子集

$$\mathrm{Diag_{el}}(M) \cup \Sigma_{i,n,j}({c_{i,n,j}}^1, \cdots, {c_{i,n,j}}^n)$$

的一致性和句子集

$$\mathrm{Diag_{el}}(M) \cup \Sigma_{i',n',j'}({c_{i',n',j'}}^1, \cdots, {c_{i',n',j'}}^n)$$

的一致性无关。因此，

$$\mathrm{Diag_{el}}(M) \cup \Big(\bigcup_{i\in\lambda, n\in\mathbb{N}, j\in\mu_i} \Sigma_{i,n,j}({c_{i,n,j}}^1, \cdots, {c_{i,n,j}}^n)\Big)$$

是有限一致的。由于$|\mathcal{L}_M \cup \mathcal{C}| \leqslant \max\{\lambda, 2^{|\mathcal{L}|}\}$，故而根据推论2.5.1，存在$\mathcal{L}_M \cup \mathcal{C}$-结构$N$，使得

$$N \models \mathrm{Diag_{el}}(M) \cup (\bigcup_{i\in\lambda, n\in\mathbb{N}, j\in\mu_i} \Sigma_{i,n,j}({c_{i,n,j}}^1, \cdots, {c_{i,n,j}}^n))$$

且$|N| \leqslant \max\{\lambda, 2^{|\mathcal{L}|}\}$。特别地，当$\lambda$和$|\mathcal{L}|$是可数基数时，$|N| \leqslant 2^\omega$。

以上论证表明：存在一个初等链$\{N_i|\ i<\omega\}$，使得

(i) $N_0 = M$;

(ii) 对任意的$i<\omega$，总有$|N_{i+1}| \leqslant \max\{|N_i|, 2^{|\mathcal{L}|}\}$;

(iii) 对任意的$i<\omega$，总是有$N_i \prec N_{i+1}$，并且对任意的有限的$A \subseteq N_i$，任意的$n<\omega$，任意的$p \in S_n(N_i, A)$，都存在$\bar{b} \in {N_{i+1}}^n$，使得$\bar{b}$实现p。

容易验证，对每个$i<\omega$，总$|N_i| \leqslant 2^\omega$。令$N_\omega = \bigcup_{i\in\omega} N_i$，则$N_\omega$是$\omega$-饱和模型并且$|N_\omega| \leqslant 2^\omega$。 ■

定义 4.1.5　设M是一个结构。我们称M是ω-**齐次结构**是指：对任意的有限集$A \subseteq M$，任意的$n \in \mathbb{N}$，如果$\bar{a}, \bar{b} \in M^n$使得$\mathrm{tp}_M(\bar{a}/A) = \mathrm{tp}_M(\bar{b}/A)$，则对任意的$c \in M$，都存在$d \in M$使得$\mathrm{tp}_M(\bar{a}, c/A) = \mathrm{tp}_M(\bar{b}, d/A)$。

注 4.1.4　设M是一个结构，$\bar{a} = (a_1, \cdots, a_k) \in M^k$。设$\Sigma(\bar{x})$是$\mathcal{L}_{\bar{a}}$上的一个公式集。我们习惯用记号$\Sigma(\bar{x}, \bar{a})$来表示$\Sigma$的参数来自$\bar{a}$。对任意的$\bar{b} = (b_1, \cdots, b_k) \in M^k$，$\Sigma(\bar{x}, \bar{b})$表示将$\Sigma(\bar{x}, \bar{a})$中每个公式中出现的每个参数$a_i$按照对应的下标换为$b_i$而得到的一个$\mathcal{L}_{\bar{b}}$-公式集，即

$$\Sigma(\bar{x}, \bar{b}) = \phi(\bar{x}, b_1, \cdots, b_k)|\ \phi(x_1, \cdots, x_n, y_1, \cdots, y_k)$$

是$\mathcal{L}$-公式且$\phi(\bar{x}, a_1, \cdots, a_k) \in \Sigma(\bar{x}, \bar{a})$。

引理 4.1.3　设M是一个结构，$\bar{a}, \bar{b} \in M^k$是M中两个k-元组且$\mathrm{tp}_M(\bar{a}) = \mathrm{tp}_M(\bar{b})$，$\Sigma(\bar{x}, \bar{y})$是一个$\mathcal{L}$-公式集，其中$\bar{y} = y_1, \cdots, y_k$。

(i) 如果$\mathcal{L}_{\bar{a}}$-公式集$\Sigma(\bar{x},\bar{a})$是$\bar{a}$上的一个n-型，则$\mathcal{L}_{\bar{b}}$-公式集$\Sigma(\bar{x},\bar{b})$是$\bar{b}$上的n-型。

(ii) 如果 $\Sigma(\bar{x},\bar{a})$ 是$\bar{a}$上的一个完全n-型，则$\Sigma(\bar{x},\bar{b})$是$\bar{b}$上的一个完全n-型。

证明: 我们只证明(i)，(ii)留给读者自己验证。显然，只须证明$\mathrm{Th}(M,\bar{b})\cup\Sigma(\bar{x},\bar{b})$是有限一致的。取$\Sigma(\bar{x},\bar{b})$的任意一个有限子集$\Sigma_0(\bar{x},\bar{b})$。因$\mathrm{Th}(M,\bar{b})$是一个完备的$\mathcal{L}_{\bar{b}}$-理论，故

$$\mathrm{Th}(M,\bar{b})\cup\Sigma_0(\bar{x},\bar{b})\text{一致}$$

当且仅当

$$\exists\bar{x}(\bigwedge\Sigma_0(\bar{x},\bar{b}))\in\mathrm{Th}(M,\bar{b}),$$

当且仅当

$$M\models\exists\bar{x}\bigwedge\Sigma_0(\bar{x},\bar{b})。$$

因$\mathrm{tp}_M(\bar{a})=\mathrm{tp}_M(\bar{b})$，故$M\models\exists\bar{x}(\bigwedge\Sigma_0(\bar{x},\bar{b}))$ 当且仅当$M\models\exists\bar{x}(\bigwedge\Sigma_0(\bar{x},\bar{a}))$，其中$\Sigma_0(\bar{x},\bar{a})$恰好是将$\Sigma_0(\bar{x},\bar{b})$中每个公式中的参数$\bar{b}$换为$\bar{a}$而得到的公式集，即

$$\Sigma_0(\bar{x},\bar{a})=\phi(\bar{x},\bar{a})|\ \phi(x_1,\cdots,x_n,y_1,\cdots,y_k)$$

是一个$\mathcal{L}$-公式且$\phi(\bar{x},\bar{b})\in\Sigma_0(\bar{x},\bar{b})\}$，故而$\Sigma_0(\bar{x},\bar{a})\subseteq\Sigma(\bar{x},\bar{a})$。同理可知，$M\models\exists\bar{(}x\bigwedge\Sigma_0(\bar{x},\bar{a}))$ 当且仅当$\mathrm{Th}(M,\bar{a})\cup\Sigma_0(\bar{x},\bar{a})$一致。由于$\Sigma(\bar{x},\bar{a})$是$\bar{a}$上的$n$-型，故而$\mathrm{Th}(M,\bar{a})\cup\Sigma_0(\bar{x},\bar{a})$一致。证毕。 ■

练习 4.1.5　请证明引理4.1.3的推广：设M与N是初等等价的$\mathcal{L}$-结构，I,J是两个互不相交的加标集。若$(a_i)_{i\in I}\in M^I$和$(b_i)_{i\in I}\in N^I$使得$\mathrm{tp}_M((a_i)_{i\in I})=\mathrm{tp}_N((b_i)_{i\in I})$，则对任意的$\mathcal{L}$-公式集$\Sigma((x_i)_{i\in I},(x_k)_{k\in J})$，都有：

$$\Sigma((a_i)_{i\in I},(x_k)_{k\in J})\in S_J(M,\{a_i|\ i\in I\})\Longleftrightarrow$$

$$\Sigma((b_i)_{i\in I},(x_k)_{k\in J})\in S_J(N,\{b_i|\ i\in I\})。$$

引理 4.1.4　每个ω-饱和的结构一定是ω-齐次的。

证明:　设M是ω-饱和结构，$A \subseteq M$是一个有限集，$\bar{a} = (a_1, \cdots, a_n) \in M^n$，$c \in M$，令

$$\Sigma(x, \bar{y}) = \mathrm{tp}_M(c, \bar{a}/A)。$$

显然，$\Sigma(x, \bar{a}) = \mathrm{tp}_M(c/A \cup \{a_1, \cdots, a_n\})$，对任意的$\mathcal{L}_A$-公式$\phi(x, y_1, \cdots, y_n)$，都有

$$\phi(x, y_1, \cdots, y_n) \in \mathrm{tp}_M(c, \bar{a}/A) \iff$$

$$\phi(x, a_1, \cdots, a_n) \in \Sigma(x, \bar{a}) = \mathrm{tp}_M(c/A \cup \{a_1, \cdots, a_n\})。$$

现在设$\bar{b} = (b_1, \cdots, b_n) \in M^n$使得$\mathrm{tp}_M(\bar{a}/A) = \mathrm{tp}_M(\bar{b}/A)$。则根据引理4.1.3，$\Sigma(x, \bar{b})$是$A \cup \{b_1, \cdots, b_n\}$上的完全1-型。由于$M$是$\omega$-饱和的，且$A \cup \{b_1, \cdots, b_n\}$是有限集合，故存在$d \in M$使得$M \models \Sigma(d, \bar{b})$。这就是说，对任意的$\mathcal{L}_A$-公式$\phi(x, y_1, \cdots, y_n)$, 都有

$$\phi(x, b_1, \cdots, b_n) \in \Sigma(x, \bar{b}) \iff M \models \phi(d, b_1, \cdots, b_n)。$$

然而

$$\phi(x, b_1, \cdots, b_n) \in \Sigma(x, \bar{b}) \iff \phi(x, a_1, \cdots, a_n) \in \Sigma(x, \bar{a})$$

$$\iff M \models \phi(c, a_1, \cdots, a_n),$$

故而

$$M \models \phi(c, \bar{a}) \iff M \models \phi(d, \bar{b}),$$

即$\mathrm{tp}_M(c, \bar{a}) = \mathrm{tp}_M(d, \bar{b})$。

我们证明了对任意的有限子集$A \subseteq M$，任意的$\bar{a} \in M^n$，任意的$c \in M$，任意的$\bar{b} \in M^n$使得$\mathrm{tp}_M(\bar{a}/A) = \mathrm{tp}_M(\bar{b}/A)$，都存在一个$d$使得$\mathrm{tp}_M(c, \bar{a}/A) = \mathrm{tp}_M(d, \bar{b}/A)$。故$M$是$\omega$-齐次的。 ■

引理4.1.2和引理4.1.4的直接推论是:

推论 4.1.1　任意的$\mathcal{L}$-结构M都有一个ω-齐次的初等膨胀N。

引理4.1.2告诉我们，当M和$\mathcal{L}$都可数时，M的ω-齐次的初等膨胀N的基数不超过2^ω。事实上，我们有一个更好的结果。

引理 4.1.5　*如果$\mathcal{L}$可数，且M是可数的$\mathcal{L}$-结构，则M有一个可数的初等膨胀N是ω-齐次的。*

证明:　对每个$n \in \mathbb{N}$，每个$\bar{a} \in M^n$及每个$c \in M$，我们定义$\Sigma_{\bar{a},c}(\bar{x}, y) = \mathrm{tp}_M(\bar{a}, c)$。对每个满足$\mathrm{tp}_M(\bar{b}) = \mathrm{tp}_M(\bar{a})$的$b \in M^n$，引入一个新常元$d_{\bar{a},c,\bar{b}}$。将$\Sigma_{\bar{a},c}(\bar{x}, y)$中的每个公式中的变元组$\bar{x}$替换为$\bar{b}$，变元$y$ 替换为新常元$d_{\bar{a},c,\bar{b}}$，得到一个$\mathcal{L}_{\bar{b}} \cup \{d_{\bar{a},c,\bar{b}}\}$-句子集$\Sigma_{\bar{a},c}(\bar{b}, d_{\bar{a},c,\bar{b}})$。我们要求：当$(\bar{a}, c, \bar{b}) \neq (\bar{a}', c', \bar{b}')$时，总是有$d_{\bar{a},c,\bar{b}} \neq d_{\bar{a}',c',\bar{b}'}$。令

$$\mathcal{P} = \{\Sigma_{\bar{a},c}(\bar{b}, d_{\bar{a},c,\bar{b}}) |\ \bar{a} \in M^n, \bar{b} \in M^n \text{且} \mathrm{tp}_M(\bar{b}) = \mathrm{tp}_M(\bar{a}), c \in M\}。$$

由于下标组$(\bar{a}, c, \bar{b})$中的元素都来自M，故$\mathcal{P}$是一个可数集合。特别地，$\mathcal{P}$中有可数个新常元。根据引理4.1.3，每个$\Sigma_{\bar{a},c}(\bar{b}, y)$都是$\mathrm{Th}(M, \bar{b})$的1-型，从而在$M$中有限可满足。故而$\Sigma_{\bar{a},c}(\bar{b}, d_{\bar{a},c,\bar{b}}) \cup \mathrm{Diag}_{\mathrm{el}}(M)$是有限一致的，从而是一致的。由于$d_{\bar{a},c,\bar{b}}$是互不相同的新常元，故而$\mathrm{Diag}_{\mathrm{el}}(M) \cup \bigcup \mathcal{P}$ 也是一致的。令

$$\mathcal{C} = \{d_{\bar{a},c,\bar{b}} |\ \bar{a} \in M^n, \bar{b} \in M^n \text{且} \mathrm{tp}_M(\bar{b}) = \mathrm{tp}_M(\bar{a}), c \in M\},$$

则$\mathcal{C}$是可数的。由推论2.5.1，存在一个可数的$\mathcal{L}_M \cup \mathcal{C}$-结构$N \models \mathrm{Diag}_{\mathrm{el}}(M) \cup \bigcup \mathcal{P}$。忘掉新常元，则$N \restriction \mathcal{L} \succ M$。由于$N \models \bigcup \mathcal{P}$，故对每个$\bar{a} \in M^n$及每个$c \in M$，如果$\bar{b} \in M^n$使得$\mathrm{tp}_M(\bar{a}) = \mathrm{tp}_M(\bar{b})$，则存在$d \in N$ 使得$\mathrm{tp}_N(\bar{a}, c) = \mathrm{tp}_N(\bar{b}, d)$。事实上，我们只须令$d$ 为新常元$d_{\bar{a},c,\bar{b}}$在N中的解释即可。

以上的论证表明：我们可以构造初等链$M = N_0 \prec N_1 \prec N_2 \prec \cdots$，使得它们有以下性质：

(i) 每个N_i都是可数的。

(ii) 对每个$i \in \mathbb{N}$，每个$n \in \mathbb{N}$，每个$\bar{a} \in {N_i}^n$及每个$c \in N_i$，如果$\bar{b} \in {N_i}^n$使得$\mathrm{tp}_{N_i}(\bar{a}) = \mathrm{tp}_{N_i}(\bar{b})$，则存在$d \in N_{i+1}$ 使得$\mathrm{tp}_{N_{i+1}}(\bar{a}, c) = \mathrm{tp}_{N_{i+1}}(\bar{b}, d)$。

根据引理1.4.5，我们知道$N = \bigcup_{i \in \mathbb{N}} N_i \succ M$。显然：性质(i)保证$N$是可数的，性质(ii)保证了$N$是$\omega$-齐次的。

■

4.2 κ-饱和性与κ-齐次性

上一节，我们引入了ω-饱和结构和ω-齐次结构的概念，其中的ω指的是可数基数。类似地，对任意的无穷基数λ，我们也可定义饱和性与齐次性。

定义 4.2.1 设M是一个$\mathcal{L}$-结构，κ是一个无穷基数。

(i) 我们称M为κ-**饱和结构**是指：对任意的$A \subseteq M$，对任意的$0 < n \in \mathbb{N}$，如果$|A| < \kappa$，则$S_n(A)$中的所有的型都被M实现。

(ii) 如果M是$|M|$-饱和的，则称M是**饱和结构**。

(iii) 我们称M为κ-**齐次结构**是指：对任意满足$|I| < \kappa$的指标集I，如果$\bar{a} = (a_i)_{i \in I} \in M^I$和$\bar{b} = (b_i)_{i \in I} \in M^I$满足$\mathrm{tp}_M(\bar{a}) = \mathrm{tp}_M(\bar{b})$，则对任意的$c \in M$，都存在$d \in M$使得$\mathrm{tp}_M(\bar{a}, c) = \mathrm{tp}_M(\bar{b}, d)$。

(iv) 如果M是$|M|$-齐次的，则称M是**齐次结构**。

(v) 我们称M为**强**κ-**齐次结构**是指：对任意满足$|I| < \kappa$的指标集I，如果$\bar{a} = (a_i)_{i \in I} \in M^I$ 和$\bar{b} = (b_i)_{i \in I} \in M^I$满足$\mathrm{tp}_M(\bar{a}) = \mathrm{tp}_M(\bar{b})$，则存在自同构$f : M \longrightarrow M$使得$f(a_i) = b_i$。

(vi) 如果M是强$|M|$-齐次的，则称M是**强齐次结构**。

我们已经知道，$S_n(A,M)$中的任何一个型都会被M的某个初等膨胀满足。我们可以将A上的型p看作是一个性质，这个性质是用无穷多个公式来刻画的，同时，这个性质和结构M本身也不矛盾。当M是$|A|^+$-饱和时，我们就断言，M中有一个元素满足这个性质。因此，直观的含义就是M的程度越高，结构M就越丰富，因为它有足够多的元素来满足各种“合理的”要求。故而饱和性是对一个结构大小的一种刻画。任何结构M都不可能是$|M|^+$-饱和的，至少它们不能满足$\{x \neq a|\ a \in M\}$这个型。因此，任何结构M至多是$|M|$-饱和的。因此，饱和结构是饱和程度最高的一类结构。

结构M具有κ-齐次性的另外一种等价表述是：如果$A \subseteq M$，$B \subseteq M$，$|A| = |B| < \kappa$，且$f: A \leftrightarrow B$是一个部分同构，则对任意的$a \in M$，都存在$b \in M$使得$f \cup \{(a,b)\}$也是部分同构。

练习 4.2.1　设结构M是κ-齐次的。证明：如果$A \subseteq M$，$B \subseteq M$，$|A| = |B| < \kappa$，且$f: A \longrightarrow B$是一个部分同构，则对任意基数$\lambda < \kappa$及任意的$(a_i)_{i<\lambda} \in M^\lambda$，都存在$(b_i)_{i<\lambda} \in M^\lambda$使得$f \cup \{(a_i,b_i)|\ i < \lambda\}$ 也是部分同构。

引理 4.2.1　设M是一个$\mathcal{L}$-结构，κ 是一个无穷基数。

(i) M是κ-饱和的当且仅当：对任意的$A \subseteq M$，如果$|A| < \kappa$，则$S_1(A)$中的所有型都被M实现。

(ii) M是κ-饱和的当且仅当：对任意的$A \subseteq M$，任意的加标集I，如果$|A| < \kappa$ 且$|I| < \kappa$，则$S_I(A)$中的所有型都被M 实现。

(iii) 如果M是κ-饱和的，则M是κ-齐次的。

(iv) 如果M是齐次的，则M是强齐次的。

(v) 如果M是饱和的，则M是强齐次的。

证明:

(i) 左边蕴涵右边是显然的。我们来证明右边蕴涵左边。

假设对任意的$A \subseteq M$，如果$|A| < \kappa$，则$S_1(A)$中的所有型都被M实现。我们对$0 < n \in \mathbb{N}$归纳证明: 对任意的$B \subseteq M$，如果$|B| < \kappa$，则$S_n(B)$中的所有型都被M实现。设$B \subseteq M$且$|B| < \kappa$，$p(x_0, \cdots, x_n) \in S_{n+1}(B)$。令

$$q(x_0, \cdots, x_{n-1}) = \{\phi(x_0, \cdots, x_{n-1}) |\ \phi(x_0, \cdots, x_{n-1}) \in p\},$$

即q是p中只含有变元$x_0, \cdots, x_{n-1}$的公式的集合。容易验证，q是B上的完全n-型。由归纳假设，存在$a_0, \cdots, a_{n-1} \in M$使得$M \models q(a_0, \cdots, a_{n-1})$。将$p(x_0, \cdots, x_n)$中公式的前$n$个变元$x_0, \cdots, x_{n-1}$替换为$a_0, \cdots, a_{n-1}$，得到$\mathcal{L}_{B \cup \{a_0, \cdots, a_{n-1}\}}$-公式集$p(a_0, \cdots, a_{n-1}, x_n)$。容易验证$p(a_0, \cdots, a_{n-1}, x_n)$是$B \cup \{a_0, \cdots, a_{n-1}\}$上的完全1-型（严格地说，将变元$x_n$替换为变元$x_0$后，$p(a_0, \cdots, a_{n-1}, x_0)$才是1-型）。由于

$$|B \cup \{a_0, \cdots, a_{n-1}\}| < \kappa,$$

由引理假设，有一个$a_n \in M$实现了$p(a_0, \cdots, a_{n-1}, x_n)$，即$(a_0, \cdots, a_n) \in M^n$满足$p$。故$M$是$\kappa$-饱和的。

(ii) 右边蕴涵左边是显然的。我们来证明左边蕴涵右边。

假设M是κ-饱和的。设$A \subseteq M$，I是加标集且$|A|$和$|I|$均小于$< \kappa$。设$p((x_i)_{i \in I}) \in S_I(A)$。不失一般性，我们设$I$是一个小于$\kappa$的基数。对每个$j < I$，令

$$p_j((x_i)_{i<j}) = \{\phi(x_{i_0}, \cdots, x_{i_m}) |\ \phi(x_{i_0}, \cdots, x_{i_m}) \in p, i_0 < \cdots < i_m < j\}。$$

显然，p_j是B上的完全j-型，并且当$i \leqslant j < I$时，总是有$p_i \subseteq p_j \subseteq p$。我们递归地构造一个序列$(a_i)_{i<I} \in M^I$，使得对任意的$j < I$，有$(a_i)_{i<j}$ 满足p_j。

(a) 由κ-饱和性可知存在$a_0 \in M$满足$p_1(x_0)$。

(b) 设$j_0 < I$且对每个$j < j_0$，我们已经构造了序列$(a_i)_{i<j}$满足p_j。如果$j_0 = i_0+1$是后继序数，则$p_{j_0}((a_i)_{i<i_0}, x_{i_0})$是$B\cup\{a_i|\ i < i_0\}$上的完全1-型。由于

$$|B \cup \{a_i|\ i < i_0\}| < \kappa,$$

故存在$a_{j_0} \in M$实现了$p_{j_0}((a_i)_{i<i_0}, x_{i_0})$。即序列$(a_i)_{i<j_0}$实现了$p_{j_0}$。

(c) 如果j_0是极限基数，且对每个$i_0 < j_0$，满足条件的$(a_i)_{i<i_0}$已经找到，特别地，对任意的$i_0 < j_0$，$(a_i)_{i<i_0}$实现了p_{i_0}。由于$p_{j_0} = \bigcup_{i_0<j_0} p_{i_0}$，对每个公式$\phi \in p_{j_0}$，都可以找到$i_0 < j_0$使得$\phi \in p_{i_0}$。故$(a_i)_{i<j_0}$ 实现了p_{j_0}。

显然序列$(a_i)_{i<I}$实现了p。

(iii) 参考引理4.1.4的证明。

(iv) 设M是齐次的，$\kappa < |M| = \lambda$，$\bar{a} = (a_i)_{i<\kappa} \in M^\kappa$，$\bar{b} = (b_i)_{i<\kappa} \in M^\kappa$且$\mathrm{tp}_M(\bar{a}) = \mathrm{tp}_M(\bar{b})$。我们将构造一个自同构$f: M \longrightarrow M$使得$f(a_i) = b_i$。设$M = \{c_i|\ i < \lambda\}$和$M = \{d_i|\ i < \lambda\}$是$M$的两个枚举。如果我们可以构造$M$上的两个部分函数序列$\{f_i \subseteq M \times M|i < \lambda\}$和$\{g_i \subseteq M \times M|i < \lambda\}$使得:

(a) $\mathrm{dom}(f_0) = \{a_i|\ i < \kappa\}$且$f_0(a_i) = b_i$，$\mathrm{dom}(g_i) = \{b_i|\ i < \kappa\}$且$g_0(b_i) = a_i$;

(b) 对任意的$i_0 < \lambda$，$\{c_i|\ i < i_0\} \subseteq \mathrm{dom}(f_{i_0})$，$\{d_i|\ i < i_0\} \subseteq \mathrm{dom}(g_{i_0})$，且$f_{i_0}$和$g_{i_0}$都是部分同构;

(c) 对任意的$i < j < \lambda$，$f_i \subseteq f_j$，${f_i}^{-1} \subseteq g_j$，且$g_i \subseteq g_j$，${g_i}^{-1} \subseteq f_j$。

容易验证，如果存在上述的部分函数序列$\{f_i \subseteq M \times M|i < \lambda\}$和$\{g_i \subseteq M \times M|i < \lambda\}$，则$f = \bigcup_{i<\lambda} f_i$和$g = \bigcup_{i<\lambda} g_i$均是定义域

为M的部分同构（即初等嵌入），且$f = g^{-1}$。从而f和g均是满射，从而均是同构。根据性质(a)，显然有$f(a_i) = b_i$，从而完成证明。下面我们递归地构造$\{f_i \subseteq M \times M | i < \lambda\}$和$\{g_i \subseteq M \times M | i < \lambda\}$：

I $\mathrm{dom}(f_0) = \{a_i | \, i < \kappa\}$且$f_0(a_i) = b_i$，$\mathrm{dom}(g_i) = \{b_i | \, i < \kappa\}$且$g_0(b_i) = a_i$。

II 设$i_0 < \lambda$是极限序数，且满足以上要求的$\{f_i | \, i < i_0\}$和$\{g_i | \, i < i_0\}$均已经构造好了。令$g_{i_0} = \bigcup_{i<i_0} g_i$，$f_{i_0} = \bigcup_{i<i_0} f_i$。容易验证，$f_{i_0}$和$g_{i_0}$也是满足要求的。

III 设$i_0 < \lambda$是后继序数，且满足以上要求的$\{f_i | \, i < i_0\}$和$\{g_i | \, i < i_0\}$均已经构造好了。

2n+1步： 如果$i_0 = \alpha + 2n + 1$，其中α是一个极限序数，$n \in \mathbb{N}$是自然数，则令$f_{\alpha+2n+1,0} = g^{-1}_{\alpha+2n}$。根据齐次性，存在$\eta_{\alpha+2n} \in M$使得

$$f_{\alpha+2n+1,0} \cup \{(c_{\alpha+2n}, \eta_{\alpha+2n})\}$$

也是部分同构。令

$$f_{\alpha+2n+1} = f_{\alpha+2n+1,0} \cup \{(c_{\alpha+2n}, \eta_{\alpha+2n})\}。$$

2n+2步： 如果$i_0 = \alpha + 2n + 2$，其中α是一个极限序数，$n \in \mathbb{N}$是自然数，则令$g_{\alpha+2n+2,0} = f^{-1}_{\alpha+2n+1}$。根据齐次性，存在$\epsilon_{\alpha+2n+1} \in M$使得

$$g_{\alpha+2n+2,0} \cup \{(d_{\alpha+2n+1}, \epsilon_{\alpha+2n+1})\}$$

也是部分同构。令

$$g_{\alpha+2n+2} = g_{\alpha+2n+2,0} \cup \{(d_{\alpha+2n+1}, \epsilon_{\alpha+2n+1})\}。$$

可以归纳证明，序列$\{f_i | \, i < \lambda\}$和序列$\{g_i | \, i < \lambda\}$满足性质(a),(b),(c)。

(v) 根据(iii)和(iv)可得。

以上是对这五个命题的证明。 ■

注 4.2.1 我们将引理4.2.1中(iv)的证明方法称为**进退构造法**。进退构造法是构造同构映射的一个非常经典的技术。其特点是同时构造部分同构映射的扩张序列及其逆映射，从而保证最终得到的映射是双射的部分同构映射，即同构。

令$\mathcal{L}_o = \{<\}$。令DLO为包含以下$\mathcal{L}_o$-句子的公理：

偏序性： $\forall x \neg(x < x)$，$\forall x, y\big((x < y) \to \neg(y < x)\big)$，
$\forall x, y, z\big((x < y) \wedge (y < z) \to (x < z)\big)$；

线序性： $\forall x, y\big((x < y) \vee (x = y) \vee (y < x)\big)$；

稠密性： $\forall x, y\big((x < y) \to \exists z((x < z) \wedge (z < y))\big)$。

如果一个$\mathcal{L}_o$-结构$(M, <_M)$满足DLO，则称M是一个**稠密线序**。如果$M \models DLO$，且没有最大最小元（此时也称M没有左、右端点），则称M是没有端点的稠密线序。

练习 4.2.2 利用进退构造法证明：任意两个没有端点的可数稠密线序都是同构的。

我们将再次应用进退构造法来证明以下命题：

命题 4.2.1 设κ是一个无穷基数，M和N均是$\mathcal{L}$-结构。如果$M \equiv N$，$|M| = |N| = \kappa$，且M与N 均是饱和结构，则$M \cong N$。

证明: 设$M = \{a_i |\ i < \kappa\}$和$N = \{b_i |\ i < \kappa\}$。如果我们构造两个序列$(c_i)_{i<\kappa} \in M^\kappa$和$(d_i)_{i<\kappa} \in N^\kappa$，使得每个序数$\beta < \kappa$满足：

扩张定义域： 如果$\beta = \alpha + 2n$，其中α是一个极限序数，$n \in \mathbb{N}$是一个自然数，则序列$(a_i)_{i<\alpha+n}$中的每个元素都出现在$(c_i)_{i<\beta}$ 中；

扩张值域： 如果$\beta = \alpha + 2n + 1$，其中α是一个极限序数，$n \in \mathbb{N}$是一个自然数，则序列$(b_i)_{i<\alpha+n}$中的每个元素都出现在$(d_i)_{i<\beta}$中；

部分同构： $\mathrm{tp}_M((c_i)_{i<\beta}) = \mathrm{tp}_N((d_i)_{i<\beta})$，

则满足以上要求的序列$(c_i)_{i<\kappa} \in M^\kappa$和$(d_i)_{i<\kappa} \in N^\kappa$使得$c_i \mapsto d_i$成为$M$到$N$的同构。这是因为对定义域和值域的扩张保证映射$c_i \mapsto d_i$的定义域是$M$而值域是$N$，而“部分同构”保证它是一个同构。

我们现在递归地构造序列$(c_i)_{i<\kappa} \in M^\kappa$和$(d_i)_{i<\kappa} \in N^\kappa$。

(i) 0A： 令$c_0 = a_0$，则$\mathrm{tp}_M(c_0)$是$\mathrm{Th}(M)$的型。由于$M \equiv N$，故$\mathrm{tp}_M(c_0)$是$\mathrm{Th}(N)$的型。由于N具有饱和性，故存在$d \in N$实现了$\mathrm{tp}_M(c_0)$。令$d_0 = d$，即$\mathrm{tp}_M(c_0) = \mathrm{tp}_N(d_0)$。

(ii) 0B： 令$d_1 = b_0$，$p(x_0, x_1) = \mathrm{tp}_N(d_0, d_1)$，则$p(d_0, x_1) \in S_1(\{d_0\}, N)$，并且根据练习4.1.5，有$p(c_0, x_1) \in S_1(\{c_0\}, M)$。$M$的饱和性保证存在$c \in M$实现了$p(c_0, x_1)$。令$c_1 = c$，则有$\mathrm{tp}_M(c_0, c_1) = \mathrm{tp}_N(d_0, d_1)$。

(iii) β： 设β是一个序数，并且对每个$\alpha < \beta$，都已经构造好了满足以上要求的序列$(c_i)_{i<\alpha}$和$(d_i)_{i<\alpha}$。

(a) **极限序数：** 若β是一个极限序数，将这些序列$\{(c_i)_{i<\alpha} | \alpha < \beta\}$和$\{(d_i)_{i<\alpha} | \alpha < \beta\}$“合并”到一起，得到序列$(c_i)_{i<\beta}$和$(d_i)_{i<\beta}$。显然合并以后的序列也满足以上要求。

(b) $\alpha + 2n + 1$： 设$\beta = \alpha + 2n + 1$，其中α是一个极限序数，$n \in \mathbb{N}$是一个自然数。令$c_{\alpha+2n} = a_{\alpha+n}$，令

$$p(x, (c_i)_{i<\alpha+2n}) = \mathrm{tp}_M(a_{\alpha+n} / \{c_i | \ i < \alpha + 2n\})。$$

由于

$$\mathrm{tp}_M((c_i)_{i<\alpha+2n}) = \mathrm{tp}_N((d_i)_{i<\alpha+2n}),$$

根据练习4.1.5，$p(x,(d_i)_{i<\alpha+2n}) \in S_1(\{d_i|\ i<\alpha+2n\},N)$。根据$N$的饱和性，存在$d \in N$实现了$p(x,(d_i)_{i<\alpha+2n})$，即

$$\mathrm{tp}_M((c_i)_{i<\alpha+2n}, c_{\alpha+2n}) = \mathrm{tp}_N((d_i)_{i<\beta}, d)。$$

令$d_{\alpha+2n} = d$。

(c) $\alpha+2n+2$： 设$\beta = \alpha+2n+2$，其中α是一个极限序数，$n \in \mathbb{N}$是一个自然数。令$d_{\alpha+2n+1} = b_{\alpha+n}$，令

$$p(x,(d_i)_{i<\alpha+2n+1}) = \mathrm{tp}_N(b_{\alpha+n}/\{d_i|\ i<\alpha+2n+1\})。$$

由于

$$\mathrm{tp}_N((d_i)_{i<\alpha+2n+1}) = \mathrm{tp}_M((c_i)_{i<\alpha+2n+1}),$$

根据练习4.1.5，

$$p(x,(c_i)_{i<\alpha+2n+1}) \in S_1(\{(c_i)|\ i<\alpha+2n+1\}),$$

根据M的饱和性，存在$c \in M$实现了$p(x,(c_i)_{i<\alpha+2n+1})$，即

$$\mathrm{tp}_M((c_i)_{i<\alpha+2n+1}, c) = \mathrm{tp}_N((d_i)_{i<\alpha+2n+1}, d_{\alpha+2n+1})。$$

令$c_{\alpha+2n+1} = c$。

对$\beta<\kappa$归纳证明可知，我们构造的序列满足要求。证毕。 ■

接下来，我们给出Keisler-Shelah同构定理（见定理2.3.1）的证明。

定义 4.2.2 设I是一个集合，$\mathcal{U}$是I上的一个滤子。如果存在$\mathcal{U}$的可数子集$\{A_n \in \mathcal{U}|\ n\in\omega\}$使得$\bigcap_{n\in\omega} A_n = \emptyset$，则称$\mathcal{U}$是**可数不完备的**。

引理 4.2.2 设I是一个可数无穷集，$\{M_i|\ i\in I\}$是一族$\mathcal{L}$-结构，$\mathcal{U}$是I上的一个可数不完备的超滤子，则$N = \Pi_{i\in I}M_i/\sim_{\mathcal{U}}$是$\aleph_1$-饱和的。

证明: N中的每个元素$[a]$都是序列$((a(i))_{i\in I})$的等价类，其中$a(i)\in M_i$。设$A\subseteq N$是一个可数集，$p\in S_1(A,N)$。我们来证明p可以被N实现。设

$$p = \{\phi_n(x)|\ n\in\mathbb{N}\},\quad \psi_n(x,[a_1],\cdots,[a_{k_n}]) = \bigwedge_{i\leqslant n}\phi_i(x)。$$

现在p在N中有限可满足（$p\in S_1(A,N)$），因此，对每个$n\in\mathbb{N}$，都有$N\models\exists x\psi_n(x)$。根据定理2.2.1，对每个$0<n\in\mathbb{N}$，都有

$$X_n=\{i\in I|M_i\models\exists x\psi_n(x,a_1(i),\cdots,a_{k_n}(i))\}\in\mathcal{U}。$$

由于$\mathcal{U}$是I上的一个可数不完备的超滤子，因此存在一个可数的降链

$$I=I_0\supseteq I_1\supseteq I_2\supseteq\cdots,$$

使得每个$I_n\in\mathcal{U}$并且$\bigcap_{n\in\mathbb{N}}I_n=\emptyset$。令$Y_0=I$，并且当$n>0$时，令$Y_n=X_n\cap I_n$，则$\{Y_n|\ n\in\mathbb{N}\}$是一条降链，并且$\bigcap_{n\in\mathbb{N}}Y_n=\emptyset$。对每个$i\in I$，令$\chi(i)=\ \max\{n\in\mathbb{N}|\ i\in Y_n\}$。显然每个$\chi(i)\in\mathbb{N}$。我们现在用映射$\chi:I\longrightarrow\mathbb{N}$找出$\Pi_{i\in I}M_i$中的一个元素$b$。若$\chi(i)=0$，则在$M_i$中任意找一个元素$b(i)$；如果$\chi(i)>0$，则取一个$b(i)\in M_i$，使得

$$M_i\models\psi_{\chi(i)}(b(i),a_{\chi(i)_1}(i),\cdots,a_{\chi(i)_{k_{\chi(i)}}}(i))。$$

令$b=(b(i))_{i\in I}$。我们断言b的等价类$[b]$实现了p。事实上，对每个$n\in\mathbb{N}$和$i\in I$，都有：$i\in Y_n$蕴涵着

$$M_i\models\exists x\psi_n(x,a_{n_1}(i),\cdots,a_{n_{k_n}}(i)),$$

它蕴涵着$\chi(i)\geqslant n$，并且

$$M_i\models\psi_{\chi(i)}(b(i),a_{\chi(i)_1}(i),\cdots,a_{\chi(i)_{k_{\chi(i)}}}(i))。$$

由于$\models\forall x(\psi_{\chi(i)}(x)\to\psi_n(x))$，故

$$M_i\models\psi_n(b(i),a_{n_1}(i),\cdots,a_{n_{k_n}}(i))。$$

因此

$$Y_n\subseteq\{i\in I|\ M_i\models\psi_n(b(i),a_{n_1}(i),\cdots,a_{n_{k_n}}(i))\}。$$

因此

$$\{i\in I|\ M_i\models\psi_n(b(i),a_{n_1}(i),\cdots,a_{n_{k_n}}(i))\}\in\mathcal{U}。$$

根据定理2.2.1，$N\models\psi_n([b])$，即$[b]$实现了p。从而N是$\aleph_1$-饱和的。 ■

注 4.2.2 如果I是可数集，那么I上总是有一个可数不完备的超滤子。设I可数，我们令

$$\mathcal{U}_0 = \{A \subseteq I \mid I \backslash A\text{是有限集}\},$$

则$\mathcal{U}_0$是I上的一个滤子，从而可以扩张为一个极大滤子$\mathcal{U}$。注意到$\mathcal{U}_0$本身是可数的，并且$\bigcap \mathcal{U}_0 = \emptyset$。

Keisler-Shelah**同构定理的证明** （需要连续统假设CH）：

接下来，我们来证明简化版的Keisler-Shelah同构定理。我们假设M和N是两个<u>可数</u>的结构。如果存在一个无穷集合I上的超滤子$\mathcal{U}$，使得$M^I/\sim_{\mathcal{U}} \cong N^I/\sim_{\mathcal{U}}$，根据定理2.2.1，显然有

$$\mathrm{Th}(M) = \mathrm{Th}\left(M^I/\sim_{\mathcal{U}}\right) = \mathrm{Th}\left(N^I/\sim_{\mathcal{U}}\right) = \mathrm{Th}(N)\text{。}$$

反之，设$\mathrm{Th}(M) = \mathrm{Th}(N)$，令$I$是一个可数集，$\mathcal{U}$是$I$上的一个可数不完备的超滤子。同样地，我们有$\mathrm{Th}\left(M^I/\sim_{\mathcal{U}}\right) = \mathrm{Th}\left(N^I/\sim_{\mathcal{U}}\right)$。根据引理4.2.2，$M^I/\sim_{\mathcal{U}}$和$N^I/\sim_{\mathcal{U}}$均是$\aleph_1$-饱和的。另一方面，根据连续统假设，$|M^I|, |N^I| \leqslant 2^\omega = \aleph_1$，因此$|M^I/\sim_{\mathcal{U}}| = |N^I/\sim_{\mathcal{U}}| = \aleph_1$。因此$M^I/\sim_{\mathcal{U}}$和$N^I/\sim_{\mathcal{U}}$是初等等价、基数相同的饱和结构。根据命题4.2.1，$M^I/\sim_{\mathcal{U}} \cong N^I/\sim_{\mathcal{U}}$。

命题 4.2.2 设M和N是初等等价的$\mathcal{L}$-结构，κ是一个无穷基数，$|M| \leqslant \kappa$且N是κ-饱和的，则存在M到N的初等嵌入。

证明: 设$M = \{a_i \mid i < |M|\}$是M的一个枚举。类似命题4.2.1的证明，我们可以递归地定义N中的一个序列$\{b_i \mid i < |M|\}$，使得映射$a_i \mapsto b_i$是M到N的初等嵌入。 ■

练习 4.2.3 证明命题4.2.2的一个推广：设M和N是初等等价的$\mathcal{L}$-结构，κ是一个无穷基数。$|M| \leqslant \kappa$ 且N是κ-饱和的。如果$\lambda < \kappa$，且$(a_i)_{i<\lambda} \in M^\lambda$和$(b_i)_{i<\lambda} \in N^\lambda$，使得$\mathrm{tp}_M((a_i)_{i<\lambda}) = \mathrm{tp}_N((b_i)_{i<\lambda})$，则存在$M$到$N$的初等嵌入$f$使得$f(a_i) = b_i$。

命题 4.2.3 设M是一个$\mathcal{L}$-结构。如果基数κ满足$\kappa \geqslant \max\{|\mathcal{L}|, \omega\}$ 且$2^\kappa \geqslant |M|$，则存在M的κ^+-饱和的初等膨胀N，并且N的基数不超过2^κ。

证明: 注意到当一个$\mathcal{L}$-结构M'的基数不超过2^κ时，M'的基数不超过κ的子集至多有2^κ个。设$A' \subseteq M'$是基数不超过κ的子集，则$\mathcal{L}_{A'}$-公式至多有 $\max\{|A'|, |L|\} \leqslant \kappa$个。故$A'$上的$n$-型至多有$2^\kappa$个。回忆引理4.1.2的证明。类似地，我们可以证明：存在一个基数至多为2^κ的N'，使得$M' \prec N'$，且对任意基数不超过κ的$A' \subseteq M'$，对任意的$p \in S_n(A', M')$，都存在$\bar{b} \in N'^n$使得$\bar{b}$实现p。因此，可以递归地构造一个初等链$\{N_i |\ i < \kappa^+\}$，使得：

(i) $N_0 = M$；

(ii) 对任意的$i < \kappa^+$，总有$|N_{i+1}| \leqslant 2^\kappa$；

(iii) 对任意的$i < j < \kappa^+$，总有$N_i \prec N_j$，且对任意基数不超过κ的$A \subseteq N_i$，对任意的$p \in S_n(A, N_i)$，都存在$\bar{b} \in {N_j}^n$ 使得$\bar{b}$实现p。

令$N_{\kappa^+} = \bigcup_{i<\kappa^+} N_i$，则$N_{\kappa^+}$是$M$的初等膨胀且$|N_{\kappa^+}| \leqslant 2^\kappa$。另一方面，由于$\kappa^+$是后继基数，而所有的后继基数都是正则基数，故对任意基数不超过κ的$A \subseteq \bigcup_{i<\kappa^+} N_i$，存在一个$i_0 < \kappa^+$使得$A \subseteq N_{i_0}$。从而$A$上的$n$-型均被$N_{i_0+1}$实现，则也被$N_{\kappa^+}$实现。这就证明了$N_{\kappa^+}$是$\kappa^+$-饱和的。 ■

注 4.2.3

(i) 引理4.1.2和命题4.2.3的证明思路是一样的，即先估计结构M的子集A上的n-型的基数$|S_n(A, M)|$，从而可以估计能够实现所有这些型的初等膨胀模型的基数。

(ii) 引理4.1.2和命题4.2.3都用到了正则基数的性质。一个基数κ**正则**是指：对任意的序数$\alpha < \kappa$，都不存在一个映射$f : \alpha \longrightarrow \kappa$，它满足对任意的$\beta < \kappa$，都存在$\gamma < \alpha$，使得$f(\gamma) > \beta$。

(iii) 如果广义的连续统假设成立（GCH），即对每个无穷基数κ均有$\kappa^+ = 2^\kappa$，则命题4.2.3中的N是一个饱和模型。

推论 4.2.1　假设GCH。如果T是一个有无穷模型的$\mathcal{L}$-理论，$\kappa > \max\{|\mathcal{L}|, \alpha\}$是一个正则基数，则存在$T$的基数为$\kappa$的饱和模型。

证明: 命题4.2.3讨论了κ是后继基数的情形。下面假设$\kappa = \aleph_\alpha$是一个极限正则基数，其中α是一个极限序数(事实上$\alpha = \kappa$)。我们递归地构造T的模型的初等链$\{M_i|i < \alpha\}$，使得：

(i) 对任意的$i < \alpha$，$|M_i| \leqslant \aleph_i$；

(ii) 对任意的$i < j < \alpha$，$M_i \prec M_j$，且对任意的$p \in S_n(M_i)$，都存在$\bar{b} \in {M_j}^n$使得$\bar{b}$实现p。

构造如下：

(a) 根据推论2.5.1，存在T的一个可数模型，令它为M_0；

(b) 设$i_0 < \alpha$，且对任意的$i < i_0$，满足条件的M_i均已经找到了。

极限序数： 如果i_0是极限序数，则令$M_{i_0} = \bigcup_{i<i_0} M_i$。容易验证，$M_{i_0}$是满足以上要求的。

后继序数： 如果$i_0 = \beta + 1$ 是后继序数，显然，对任意的$A \subseteq M_\beta$，$|S_n(M_\beta)| \leqslant 2^{|M_\beta|}$，故存在$\bar{M} \succ M_\beta$，使得对任意的$p \in S_n(M_i)$，都存在$\bar{b} \in \overline{M}^n$使得$\bar{b}$实现$p$，并且$|\overline{M}| \leqslant 2^{|M_\beta|}$。根据GCH，$|M_\beta| \leqslant \aleph_\beta$蕴涵着$|\overline{M}| \leqslant \aleph_{\beta+1}$。令$M_{\beta+1} = \overline{M}$即可。

令$\mathbb{M} = \bigcup_{i<\alpha} M_i$，则$\kappa$的正则性和条件(b)保证$M$是饱和的。由于每个$|M_i| \leqslant \aleph_i < \kappa$，故$|\mathbb{M}| \leqslant \kappa$。从而$\mathbb{M}$是基数为$\kappa$的$T$的饱和模型。 ■

注 4.2.4　我们在构造κ-饱和结构时，最关键的一点是估计$S_n(A, M)$的基数。当$|A| > |L|$时，$|S_n(A, M)| \leqslant 2^{|A|}$。另一方面$|S_n(A, M)| \geqslant |A|$，这是因为每个$\bar{a} \in A^n$都唯一地确定了一个型$\mathrm{tp}_M(\bar{a}/A)$。因此，$|S_n(A, M)|$的上、下界分别是$2^{|A|}$和$|A|$。其实，$|S_n(A, M)|$可以取到这两个上、下界:

(i) 考虑有理数上的线序结构：$(\mathbb{Q},<)$。每个实数$r\in\mathbb{R}$对应$\mathbb{Q}$上的一个Dedekind切割，故而

$$\Sigma_r(x)=\{x\leqslant q|q\in\mathbb{Q}\text{且}q\geqslant r\}\cup\{x\geqslant q|\ q\in\mathbb{Q}\text{且}q\leqslant r\}$$

是$\mathbb{Q}$上的一个部分1-型。每个Σ_r可以扩张为一个完全型$p_r\in S_1(\mathbb{Q})$，这表明$|S_1(\mathbb{Q})|\geqslant|\mathbb{R}|=2^{|\mathbb{Q}|}$。故而$|S_1(\mathbb{Q})|=2^{|\mathbb{Q}|}$。

(ii) 考虑任意空语言的结构A，其中A是一个无穷集合，则$S_1(A)=\{\mathrm{tp}_A(a/A)|\ a\in A\}\cup\{p_A\}$，其中$p_A=\{\neg(x=a)|\ a\in A\}$是$A$上唯一的非代数1-型。$|S_1(A)|=|A|$。

显然，空语言的结构是最简单的结构。因此，一个结构M上的1-型的空间$S_1(M)$的基数越小，在直观上我们认为结构M的理论$\mathrm{Th}(M)$越“简单”。我们把最“简单”的理论称为稳定理论。设T是一个$\mathcal{L}$-理论，λ是一个无穷基数。我们称T是λ-**稳定理论**是指：如果$M\models T$，且$|M|=\lambda$，则$|S_1(M)|=\lambda$。

另一方面，我们观察到，我们利用Dedekind切割确定了$S_1(\mathbb{Q})$中有大量的型。起关键作用的是线序结构。事实上，任何一个“可定义”的线序都可以作类似的操作。如果$\mathcal{L}$-理论T有个模型M，使得存在序列$\{a_i|\ i<\omega\}\subseteq M$ 及$\phi(x,y)$满足$M\models\phi(a_i,a_j)$当且仅当$i<j$，则T不是稳定理论（见定理9.1.1）。对于理论$\mathrm{Th}(\mathbb{Q})$而言，我们取$\phi(x,y)$为$x<y$。

命题 4.2.4　设κ是一无穷基数，则任何无穷的$\mathcal{L}$-结构M都有一个初等膨胀N，使得N既是κ-饱和的，又是强κ-齐次的。

证明: 根据命题4.2.3，存在一个长度为κ^+的初等链

$$M=M_0\prec M_1\prec\cdots\prec M_\alpha\prec\cdots(\alpha<\kappa^+),$$

使得对任意的$\alpha<\kappa$均有$M_{\alpha+1}$是$|M_\alpha|^+$-饱和的。令$N=\bigcup_{\alpha<\kappa^+}M_\alpha$，则$N$显然是$\kappa^+$-饱和的。下面证明$N$也是强$\kappa$-齐次的。证明方法仍然是进退构造法。

设$\lambda < \kappa^+$，$\bar{a} = (a_i)_{i<\lambda}$，$\bar{b} = (b_i)_{i<\lambda} \in N^\lambda$，且$\mathrm{tp}_N(\bar{a}) = \mathrm{tp}_N(\bar{b})$。由$\kappa^+$的正则性，存在一个$\alpha < \kappa^+$使得$\bar{a}, \bar{b} \in {M_\alpha}^\lambda$。显然，对任意的$\alpha \leqslant \beta, \gamma < \kappa^+$，都有$\mathrm{tp}_{M_\beta}(\bar{a}) = \mathrm{tp}_{M_\gamma}(\bar{b})$。特别地，$\mathrm{tp}_{M_\alpha}(\bar{a}) = \mathrm{tp}_{M_{\alpha+1}}(\bar{b})$。我们希望能够构造两个部分初等嵌入序列$\{f_\beta |\ 0 < \beta < \kappa^+\}$和$\{g_\beta |\ 0 < \beta < \kappa^+\}$，满足：

(i) 对任意的$0 < \beta < \kappa^+$，每个$0 \leqslant i \leqslant \lambda$，均有$f_\beta(a_i) = b_i$且$g_\beta(b_i) = a_i$；

(ii) 对任意的$0 < \gamma < \beta < \kappa^+$，均有$f_\gamma \subseteq f_\beta$和$g_\gamma \subseteq g_\beta$；

(iii) 对任意的$0 < \gamma < \beta < \kappa^+$，均有${f_\gamma}^{-1} \subseteq g_\beta$和${g_\gamma}^{-1} \subseteq f_\beta$，并且总有${f_\gamma}^{-1} \subseteq g_\gamma$；

(iv) 当$0 < \beta < \kappa^+$是非零极限序数时，$f_\beta = {g_\beta}^{-1}$是$M_{\alpha+\beta}$的自同构；

(v) 如果$0 < \beta < \kappa^+$是后继序数$\gamma + n + 1$，其中$n \in \mathbb{N}$，γ是极限序数，则f_β是$M_{\alpha+\gamma+2n}$到$M_{\alpha+\gamma+2n+1}$的初等嵌入，g_β 是$M_{\alpha+\gamma+2n+1}$到$M_{\alpha+\gamma+2n+2}$的初等嵌入。

我们对$\beta < \kappa^+$递归地构造：

(a) 由于$M_{\alpha+1}$是$|M_\alpha|^+$-饱和的，根据练习4.2.3，存在由M_α到$M_{\alpha+1}$的初等嵌入f_1使得$f_1(a_i) = b_i$。

(b) 由于f_1是一个初等嵌入，故f_1是$M_{\alpha+1}$到自己的部分初等嵌入，即

$$\mathrm{tp}_{M_{\alpha+1}}(M_\alpha) = \mathrm{tp}_{M_{\alpha+1}}(f_\alpha(M_\alpha))。$$

故而

$$\mathrm{tp}_{M_{\alpha+2}}(M_\alpha) = \mathrm{tp}_{M_{\alpha+2}}(f_\alpha(M_\alpha))。$$

同理，存在初等嵌入$g_1 : M_{\alpha+1} \longrightarrow M_{\alpha+2}$使得${f_1}^{-1} \subseteq g_1$。

（**注**：假设M_α有一个枚举$M_\alpha = \{a_i | i < |M_\alpha|\}$，则$\mathrm{tp}_{M_{\alpha+1}}(M_\alpha)$表示$\mathrm{tp}_{M_{\alpha+1}}((a_i)_{i<|M_\alpha|})$，$\mathrm{tp}_{M_{\alpha+1}}(f_\alpha(M_\alpha))$表示$\mathrm{tp}_{M_{\alpha+1}}((f_\alpha(a_i))_{i<|M_\alpha|})$。）

(c) 设$0<\beta<\kappa^+$，并且$\{f_\gamma |\ 0<\gamma<\beta\}$和$\{g_\gamma |\ 0<\gamma<\beta\}$均已经构造好了。

极限序数： 如果β是极限序数，令$f_\beta=\bigcup_{\gamma<\beta} f_\gamma$，令$g_\beta=\bigcup_{\gamma<\beta} g_\gamma$即可。

后继序数A： 如果$0<\beta<\kappa^+$是后继序数$\gamma+1$，其中γ是极限序数，则g_γ和f_γ均是$M_{\alpha+\gamma}$上的自同构且它们互逆。令$f_{\gamma+1}=f_\gamma$，$g_{\gamma+1}=g_\gamma$即可。

后继序数B： 如果$0<\beta<\kappa^+$是后继序数$\gamma+n+2$，其中γ是极限序数，$n\in\mathbb{N}$，则$g_{\gamma+n+1}$是$M_{\alpha+\gamma+2n+1}$到$M_{\alpha+\gamma+2n+2}$的初等嵌入，即

$$\mathrm{tp}_{M_{\alpha+\gamma+2n+2}}(g_{\gamma+n+1}(M_{\alpha+\gamma+2n+1}))=\mathrm{tp}_{M_{\alpha+\gamma+2n+2}}(M_{\alpha+\gamma+2n+1}),$$

故

$$\mathrm{tp}_{M_{\alpha+\gamma+2n+3}}(g_{\gamma+n+1}(M_{\alpha+\gamma+2n+1}))=\mathrm{tp}_{M_{\alpha+\gamma+2n+3}}(M_{\alpha+\gamma+2n+1})。$$

这表明，存在初等嵌入$f_{\gamma+n+2}:M_{\alpha+\gamma+2n+2}\longrightarrow M_{\alpha+\gamma+2n+3}$使得${g_{\gamma+n+1}}^{-1}\subseteq f_{\gamma+n+2}$。类似论证可以构造出初等嵌入

$$g_{\gamma+n+2}:M_{\alpha+\gamma+2n+3}\longrightarrow M_{\alpha+\gamma+2n+4}$$

使得${f_{\gamma+n+2}}^{-1}\subseteq g_{\gamma+n+2}$。

令$f=\bigcup_{\beta<\kappa^+} f_\beta$，$g=\bigcup_{\beta<\kappa^+} g_\beta$，则$f$和$g$均是定义域为$N$上的初等嵌入，且互逆，故$f$和$g$均是同构。证毕。 ■

引理 4.2.3 设M与N均是$\mathcal{L}$-结构，κ是一个无穷基数，使得：

(i) 对任意$0<n\in\mathbb{N}$，任意的$\bar{a}\in M^n$，$\mathrm{tp}_M(\bar{a})$被N实现；

(ii) 对任意$0<n\in\mathbb{N}$，任意的$\mathrm{tp}_N(\bar{b})$被M实现；

(iii) N是κ-齐次的，

则对任意的基数$\lambda < \kappa$及$\bar{b} \in M^{\lambda}$，有$\mathrm{tp}_M(\bar{b})$被N实现。

证明: 设γ是一个序数，$\gamma < \lambda$，我们对$\gamma < \lambda$归纳证明：对任意的$\bar{b} = (b_j)_{j<\gamma} \in M^{\gamma}$，存在$\bar{d} \in N^{\gamma}$使得$\mathrm{tp}_M(\bar{b}) = \mathrm{tp}_N(\bar{d})$。

根据(i)，当γ是有限的序数（即自然数）时，对任意的$\bar{b} = (b_j)_{j<\gamma} \in M^{\gamma}$，显然存在$\bar{d} \in N^{\gamma}$使得$\mathrm{tp}_M(\bar{b}) = \mathrm{tp}_N(\bar{d})$。现在假设$\gamma < \lambda$是一个无限序数，并且对任意的$j < \gamma$及任意的$\bar{b} \in M^j$，有$\mathrm{tp}_M(\bar{b})$被$N$实现。

我们有以下断言：

断言 设$\bar{b} = (b_j)_{j<\gamma} \in M^{\gamma}$。对任意的$j < \gamma$，我们令$\bar{b}{\upharpoonright}j$为$\bar{b}$的前$j$个元素$(b_i)_{i<j}$，则存在长度为$\gamma$的序列$\emptyset = c^0 \subseteq c^1 \subseteq \cdots \subseteq c^j \subseteq \cdots$，使得对任意的$j < \gamma$，均有$c^j = (c^j_i)_{i<j} \in N^j$且$\mathrm{tp}_M(\bar{b}{\upharpoonright}j) = \mathrm{tp}_N(c^j)$。

证明: 我们递归地构造序列$\emptyset = c^0 \subseteq c^1 \subseteq \cdots \subseteq c^j \subseteq \cdots$。设$j < \gamma$，且对一切$i < j$，$c^i$均已经构造好。

(i) 若j是极限序数，则令$c^j = \bigcup_{i<j} c^i$；

(ii) 若$j = i_0 + 1$是后继序数，由于$i_0 + 1 < \gamma < \kappa$，根据我们的归纳假设，存在$\bar{d} = (d_i)_{i<i_0+1} \in N^{i_0+1}$，使得

$$\mathrm{tp}_M(\bar{b}{\upharpoonright}(i_0+1)) = \mathrm{tp}_N(\bar{d})。$$

而我们假设

$$\mathrm{tp}_N(c^{i_0}) = \mathrm{tp}_N(\bar{b}{\upharpoonright}(i_0))，$$

故而

$$\mathrm{tp}_N(c^{i_0}) = \mathrm{tp}_N((d_i)_{i<i_0})。$$

根据N的κ-齐次性，存在$c_{i_0} \in N$使得

$$\mathrm{tp}_N(c^{i_0}, c_{i_0}) = \mathrm{tp}_N((d_i)_{i<i_0}, d_{i_0})。$$

令

$$c_i^{i_0+1} = \begin{cases} c_i^{i_0} & (i < i_0), \\ c_{i_0} & (i = i_0), \end{cases}$$

令$c^{i_0+1}=(c_i^{i_0+1})_{i\leqslant i_0}$，则$\mathrm{tp}_M(\bar{b}\upharpoonright(i_0+1))=\mathrm{tp}_N(c^{i_0+1})$。

以上是对此断言的证明。 ■

现在证明归纳假设对γ也成立。

(i) 若γ是极限序数，根据断言，存在长度为γ的序列$\emptyset=c^0\subseteq c^1\subseteq\cdots\subseteq c^j\subseteq\cdots$，使得对任意的$j<\gamma$，均有$c^j=(c_i^j)_{i<j}\in N^j$且$\mathrm{tp}_M(\bar{b}\upharpoonright j)=\mathrm{tp}_N(c^j)$。令$c^\gamma=\bigcup_{i<\gamma}c^i$ 即可。

(ii) 若γ是无穷的后继序数$\alpha+1$，则$\bar{b}\upharpoonright(\alpha+1)$是一个长度为$\alpha+1$的序列。令$f:\alpha+1\longrightarrow\alpha$是一个双射函数。利用$f$重排$\bar{b}\upharpoonright(\alpha+1)$ 的顺序，可以得到一个长度为α 的序列$\bar{b}'\in M^\alpha$。由归纳假设，存在$\bar{d}'\in N^\alpha$使得$\mathrm{tp}_M(\bar{b}')=\mathrm{tp}_N(\bar{d}')$。再用$f^{-1}$重新排列$\bar{d}'$，得到一个长度为$\alpha+1$的序列$d\in N^{\alpha+1}$，且$\mathrm{tp}_M(\bar{b}\upharpoonright(\alpha+1))=\mathrm{tp}_N(\bar{d})$。

证毕。 ■

推论 4.2.2　设T是完备的$\mathcal{L}$-理论，κ是一个无穷基数，M和N均是T的基数为κ的齐次模型，并且对任意的$p\in S_n(T)$，都有$M\models p$蕴涵$N\models p$，则$M\cong N$。

证明:　根据引理4.2.3，对任意序数$\alpha<\kappa$，任意的$\bar{a}\in M^\alpha$，存在$\bar{b}\in N^\alpha$使得$\mathrm{tp}_M(\bar{a})=\mathrm{tp}_N(\bar{b})$。反之，对任意的$\bar{b}\in N^\alpha$，也存在$\bar{a}\in M^\alpha$使得$\mathrm{tp}_M(\bar{a})=\mathrm{tp}_N(\bar{b})$。因此我们可以用进退构造法构造$M$到$N$的$\mathcal{L}$-同构。 ■

第 5 章　可数模型

5.1　省略型定理

如果语言$\mathcal{L}$是可数的，则称$\mathcal{L}$-理论T可数。对任意的$\mathcal{L}$-理论，我们令$|T| = |\mathcal{L}|$。

引理 5.1.1　设T是有无穷模型的完备$\mathcal{L}$-理论，并且T可数，则以下命题等价：

(i) 对任意的$n \in \mathbb{N}^+$，$S_n(T)$可数；

(ii) 对任意的$M \models T$，如果$A \subseteq M$是有限集合，则$S_1(A, M)$可数；

(iii) 对任意的$n \in \mathbb{N}^+$，任意的$M \models T$，如果$A \subseteq M$是有限集合，则$S_n(A, M)$可数。

证明:

(i)$\Longrightarrow$(ii) 设$A = \{a_0, \cdots, a_{m-1}\} \subseteq M$，其中$m \in \mathbb{N}$。反设$S_1(A, M)$不可数，则存在$\{p_i(x) |\ i < \aleph_1\} \subseteq S_1(A, M)$，使得对任意的$i < j < \aleph_1$都有$p_i \neq p_j$。根据紧致性，存在$N \succ M$及$\{b_i |\ i < \aleph_1\} \subseteq N$，使得$p_i(x) = \mathrm{tp}_N(b_i/A)$。令

$$q_i(x, y_0, \cdots, y_{m-1}) = \mathrm{tp}_N(b_i, a_0, \cdots, a_{m-1}),$$

对任意的$i < j < \aleph_1$，都有$q_i \in S_{m+1}(T)$且$q_i \neq q_j$。这就说明$S_{m+1}(T)$不可数，从而导出一个矛盾。

(ii)$\Longrightarrow$(iii) 对$n \in \mathbb{N}$归纳证明：对任意$M \models T$及有限的$A \subseteq M$,$S_n(A, M)$是可数的。设$A = \{a_0, \cdots, a_{m-1}\}$，并且$S_n(A, M)$可数。根据命题4.2.4，存在$N \succ M$使得$N$是$\omega$-饱和的，并且还是强$\omega$-齐次的。如

果$S_{n+1}(A,M)$不可数，则存在$\{\bar{b}_i|\ i<\aleph_1\}\subseteq N^{n+1}$，使对任意的$i<j<\aleph_1$，都有$\mathrm{tp}_N(\bar{b}_i/A)\neq\mathrm{tp}_N(\bar{b}_j/A)$。令$c_i$为$n+1$元组$\bar{b}_i$的最后一个元素，则$\{\mathrm{tp}_M(c_i/A)|\ i<\aleph_1\}\subseteq S_1(A,M)$。故$\{\mathrm{tp}_N(c_i/A)|\ i<\aleph_1\}$是至多可数的。根据鸽巢原理，有$\aleph_1$个$i<\aleph_1$使得$\mathrm{tp}_N(c_i/A)$是同一个型。不失一般性，我们设$\{\mathrm{tp}_N(c_i/A)|\ i<\aleph_1\}$只有一个元素。由强$\omega$-齐次性，对每个$i<\aleph_1$，都存在一个$f_i\in\mathrm{Aut}(N/A)$，使得$f_i(c_i)=c_0$。令$\bar{b}_i=\bar{d}_ic_i$，$f_i(\bar{d}_i)=\bar{e}_i$，则

$$\mathrm{tp}_N(\bar{b}_i/A)=\mathrm{tp}_N(f_i(\bar{b}_i)/A)=\mathrm{tp}_N(\bar{e}_ic_0/A)。$$

对任意的$i<j<\aleph_1$，均有$\mathrm{tp}_N(\bar{b}_i/A)\neq\mathrm{tp}_N(\bar{b}_j/A)$，故而

$$\mathrm{tp}_N(\bar{e}_ic_0/A)\neq\mathrm{tp}_N(\bar{e}_jc_0/A),$$

故而

$$\mathrm{tp}_N(\bar{e}_i/A\cup\{c_0\})\neq\mathrm{tp}_N(\bar{e}_j/A\cup\{c_0\})。$$

而对每个$i<\aleph_1$，都有

$$\mathrm{tp}_N(\bar{e}_i/A\cup\{c_0\})\in S_n(A\cup\{c_0\},M)。$$

这表明$|S_n(A\cup\{c_0\},M)|\geqslant\aleph_1$。这与归纳假设矛盾。

(iii)$\Longrightarrow$(i) 令$A=\emptyset$即可。

证毕。 ■

定义 5.1.1 设T是一个$\mathcal{L}$-理论，$\Sigma(x_0,\cdots,x_{n-1})$是$T$的一个$n$-型。如果存在一个$\mathcal{L}$-公式$\phi(x_0,\cdots,x_{n-1})$，使得:

(i) $T\cup\phi(x_0,\cdots,x_{n-1})$是一致的；

(ii) 对任意$\psi(x_0,\cdots,x_{n-1})\in\Sigma(x_0,\cdots,x_{n-1})$，均有

$$T\models\forall x_0,\cdots,x_{n-1}(\phi(x_0,\cdots,x_{n-1})\rightarrow\psi(x_0,\cdots,x_{n-1})),$$

则称Σ是T的一个主n-型，简称**主型**，并称ϕ孤立了Σ。否则，称Σ是T的一个非主n-型，简称**非主型**。

我们称拓扑空间X中的一个点p是**孤立点**是指：单点集$\{p\}$是X的开子集。

练习 5.1.1 证明：若p是$\mathcal{L}$理论T的完全n型，则p是主型当且仅当p是$S_n(T)$的孤立点。

练习 5.1.2 证明：若$\mathcal{L}$-理论T是完备的理论，$\Sigma(\bar{x})$ 是T的主n-型，则$\Sigma(\bar{x})$被T的所有模型满足。

定理 5.1.1 (省略型定理) 若$\mathcal{L}$-理论T是可数理论，$\Sigma(\bar{x})$是T的非主n-型，则存在T的一个模型M使得M省略$\Sigma(\bar{x})$。

证明: 我们只证明$n=1$的情形，一般情形留作练习。

令$\mathcal{L}'=\mathcal{L}\cup\{c_i|i\in\omega\}$，其中$\{c_i|i\in\omega\}$为新常元集。设$\{\sigma_n|n\in\omega\}$是$\mathcal{L}'$-句子集的一个枚举，且满足$c_n$不在句子集$\{\sigma_i|i\leqslant n\}$。我们按照如下方法递归地构造一个$\mathcal{L}'$-句子集的序列$\{S_n|\ n\in\omega\}$：

(第0 步): $S_0=T$，则S_0一致且$\{c_i|i\in\omega\}$中的元素均不在S_0 中出现。

(第i+1 步): 设S_i已经构造好，S_i 一致且$\{c_j|\ j\geqslant i\}$ 中的元素均不在S_i中出现。

(i) 若S_i与σ_i一致，则$S^a_{i+1}=S_{i+1}\cup\{\sigma_i\}$，否则$S^a_{i+1}=S_{i+1}\cup\{\neg\sigma_i\}$。

(ii) 若$S^a_{i+1}=S_{i+1}\cup\{\sigma_i\}$且$\sigma_i$形如$\exists x\psi(x)$，则$S^b_{i+1}=S^a_{i+1}\cup\{\psi(c_i)\}$。

(iii) 设$S^b_{i+1}=T\cup\{\theta_1,\cdots,\theta_m\}$。显然每个$\theta_k$中含有的新常元均来自$\{c_0,\cdots,c_i\}$，令$\theta_k(x_0,\cdots,x_i)$为将$\theta_k$中出现的新常元$c_0,\cdots,c_i$分别替换为$x_0,\cdots,x_i$所得到的$\mathcal{L}$-公式。令

$$\chi_i(x_0,\cdots,x_i)=\bigwedge_{i\leqslant k\leqslant m}\theta_k(x_0,\cdots,x_i),$$

由于$\Sigma(x)$是非主型，故存在$\psi_i(x) \in \Sigma(x)$，使得

$$T \cup \{\exists x_i (\exists x_0 \cdots \exists x_{i-1} \chi_i(x_0, \cdots, x_i) \wedge \neg\psi_i(x_i))\}$$

一致，其中$\psi_i(x_i)$是$\psi_i(x)$中的变元x替换为x_i而得到的公式，故而

$$T \cup \{\chi_i(x_0, \cdots, x_i) \wedge \neg\psi_i(x_i)\}$$

是一致的。由于$c_0, \cdots, c_i$不在T中出现，故将变元$x_0, \cdots, x_i$替换为$c_0, \cdots, c_i$后得到的$\mathcal{L}'$-句子集

$$T \cup \{\chi_i(c_0, \cdots, c_i) \wedge \neg\psi_i(c_i)\}$$

也是一致的。令

$$S_{i+1} = S_{i+1}^b \cup \{\neg\psi_i(c_i)\} = T \cup \{\theta_1, \cdots, \theta_m, \neg\psi_i(c_i)\},$$

则S_{i+1}一致且$\{c_j |\ j \geqslant i+1\}$中的元素均不出现在$S_{i+1}$ 中。

显然，$S_0 \subseteq S_1 \subseteq S_2 \subseteq \cdots$，并且每个$S_i$都是一致的。令$T' = \bigcup_{i\in\omega} S_i$，则$T'$是具有Henkin性质的极大一致公式集。根据定理2.1.1的证明，存在$\{c_i |\ i \in \omega\}$上的一个等价关系$\sim$，一个以$\{c_i |\ i \in \omega\}$关于$\sim$ 的等价类为论域的$\mathcal{L}'$-结构M，使得对任意的$\mathcal{L}'$-句子σ均有$M \models \sigma$当且仅当$\sigma \in T'$。特别地，对任意的$i \in \omega$，都存在$\psi_i(x) \in \Sigma$使得$\neg\psi_i(c_i) \in T'$，从而$M \models \neg\psi_i([c_i])$。这表明$M$不能实现$\Sigma$。 ■

定理 5.1.2 若$\mathcal{L}$-理论T是可数理论，X是T的可数多个非主型，则存在可数的$M \models T$使得M可以省略任意的$p \in X$。

证明: 设$X = \{p_n |\ n \in \mathbb{N}\}$。令$f : \mathbb{N} \times \mathbb{N} \longrightarrow \mathbb{N}$是一个双射函数。注意到定理5.1.1的证明思路是：在完成Henkin构造的过程中，我们在第i步保证了c_i不能满足Σ。类似地，设$f(m, n) = i$，则我们在完成Henkin构造的过程中，在第i步也可以保证c_m不能实现p_n。由于f是双射，因此c_m不能实现X中的任意元素。 ■

练习 5.1.3 给出定理5.1.2的完整证明。

5.2 素模型

定义 5.2.1 设M是一个结构。

(i) 称M是**原子结构**是指：对任意的$n \in \mathbb{N}^+$，任意的$\bar{a} \in M^n$，$\mathrm{tp}_M(\bar{a})$都是主型。

(ii) 设$A \subseteq M$，称M是**A上的原子结构**是指：对任意的$n \in \mathbb{N}^+$，任意的$\bar{a} \in M^n$，$\mathrm{tp}_M(\bar{a}/A)$都是主型。

(iii) 设T是一个完全$\mathcal{L}$-理论。称公式$\phi(x_0, \cdots, x_{n-1})$是$T$的**原子公式**（或**完全公式**）是指：存在$p \in S_n(T)$使得$p = [\phi]$，即ϕ 孤立了$S_n(T)$中的一个型。

练习 5.2.1 设 M是一个 $\mathcal{L}$-结构，$a_0, \cdots, a_{n-1}, b \in M$。证明：若$\mathrm{tp}_M(a_0, \cdots, a_{n-1}, b)$是 $\mathcal{L}$-理论 $\mathrm{Th}(M)$ 的主型，则 $\mathrm{tp}_M(b/\{a_0, \cdots, a_{n-1}\})$是 $S_1(\{a_0, \cdots, a_{n-1}\}, M)$中的孤立点。

练习 5.2.2 证明：

(i) 一个$\mathcal{L}$-公式$\phi(\bar{x})$是$\mathcal{L}$-理论T的原子公式当且仅当对任意的$\mathcal{L}$-公式$\psi(\bar{x})$，均有

$$T \models \forall \bar{x}(\phi(\bar{x}) \to \psi(\bar{x})) \text{ 或 } T \models \forall \bar{x}(\phi(\bar{x}) \to \neg\psi(\bar{x}))。$$

(ii) 设T是完全的$\mathcal{L}$-理论。对每个$0 < n \in \mathbb{N}$，令

$$\Phi_n = \{\neg\phi(x_0, \cdots, x_{n-1}) |\ \phi\text{是}T\text{的原子公式}\},$$

设$M \models T$，则M是原子结构当且仅当对每个$0 < n \in \mathbb{N}$，都有M省略Φ_n。

(iii) 设T是完全的$\mathcal{L}$-理论，则对任意的$M \models T$，任意的$0 < n \in \mathbb{N}$，都有：$\{\mathrm{tp}_M(\bar{a}) | \bar{a} \in M^n\}$在$S_n(T)$中**稠密**（注：设$Y$是一个拓扑空间，称$X \subseteq Y$在$Y$中**稠密**是指$Y$的任意非空开子集都与$X$相交非空）。

命题 5.2.1　设T是有无穷模型的可数完备$\mathcal{L}$-理论，则下列命题等价：

(i) T有一个原子模型；

(ii) T有一个可数的原子模型；

(iii) 对任意的$n \in \mathbb{N}$，$S_n(T)$中的孤立/主型是稠密的。

证明:

(i)⟹(ii) 运用下行的Löwenheim-Skolem定理。

(ii)⟹(iii) 设M是T的模型，由练习5.2.2，$\{\mathrm{tp}_M(\bar{a}) | \ a \in M^n\}$在$S_n(T)$中稠密。特别地，当$M$是原子结构时，$\{\mathrm{tp}_M(\bar{a}) | \ a \in M^n\}$中的元素都是$T$的孤立型。

(iii)⟹(i) 令$\Phi_n = \{\neg\phi(x_0, \cdots, x_{n-1}) | \ \phi$是$T$的原子公式$\}$。

断言　若$\Phi_n \cup T$是一致的，则Φ_n不是T的主型。

证明: 否则，存在$\mathcal{L}$-公式$\psi(x_0, \cdots, x_{n-1})$，使得$T \cup \{\psi\}$一致，且对任意的$\phi \in \Phi_n$均有$T \models \forall \bar{x}(\psi(\bar{x}) \to \phi(\bar{x}))$，这表明$[\psi]$是$S_n(T)$的非空开子集。由假设，$[\psi]$中有一个完全$n$-主型$p$。设$p$被公式$\theta(x_0, \cdots, x_{n-1})$孤立，则$\theta$是$T$的原子公式，且$T \models \forall \bar{x}(\theta(\bar{x}) \to \psi(\bar{x}))$，这表明$\neg\theta \in \Phi_n$。故$T \models \forall \bar{x}(\psi(\bar{x}) \to \neg\theta(\bar{x}))$，从而

$$T \models \forall \bar{x}(\theta(\bar{x}) \to \neg\theta(\bar{x}))。$$

这是一个矛盾。 ■

根据以上断言和定理5.1.2，存在T的模型M使得M可以省略所有的Φ_n，$n \in \mathbb{N}$。根据练习5.2.2，命题得证。

证毕。 ■

如果完备理论T有一个饱和的可数模型N，根据命题4.2.2，T的任何可数模型M都可以嵌入N中，因此N是“最大的”可数模型。与之相反的一个概念是素模型。

定义 5.2.2　设T是一个完备的$\mathcal{L}$-理论。我们称T的一个模型M是**素模型**是指：对任意的$N \models T$，均存在M到N的初等嵌入。

命题 5.2.2　设T是有无穷模型的可数完备$\mathcal{L}$-理论，M是一个T的模型，则M是T的素模型当且仅当M是T的可数原子模型。

证明:

$\Longrightarrow$ 设M是T的素模型。根据下行的Löwenheim-Skolem定理，T有一个可数模型N。由于存在M到N的初等嵌入，M也是可数的。如果存在$\bar{a} \in M^n$ 使得$p(\bar{x}) = \mathrm{tp}_M(\bar{a})$ 不是主型，根据省略型定理，存在T的一个可数模型N使得N省略$p(\bar{x})$。设$f : M \longrightarrow N$ 是一个初等嵌入，则$f(\bar{a})$实现了$p(\bar{x})$。这是一个矛盾。故M是T的可数原子模型。

$\Longleftarrow$ 设M是T的可数原子模型，且$M = \{a_n |\ n \in \mathbb{N}\}$是$M$的一个枚举，令$X_n = \{a_0, \cdots, a_{n-1}\}$。设$N$是$T$的一个模型，我们递归地构造一个部分初等嵌入序列$\{f_n : X_n \longrightarrow N | n \in \mathbb{N}\}$，使得$f_n \subseteq f_{n+1}$。

(i) $f_0 = \emptyset$。

(ii) 设f_n已经构造好。由于M是原子模型，故

$$p(x_0, \cdots, x_{n-1}, x_n) = \mathrm{tp}_M(a_0, \cdots, a_{n-1}, a_n)$$

是孤立型。故存在$\mathcal{L}$-公式$\phi(x_0, \cdots, x_{n-1}, x_n) \in p$，使得对任意的

$$\psi(x_0, \cdots, x_{n-1}, x_n) \in p(x_0, \cdots, x_{n-1}, x_n),$$

都有

$$T \models \forall x_0, \cdots, x_{n-1}, x_n(\phi(x_0, \cdots, x_{n-1}, x_n) \to \psi(x_0, \cdots, x_{n-1}, x_n))。$$

此外，显然有$M \models \exists x_n \phi(a_0, \cdots, a_{n-1}, x_n)$。由于$f_n$是部分初等嵌入，故

$$\mathrm{tp}_M(a_0, \cdots, a_{n-1}) = \mathrm{tp}_N(f_n(a_0), \cdots, f_n(a_{n-1})),$$

从而

$$N \models \exists x_n \phi(f_n(a_0), \cdots, f_n(a_{n-1}), x_n),$$

从而存在$b \in N$使得

$$N \models \phi(f_n(a_0), \cdots, f_n(a_{n-1}), b)。$$

这表明$N \models p(f_n(a_0), \cdots, f_n(a_{n-1}), b)$，即

$$\mathrm{tp}_M(a_0, \cdots, a_{n-1}, a_n) = \mathrm{tp}_N(f_n(a_0), \cdots, f_n(a_{n-1}), b),$$

故$f_n \cup \{(x_n, b)\}$是x_{n+1}到N的部分初等嵌入。

令$f = \bigcup_{n\in\mathbb{N}} f_n$，则$f$是$M$到$N$的初等嵌入。

证毕。 ■

重复以上的论证，我们还可以证明：

命题 5.2.3 设T是有无穷模型的可数完备$\mathcal{L}$-理论，则T的原子模型都是ω-齐次的。

利用进退构造法可以证明：

命题 5.2.4 设T是有无穷模型的可数完备$\mathcal{L}$-理论，则T的素模型之间相互同构。

命题5.2.4表明可数完备的$\mathcal{L}$-理论T至多有一个素模型。接下来我们将讨论素模型存在的条件。根据命题5.2.1和命题5.2.2，素模型的存在性问题可以规约为：$S_n(T)$中的孤立型是否是稠密的。

注 5.2.1 在集合论中，自然数n作为集合是$\{0,\cdots,n-1\}$，特别地，$2=\{0,1\}$。因此对任意的自然数$n\in\omega$，我们用2^n表示$\{0,\cdots,n-1\}$到$\{0,1\}$的全体映射。显然每一个这样的映射可以看作是一个长度为n的$0-1$序列。令$2^{<\omega}=\bigcup_{n\in\omega}2^n$，则$2^{<\omega}$表示所有长度有限的$0-1$序列。类似地，对任意的序数$\alpha$，$2^\alpha$表示所有长度为$\alpha$的$0-1$序列。对任意的$\eta\in 2^\alpha$及$\beta<\alpha$，$\eta\upharpoonright\beta$是$\eta$的长度为$\beta$的初始段的子序列。

对任意的$\sigma\in 2^{<\omega}$，$\sigma\frown 0$表示序列σ的后面接一个0，$\sigma\frown 1$表示序列σ 的后面接一个1。我们在$2^{<\omega}$上规定一个对称的二元关系E: 对任意的$\sigma,\eta\in 2^{<\omega}$，$E(\sigma,\eta)$当且仅当$\eta=\sigma\frown i$，或者$\sigma=\eta\frown i$，其中$i=0$或者1，则$(2^{<\omega},E)$是一个(无向)图。

引理 5.2.1 若X是一个可数的、紧致的Hausdorff空间，且对任意的开集$U\subseteq X$都存在开闭集$U_0\subseteq U$，则X中的孤立点的集合在X中是稠密的。

证明: 设$U\subseteq X$是一个非空开集。我们断言U中有一个孤立点。由于U有一个开闭的子集，不失一般性，我们假设U是一个开闭集。若U中没有孤立点，则存在非空开闭集$U_0\subseteq U$，$U_1\subseteq U$，使得$U_0\cap U_1=\emptyset$。由于U_0,U_1中也没有孤立点，这一过程可以重复，最终可以得到一个集合族$\{U_\eta|\ \eta\in 2^{<\omega}\}$，满足:

(i) $U_\emptyset=U$;

(ii) 对任意的$\eta\in 2^{<\omega}$，都有U_η是非空开闭集;

(iii) 对任意的$n\in\omega$，任意的$\eta\in 2^n$，都有$U_{\eta\frown 0}\cap U_{\eta\frown 1}=\emptyset$;

(iv) $U_\eta\subseteq U_\xi$当且仅当$\eta\subseteq\xi$。

由于X是紧集，且对每个$\eta\in 2^{<\omega}$，U_η都是闭集，故对任意的$\zeta\in 2^\omega$，都有$\bigcap_{n<\omega}U_{\zeta\upharpoonright n}$ 非空。显然，对任意的$\zeta_1,\zeta_2\in 2^\omega$，如果$\zeta_1\neq\zeta_2$，则$\bigcap_{n<\omega}U_{\zeta_1\upharpoonright n}$与$\bigcap_{n<\omega}U_{\zeta_2\upharpoonright n}$互不相交。这表明$X$ 中至少有2^ω个元素，与X可数矛盾。 ■

命题 5.2.5 设T是有无穷模型的可数完备$\mathcal{L}$-理论，$n \in \mathbb{N}$。若$S_n(T)$是可数的，则$S_n(T)$中的孤立型稠密。

证明: 根据练习2.4.3，$S_n(T)$是一个紧致的Hausdorff空间，且对每个开集$U \subseteq S_n(T)$，都存在公式$\phi(x_0, \cdots, x_{n-1})$使得开闭集$[\phi] \subseteq U$。再利用引理5.2.1可直接推出来。■

引理 5.2.2 设T是有无穷模型的可数完备$\mathcal{L}$-理论。若$S_1(T)$不可数，则$S_1(T)$的基数是2^ω。

证明: 由于语言$\mathcal{L}$是可数的，我们只有可数多个公式，因此$|S_1(T)| \leqslant 2^\omega$。对任意的一个$\mathcal{L}$-公式$\phi(x_0)$，都有$S_1(T) = [\phi] \cup [\neg\phi]$，故而$|[\phi]| \geqslant \aleph_1$和$|[\neg\phi]| \geqslant \aleph_1$至少有一个成立。不妨设$|[\phi]| \geqslant \aleph_1$。我们有：

断言 对任意的$\mathcal{L}$-公式$\phi(x)$，如果$|[\phi]| \geqslant \aleph_1$，则存在$\mathcal{L}$-公式$\psi(x_0)$，使得

$$|[\psi \wedge \phi]| \geqslant \aleph_1 \text{ 和 } |[\neg\psi \wedge \phi]| \geqslant \aleph_1$$

同时成立。

证明: 反设断言不成立。令$p(x_0) = \{\psi(x_0) |\ [\psi \wedge \phi]| \geqslant \aleph_1\}$，则$p(x_0) \cup T$是有限一致的。因为如果$p(x_0) \cup T$不一致，则存在$\psi_1(x_0), \cdots, \psi_n(x_0) \in p$使得$T \models \forall x_0 \neg(\bigwedge_{1 \leqslant k \leqslant n})\psi_k(x_0)$，则

$$[\neg\psi_1] \cup \cdots \cup [\neg\psi_n] = [\neg\psi_1 \vee \cdots \vee \neg\psi_n] = S_1(T),$$

故存在$1 \leqslant k \leqslant n$使得$|[\phi \wedge \neg\psi_k]| \geqslant \aleph_1$，然而$|[\phi \wedge \psi_k]| \geqslant \aleph_1$，从而与断言不成立矛盾。同理，由于断言不成立也蕴涵着p是一个完全型，即$p \in S_1(T)$。另一方面$[\phi] = \bigcup_{\psi \in p}[\neg\psi \wedge \phi] \cup \{p\}$，因此$[\phi]$是可数多个至多可数的集合之并，故而是可数的，与$|[\phi]| \geqslant \aleph_1$矛盾。■

根据以上断言，我们可以找到公式$\psi(x_0)$，使得$|[\psi \wedge \phi]| \geqslant \aleph_1$和$|[\neg\psi \wedge \phi]| \geqslant \aleph_1$同时成立。令$\psi \wedge \phi$为$\phi_0$，$\neg\psi \wedge \phi$为$\phi_1$，由于$\phi_0, \phi_1$也满足断言的条件，这一过程可以重复，最终可以得到一个公式集$\{\phi_\eta |\ \eta \in 2^{<\omega}\}$，满足：

(i) $\phi_{\emptyset}=\phi$；

(ii) 对任意的$\eta\in 2^{<\omega}$，都有$|[\phi_\eta]|\geqslant\aleph_1$；

(iii) 对任意的$n\in\omega$，任意的$\eta\in 2^n$，都有$[\phi_{\eta\frown 0}\wedge\phi_{\eta\frown 1}]=\emptyset$；

(iv) $[\phi_\eta]\subseteq[\phi_\xi]$当且仅当$\eta\subseteq\xi$。

对任意的$\zeta\in 2^\omega$，都有$\bigcap_{n<\omega}[\phi_{\zeta\restriction n}]$非空，任取$p_\zeta\in\bigcap_{n<\omega}[\phi_{\zeta\restriction n}]$。显然，对任意的$\zeta_1,\zeta_2\in 2^\omega$，如果$\zeta_1\neq\zeta_2$，则$\bigcap_{n<\omega}U_{\zeta_1\restriction n}$与$\bigcap_{n<\omega}U_{\zeta_2\restriction n}$互不相交。这表明$\{p_\zeta|\ \zeta\in 2^\omega\}$的基数是$2^\omega$，即$|S_1(T)|=2^\omega$。 ■

定理 5.2.1 设T是有无穷模型的可数完备$\mathcal{L}$-理论。若$S_1(T)$不可数，则T有2^ω个互不同构的可数模型。

证明: 设$M\models T$是可数的。令$M=\{a_n|\ n\in\omega\}$是M的一个枚举。显然，

$$\mathrm{tp}_M((a_n)_{n\in\omega})\in S_\omega(T)。$$

断言 $|S_\omega(T)|=2^\omega$。

证明: 根据引理5.2.2，对每个$0<n\in\omega$都有$|S_n(T)|=2^\omega$，因此$|S_\omega(T)|\geqslant 2^\omega$。

对任意的$p,q\in S_\omega(T)$，令$p\restriction_{(x_0,\cdots,x_{n-1})}$为$p$中所有的自由变元来自$\{x_0,\cdots,x_{n-1}\}$的公式的集合。显然$p\restriction_{(x_0,\cdots,x_{n-1})}\in S_n(T)$。对任意$p,q\in S_\omega(T)$，$p\neq q$当且仅当存在$n\in\omega$，使得$p\restriction_{(x_0,\cdots,x_{n-1})}\neq q\restriction_{(x_0,\cdots,x_{n-1})}$，从而映射

$$S_\omega(T)\longrightarrow\Pi_{n\in\mathbb{N}^+}S_n(T),\ p\mapsto(p\restriction_{(x_0,\cdots,x_{n-1})})_{1\leqslant n<\omega}$$

是单射。故$|S_\omega(T)|\leqslant|\Pi_{n\in\mathbb{N}^+}S_n(T)|=(2^\omega)^\omega=2^\omega$。 ■

对T的任意可数模型M,N，令$M=\{a_n|\ n\in\omega\}$和$N=\{b_n|\ n\in\omega\}$分别是M和N的枚举。若$\mathrm{tp}_M((a_n)_{n\in\omega})=\mathrm{tp}_N((b_n)_{n\in\omega})$，则$a_n\mapsto b_n$就是$M$到$N$ 的同构。故T的可数模型至多有$|S_\omega(T)|=2^\omega$个。

另一方面，设T的可数模型有λ个。由于每个可数模型至多实现$S_1(T)$中的可数多个型，故λ个可数模型至多实现T的 $\max\{\lambda,\aleph_0\}$个1-型。然而T的每个1-型都可以被T的某个可数模型实现，故$\lambda\geqslant 2^\omega$。 ■

定义 5.2.3　设T是一个$\mathcal{L}$-理论，λ是一个基数，我们用$I(T,\lambda)$表示T的基数为λ的互不同构的模型个数的基数。

在模型论中，有一个非常重要的猜想：

Vaught**猜想**　设T是可数且完备的理论，则T或者有至多可数个模型，或者有2^ω个模型，即不可能有$\aleph_0<I(T,\aleph_0)<2^{\aleph_0}$。

在连续统假设下，Vaught猜想是平凡的。牛津大学的R. W. Knight教授在2002年给出了Vaught猜想的一个反例，但尚未发表。

引理 5.2.3　设T是有无穷模型的可数完备$\mathcal{L}$-理论，则以下命题等价：

(i) 对任意的$n\in\mathbb{N}^+$，$S_n(T)$可数；

(ii) T有一个可数的ω-饱和模型。

证明:

(i)$\Longrightarrow$(ii) 根据引理5.1.1，对T的任意模型M及任意的有限的$A\subseteq M$，都有$S_n(A,M)$是可数的。仿照引理4.1.2的证明，我们可以构造一个长度为ω的T的模型的初等链$M_0\prec M_1\prec\cdots\prec M_k\prec\cdots$，$k\in\omega$，满足：

(a) 每个M_k都是可数的；

(b) 对任意的$k\in\omega$，任意的有限集合$A\subseteq M_k$及任意的$n\in\mathbb{N}$，M_{k+1}可以满足$S_n(A,M_k)$中所有的型。

令$N=\bigcup_{k\in\omega}M_k$，则$N$是$T$的可数模型。容易验证$N$是$\omega$-饱和的。

(ii)$\Longrightarrow$(i) 设M是T的模型，根据练习5.2.2，$\{\mathrm{tp}_M(\bar{a})|\ a\in M^n\}$在$S_n(T)$中稠密。特别地，当$M$ 是原子结构时，$\{\mathrm{tp}_M(\bar{a})|\ a\in M^n\}$中的元素都是$T$ 的孤立型。

证毕。 ■

推论 5.2.1 设T是有无穷模型的可数完备$\mathcal{L}$-理论，且对任意的$n\in\mathbb{N}$，都有$S_n(T)$可数，则T有素模型M_0和可数的饱和模型M_1。即对任意可数的$M\models T$，均有$M_0\prec M\prec M_1$。

证明: 根据命题5.2.1、命题5.2.2、命题5.2.5 及引理5.2.3可得。 ■

5.3 ω-范畴

回忆定义3.0.1，设λ是一个基数，我们称T是λ-范畴的理论是指T在同构意义下只有一个基数为λ的模型。我们习惯称$\aleph_0$-范畴理论为ω-范畴理论或可数范畴理论。练习4.2.2表明，没有端点的稠密线序是ω-范畴的理论。

定义 5.3.1 设X是一个拓扑空间。如果X中的每个元素都是孤立的，即每个单点集$\{p\}\subseteq X$都是开集，则称X是**离散拓扑空间**。

引理 5.3.1 设T是有无穷模型的可数完备$\mathcal{L}$-理论，则T是ω-范畴的当且仅当对任意的$n\in\mathbb{N}$, 都有$S_n(T)$是离散的拓扑空间。

证明: 若T是ω-范畴的，则$S_n(T)$中的元素都是主型/孤立型。否则根据省略型定理，T至少有两个互不同构的可数模型。故$S_n(T)$具有离散拓扑。

反之，若对任意的$n\in\mathbb{N}$, 都有$S_n(T)$是离散的拓扑空间。令M是T的可数模型，则对任意的$\bar{a}\in M^n$，都有$\mathrm{tp}_M(\bar{a}/M)$是孤立型。即M是原子模型，从而也是素模型。即T的可数模型均是T的素模型。根据命题5.2.4，T是ω-范畴的。 ■

推论 5.3.1　设T是有无穷模型的可数完备$\mathcal{L}$-理论，则以下命题等价：

(i) T是ω-范畴的；

(ii) 对任意的$n \in \mathbb{N}^+$, 都有$S_n(T)$是有穷集；

(iii) 对任意的$n \in \mathbb{N}^+$，存在$m \in \mathbb{N}$以及$\phi_0(x_0, \cdots, x_{n-1}), \cdots, \phi_{m-1}(x_0, \cdots, x_{n-1})$，使得对任意的$\mathcal{L}$-公式$\psi(x_0, \cdots, x_{n-1})$，都存在$i < m$使得

$$T \models \forall x_0 \cdots x_{n-1}(\psi(x_0, \cdots, x_{n-1}) \leftrightarrow \phi_i(x_0, \cdots, x_{n-1}))。$$

证明:　根据引理5.3.1，T是ω-范畴的当且仅当对任意的$n \in \mathbb{N}$, 都有$S_n(T)$是离散的拓扑空间。由于$S_n(T)$是紧致的拓扑空间，而离散的紧致空间只能是有穷空间，故$S_n(T)$是有穷集。即(i)与(ii)等价。

(iii)$\Longrightarrow$(ii) 若$S_n(T)$有无穷多个元素，则$S_n(T)$中有一个聚点p。即存在以p为极限点的点列$\{p_i | i \in \mathbb{N}\} \subseteq S_n(T)$及公式序列$\{\theta_j(x_0, \cdots, x_{n-1}) | j \in \mathbb{N}\}$，使得$p_i \in [\theta_j]$当且仅当$i \geqslant j$。特别地，当$i \neq j$ 时，有

$$T \not\models \forall x_0 \cdots x_{n-1}(\theta_i(x_0, \cdots, x_{n-1}) \leftrightarrow \theta_j(x_0, \cdots, x_{n-1}))。$$

因此不可能存在$m \in \mathbb{N}$，以及

$$\phi_0(x_0, \cdots, x_{n-1}), \cdots, \phi_{m-1}(x_0, \cdots, x_{n-1}),$$

使得对任意的$j \in \mathbb{N}$，都存在$i < m$，使得

$$T \models \forall x_0 \cdots x_{n-1}(\theta_j(x_0, \cdots, x_{n-1}) \leftrightarrow \phi_i(x_0, \cdots, x_{n-1}))。$$

(ii)$\Longrightarrow$(iii) 反之，如果$S_n(T) = \{p_0, \cdots, p_{m-1}\}$有穷，则对每个$i \in 0, \cdots, m-1$，$p_i$均是孤立型。设$p_i$被公式$\phi_i$孤立，则任意的$\mathcal{L}$-公式$\psi(x_0, \cdots, x_{n-1})$，存在$D \subseteq \{0, \cdots, m-1\}$使得

$$T \models \forall x_0 \cdots x_{n-1}(\psi(x_0, \cdots, x_{n-1}) \leftrightarrow (\bigvee_{i \in D} \phi_i(x_0, \cdots, x_{n-1})))。$$

从而$\{\bigvee_{i \in D} \phi_i(x_0, \cdots, x_{n-1}) | D \subseteq \{0, \cdots, m-1\}\}$满足要求。

证毕。 ∎

第 6 章　量词消去

对任意的结构M，其一阶的性质完全由其全体可定义集$\mathrm{Def}(M)$确定。因此在模型论中，当我们想要研究一个陌生结构M时，我们首先应该刻画M的可定义子集，或者对M的可定义子集作一个分类。对一个结构M的可定义集的刻画是研究M其他性质的基础和前提。因此可定义集在模型论中有至关重要的作用。但不幸的是，对一般的结构M，刻画其可定义集是一件困难的事情，而这种困难大多产生于一阶公式中量词的使用。以下的例子可以让我们直观地感受到量词带来的“困难”。

例 6.0.1　设$\mathcal{L}_o = \{<\}$是一个关于序结构的语言。$(M, <_M)$是一个$\mathcal{L}_o$-结构，M中的**开区间**指的是以下三种形式的可定义集D：

(a, b)：　存在$a, b \in M$，使得$D = \{x \in M |\ a <_M x \wedge x <_M b\}$，记作$(a, b)$，并且分别称$a, b$为$(a, b)$的左、右端点；

$(a, +\infty)$：　存在$a \in M$，使得$D = \{x \in M |\ a <_M x\}$，记作$(a, +\infty)$，并且分别称$a, +\infty$为$(a, +\infty)$的左、右端点；

$(-\infty, b)$：　存在$b \in M$，使得$D = \{x \in M |\ x <_M b\}$，记作$(-\infty, b)$，并且分别称$-\infty, b$为$(-\infty, b)$的左、右端点。

闭区间指的是形如$\{x |\ (a <_M x \vee a = x) \wedge (x <_M b \vee x = b)\}$的可定义集合，记作$[a, b]$，并且分别称$a, b$为$[a, b]$的左、右端点；类似地，我们还可以定义半开半闭区间。

如果$X \subseteq M$是被某个无量词的$\mathcal{L}_{o_M}$-公式ϕ定义的，那么通过对ϕ的长度归纳，可以证明X是有限多个开区间和闭区间的并。

然而如果定义X的公式ϕ不是无量词的，则我们需要考虑的情况就会复杂得多。例如，我们令$M = \mathcal{P}(\mathbb{N})$是$\mathbb{N}$的幂集，我们将$<$解释为$\mathcal{P}(\mathbb{N})$上的真包含关系。令

$$\phi(x) = \Big(x < \mathbb{N} \wedge \forall y (y < \mathbb{N} \rightarrow \neg(x < y))\Big)。$$

对任意的$y \in \mathbb{N}$，令$A_y = N\backslash\{y\}$，则ϕ对应的可定义子集X恰好是$\{A_y | y \in \mathbb{N}\}$。显然，它不是有限多个开区间和闭区间的并。

如果存在$\mathcal{L}_o$-结构M，使得每个可定义集合X都可以被某个无量词的公式定义，我们就可以断言：X是有限多个开区间和闭区间的并。显然，这是对可定义集的一个非常好的刻画。而每个可定义集合X都可以被某个无量词的公式定义，意味着对任意的$\mathcal{L}_{o_M}$-公式ϕ，都存在一个无量词的$\mathcal{L}_{o_M}$-公式ψ，使得$M \models \forall x(\phi(x) \leftrightarrow \psi(x))$。

例 6.0.2　令$\mathcal{L}_r$是环的语言。由于$\mathcal{L}_r$中没有关系符号，故而所有原子公式都形如$t_1 = t_2$，其中t_1, t_2都是项。现在设F是个域，由于F中加法和乘法的交换性，F中的每个项都被解释为一个多元多项式函数。设$X \subseteq F$是一个可定义集合。如果X是被$\mathcal{L}_{r_F}$-原子公式定义的，那么存在多项式$f, g \in F[x]$，使得X是方程$f(x) = g(x)$的在F中的解。显然，令$h(x) = f(x) - g(x)$，则X也是多项式方程$h(x) = 0$的解。这就是说：如果F-可定义集$X \subseteq F$是被$\mathcal{L}_{r_F}$-原子公式定义的可定义集，则存在多项式$h(x) \in F$，使得X是h的根的集合。如果h不是0，则X的基数至多是$\deg(h)$。

若$\phi(x)$是无量词的$\mathcal{L}_{r_F}$-公式，则$\phi(x)$是有限多个原子公式由逻辑连接词$\wedge$，$\vee$和$\neg$而生成的公式。因此，$\phi(x)$定义的可定义集$X \subseteq F$是有限多个有限集合通过交并补运算而得到的。通过对ϕ的长度归纳证明，可以知道：或者X是有限集，或者$F\backslash X$是有限集。如果集合$F\backslash X$是有限集，则称X是F的**余有限子集**。这就是说：如果F-可定义集$X \subseteq F$是被无量词的$\mathcal{L}_{r_F}$-公式定义的可定义集，则或者X是有限集，或者X是余有限集。

如果$X \subseteq F$是被带量词的$\mathcal{L}_{r_F}$-公式定义的，则分析同样会复杂得多。例如，设F是有理数域$\mathbb{Q}$，则公式$\exists y(x = y^2)$对应的可定义集是$\{x \in \mathbb{Q} | x \geqslant 0\}$，它既不是有限集，也不是余有限集。

事实上，即使想要证明“2-元多项式函数$f(x, y) = 0$定义的可定义集$Y \subseteq C^2$沿着y-轴的投影或者是有限集，或者是余有限集”，也需要用到代数几何的基础知识。

如果在某一类$\mathcal{L}_r$-结构中每个可定义集合X都可以被某个无量词的公式定义，我们就可以断言：X或者是有限集合，或者是余有限集合。显然这也是一个非常好的刻画。

注 6.0.1　令$\mathcal{L}_\emptyset = \emptyset$为空语言，则一个$\mathcal{L}_\emptyset$-结构就是一个非空集$S$。对$S$而言，其$S$-可定义子集只有有限集和余有限集。也就是说，有限集和余有限集本质上不需要任何“额外”公式来定义，定义它们只需要“=”，它们是所有结构中的可定义集。因此，如果有一个$\mathcal{L}$-结构M，使得任意的M-可定义子集$X \subseteq M$或者是有限集合，或者是余有限集合，则我们直观上认为M的“复杂度”是“极小的”，我们称这样的结构为**强极小结构**。

定义 6.0.2　设$\mathcal{L}$是一个语言，T是一个理论。如果T的所有模型都是强极小的，则称T是**强极小理论**。

练习 6.0.1　证明：如果F是一个域，可定义集合$X \subseteq F$是被某个无量词的$\mathcal{L}_{r_F}$-公式ϕ定义的，则X或者是有限集，或者是余有限集。

下面，我们来引入量词消去的概念。

定义 6.0.3　设T是一个理论。如果对每个公式$\phi(\bar{x})$，都存在一个无量词的公式$\psi(\bar{x})$，使得$T \models \forall\bar{x}(\phi(\bar{x}) \leftrightarrow \psi(\bar{x}))$，则称$T$具有**量词消去**。

注 6.0.2　(i) 若$\mathcal{L}$有一个常元符号c且T具有量词消去，则对每个句子τ，都存在一个不含量词的句子σ，使得$T \models \tau \leftrightarrow \sigma$。

(ii) 若T有量词消去，M是T的模型，则M的每个可定义子集都被一个无量词的$\mathcal{L}_M$-公式定义。

本章的主要目标是给出一个相对有效的方法，使得我们可以判定一个理论是否具有量词消去。

6.1 无量词型

定义 6.1.1 设T是一个$\mathcal{L}$-理论，I是一个加标集，$\Sigma_{i\in I}(x_i)$是T的一个I-型。

(i) 如果$\Sigma_{i\in I}(x_i)$中的公式均是无量词的，则称$\Sigma_{i\in I}(x_i)$是一个**无量词的I-型**；

(ii) 如果$\Sigma_{i\in I}(x_i)$是一个无量词型，且对任意$i_0,\cdots,i_{n-1}\in I$及无量词的公式$\phi(x_{i_0},\cdots,x_{i_{n-1}})$，均有$\phi$与$\neg\phi$其中之一属于$\Sigma$，则称$\Sigma$是**完全的无量词$I$-型**；

(iii) 我们用$S_I^{qf}(T)$来表示全体的完全无量词I-型所构成的集合，称作T的**完全的无量词I-型空间**；

(iv) 设M是一个$\mathcal{L}$-结构，$A\subseteq M$，我们用$S_I^{qf}(A)$来表示$\mathrm{Th}(M,A)$的完全的无量词I-型空间。

注 6.1.1 设T是一个$\mathcal{L}$-理论，I是一个加标集。对任意的$i_0,\cdots,i_{n-1}\in I$及无量词的$\mathcal{L}$-公式$\phi(x_{i_0},\cdots,x_{i_{n-1}})$，我们定义$[\phi]_{qf}=\{p\in S_I^{qf}(T)|\ \phi\in p\}$，则$S_I^{qf}(T)$的子集族

$$\{[\phi(x_{i_0},\cdots,x_{i_{n-1}})]_{qf}|\ \phi\text{是}\mathcal{L}\text{-公式，且}i_0,\cdots,i_{n-1}\in I\}$$

关于有限交和一般并的闭包τ使得$(S_I^{qf}(T),\tau)$是一个拓扑空间，且$S_I^{qf}(T)$的每个开闭集都形如$[\phi]_{qf}$。

练习 6.1.1 设M是一个$\mathcal{L}$-结构，$A\subseteq M$，I是一个加标集。证明：$S_I^{qf}(A)$是一个紧致的、完全不连通的Hausdorff空间，并且映射 $f_{qf}:S_I(A)\longrightarrow S_I^{qf}(A)$,

$$p\mapsto\ \{\phi|\ \phi\in p\ \text{且}\phi\text{是无量词的}\}$$

是一个连续满射。

定义 6.1.2 设M是一个$\mathcal{L}$-结构，$A \subseteq M$，I是一个加标集，$\bar{a} \in M^I$，则

$$\mathrm{qftp}_M(\bar{a}/A) =$$

$\{\phi(x_{i_0}, \cdots, x_{i_{n-1}}) |\ \phi$是一个无量词的$\mathcal{L}_A$-公式，且$M \models \phi(a_{i_0}, \cdots, a_{i_{n-1}})\}$。

注 6.1.2 显然，对任意的理论T，任意的模型$M \models T$以及任意的$\bar{a} \in M^I$，均有$\mathrm{qftp}_M(\bar{a}/A) \in S_I^{qf}(A)$且$\mathrm{qftp}_M(\bar{a}/A) = f_{qf}(\mathrm{tp}_M(\bar{a}/A))$。

练习 6.1.2 回忆定义3.3.1。设$\mathcal{L}_{gr} = \{E\}$是一个关于图的语言，G是一个无向图，$A \subseteq G$，$a, b \in G$，且$a, b \notin A$，则$\mathrm{qftp}_G(a/A) = \mathrm{qftp}_G(b/A)$当且仅当$E(a, A) = E(b, A)$，其中$E(x, A) = \{y \in A | E(x, y)\}$。

6.2 量词消去

定义 6.2.1 我们称理论T具有Q性质是指：对任意的$M, N \models T$，任意的$n \in \mathbb{N}^+$，任意的$\bar{a} \in M^n$，$\bar{b} \in N^n$，若$\mathrm{qftp}_M(\bar{a}) = \mathrm{qftp}_N(\bar{b})$，则$\mathrm{tp}_M(\bar{a}) = \mathrm{tp}_N(\bar{b})$。

定义 6.2.2 设X与Y是两个拓扑空间。我们称映射$f : X \longrightarrow Y$是同胚映射是指：f是双射且f和f^{-1}均是连续映射。

引理 6.2.1 设X是紧致的拓扑空间，Y是完全不连通的拓扑空间。若$f : X \longrightarrow Y$是连续映射且是双射，则f是同胚映射。

证明: 只须证明f将开集映射为开集。否则，反设存在开集$O \subseteq X$使得$f(O)$不是开集，则存在$y \in f(O)$，使得对y的任意开邻域U，都有$U \not\subseteq f(O)$。令$\mathcal{U}_y$是y的全体开闭邻域。由于Y是完全不连通的，故$\bigcap \mathcal{U}_y = \{y\}$。另一方面，由于$f$是连续映射，对每个$U \in \mathcal{U}_y$，$f^{-1}(U)$是$X$的开闭子集且$x \in f^{-1}(U)$。现在$U \not\subseteq f(O)$，故$f^{-1}(U) \not\subseteq O$。此外，有限多个$y$的开闭邻域的交集仍然是$y$的开闭邻域，即有限多个$f^{-1}(U)$的交集仍然不包含在$f^{-1}(O)$中。我们有：

断言 $\bigcap_{U\in\mathcal{U}_y} f^{-1}(U) \not\subseteq O$。

证明: 否则，假设$\bigcap_{U\in\mathcal{U}_y} f^{-1}(U) \subseteq O$，则$X\backslash O \subseteq \bigcup_{U\in\mathcal{U}_y}(X\backslash f^{-1}(U))$。由于$f^{-1}(O)$ 是开集，故而$X\backslash O$是闭集，从而$X\backslash O$是紧集。而$\{X\backslash f^{-1}(U) | U \in \mathcal{U}_y\}$是$X\backslash O$的开覆盖，因此具有有限子覆盖，即存在$\mathcal{U}_y$的有限子集$\mathcal{U}_{y0}$使得$\bigcap_{U\in\mathcal{U}_{y0}} f^{-1}(U) \subseteq O$。这是一个矛盾。 ∎

根据断言，存在$x \in \bigcap_{U\in\mathcal{U}_y} f^{-1}(U)$使得$x \notin O$。显然$f(x) \in \bigcap \mathcal{U}_y$，即$f(x) = y$。而$y \in f(O)$，故$y$至少有两个原像，这与$f$的单射性矛盾。 ∎

命题 6.2.1 理论T有量词消去当且仅当T具有Q性质。

证明: 若T有量词消去，则对任意$M \models T$，任意的$\bar{a} \in M^n$及任意的$\mathcal{L}$-公式$\phi(\bar{x}) \in \mathrm{tp}_M(\bar{a})$，都存在无量词的$\mathcal{L}$-公式$\psi(\bar{x})$，使得$M \models \forall\bar{x}(\phi(\bar{x})) \leftrightarrow \psi(\bar{x})$。特别地，$\psi \in \mathrm{qftp}_M(\bar{a})$，即$\mathrm{qftp}_M(\bar{a}) \models \phi(\bar{x})$，从而$\mathrm{qftp}_M(\bar{a}) \models \mathrm{tp}_M(\bar{a})$。故而$T$具有Q性质。

另一方面，设T具有Q性质，则对任意的$n \in \mathbb{N}^+$，映射$f_{qf} : S_n(T) \longrightarrow S_n^{qf}(T)$不仅是连续满射，还是单射。根据引理6.2.1，$f_{qf}$是一个同胚映射，即$f^{-1}$也是连续映射。对任意$\mathcal{L}$-公式$\phi(\bar{x})$，$[\phi] \subseteq S_n(T)$是一个开闭集。由于$f$是同胚映射，故$f([\phi]) \subseteq S_n^{qf}(T)$也是开闭集。从而存在无量词的$\mathcal{L}$-公式$\psi$，使得$f_{qf}([\phi]) = [\psi]_{qf}$。显然，$f_{qf}([\psi])$也是$[\psi]_{qf}$。由于$f_{qf}$是单射，故$[\psi] = [\phi]$。因此，对任意的$M \models T$，任意的$\bar{a} \in M^{|\bar{x}|}$，有

$$M \models \phi(\bar{a}) \iff \mathrm{tp}_M(\bar{a}) \in [\phi] = [\psi] \iff M \models \psi(\bar{a})。$$

这就证明了$T \models \forall\bar{x}(\phi(\bar{x}) \leftrightarrow \psi(\bar{x}))$。 ∎

定义 6.2.3 设M与N均为$\mathcal{L}$-结构，$0 < n \in \mathbb{N}$，$\bar{a} \in M^n$，$\bar{b} \in N^n$。若$\mathrm{qftp}_M(\bar{a}) = \mathrm{qftp}_N(\bar{b})$，则称$(\bar{a}, \bar{b})$是$M$到$N$的一个部分同构。

注 6.2.1 M与N之间存在的部分同构$(\bar{a}, \bar{b})$可以唯一地扩张为由$\bar{a}$生成的子结构A和由$\bar{b}$生成的子结构B之间的同构映射。

注 6.2.2 若$(\bar{a},\bar{b})$是M到N的部分同构，则由$\{a_0,\cdots,a_{n-1}\}$生成的M的子结构$\langle\bar{a}\rangle^M$与由$\{b_0,\cdots,b_{n-1}\}$生成的N的子结构$\langle\bar{b}\rangle^N$是同构的。事实上，映射$t(\bar{a})\mapsto t(\bar{b})$就是同构映射，其中$t(\bar{x})$是$\mathcal{L}$-项。

定义 6.2.4 设M与N均为$\mathcal{L}$-结构，$\mathcal{I}$是M到N的部分同构所构成的集合。我们称$\mathcal{I}$具有**进退性质**是指：对任意的$(\bar{a},\bar{b})\in\mathcal{I}$及任意的$c\in M$，都存在$d\in N$使得$(\bar{a}c,\bar{b}d)\in\mathcal{I}$。反之，对任意的$d'\in N$，也存在$c'\in M$使得$(\bar{a}c',\bar{b}d')\in\mathcal{I}$。

命题 6.2.2 设T是一个$\mathcal{L}$-理论，则以下命题等价：

(i) T有量词消去；

(ii) 如果M,N均是T的ω-饱和模型，且$\mathcal{I}$是M到N的所有部分同构所构成的集合，则$\mathcal{I}$有进退性质。

证明:

(i)$\Longrightarrow$(ii) 设T有量词消去。根据命题6.2.1，T有Q性质。设$M,N,\mathcal{I}$均如上所设。对任意的$(\bar{a},\bar{b})\in\mathcal{I}$，均有$\mathrm{tp}_M(\bar{a})=\mathrm{tp}_N(\bar{b})$。设$c\in M$。令$p(y,\bar{a})=\mathrm{tp}_M(c/\bar{a})$。根据练习4.1.5，$p(y,\bar{b})$是（$N$中）$\bar{b}$上的完全1-型。由于$N$是$\omega$-饱和模型，故存在$d\in N$使得$N\models p(d,\bar{b})$，从而有$\mathrm{tp}_M(c\bar{a})=\mathrm{tp}_N(d\bar{b})$。显然可得到$\mathrm{qftp}_M(c\bar{a})=\mathrm{qftp}_N(d\bar{b})$，即$(\bar{a}c,\bar{b}d)\in\mathcal{I}$。同理可证：对任意的$d'\in N$，也存在$c'\in M$使得$(\bar{a}c',\bar{b}d')\in\mathcal{I}$。

(ii)$\Longrightarrow$(i) 反之，设(ii)成立。根据命题6.2.1，我们只须证明T有Q性质。设M,N均是ω-饱和的，且令$\mathcal{I}$是M到N的所有部分同构所构成的集合，则有：

断言 对任意的$(\bar{a},\bar{b})\in\mathcal{I}$，任意的$\mathcal{L}$-公式$\phi(\bar{x})$，其中$|\bar{x}|=|\bar{a}|=|\bar{b}|$，均有

$$M\models\phi(\bar{a})\Longleftrightarrow N\models\phi(\bar{b})。\tag{6.1}$$

证明: 我们对公式$\phi(\bar{x})$的长度归纳证明。设$(\bar{a},\bar{b})\in\mathcal{I}$且$|\bar{x}|=|\bar{a}|=|\bar{b}|$。当$\phi$是无量词的公式时，式(6.1)自然成立。当$\phi(\bar{x})$是$\psi_1(\bar{x})\vee\psi_2(\bar{x})$时，由归纳假设，$\psi_1(\bar{x}),\psi_2(\bar{x})$均满足式(6.1)，从而$\phi$也满足式(6.1)。当$\phi(\bar{x})$是$\neg\psi(\bar{x})$ 时，由归纳假设，$\psi(\bar{x})$满足式(6.1)，从而ϕ也满足式(6.1)。

现在设$\phi(\bar{x})$是$\exists y\theta(\bar{x},y)$，则$M\models\phi(\bar{a})$当且仅当存在$c\in M$使得$M\models\theta(\bar{a},c)$。由于$\mathcal{I}$有进退性质，故存在$d\in N$使得$(\bar{a}c,\bar{b}d)\in\mathcal{I}$。根据归纳假设，有

$$M\models\theta(\bar{a},c)\Longleftrightarrow N\models\theta(\bar{b},d)。$$

故而$N\models\exists y\theta(\bar{b},y)$，即$N\models\phi(\bar{b})$。同理，$N\models\phi(\bar{a})$也可推出$M\models\phi(\bar{b})$，从而$\phi$满足式(6.1)。 ■

根据以上断言，显然有$(\bar{a},\bar{b})\in\mathcal{I}$蕴涵着$\mathrm{tp}_M(\bar{a})=\mathrm{tp}_N(\bar{b})$。

现在设$M_0,N_0\models T$，$\bar{a}\in M_0^n$，$\bar{b}\in N_0^n$。令$M'\succ M_0$，$N'\succ N_0$均是ω-饱和的，则有

$$\mathrm{qftp}_{M_0}(\bar{a})=\mathrm{qftp}_{M'}(\bar{a}),\mathrm{qftp}_{N_0}(\bar{b})=\mathrm{qftp}_{N'}(\bar{b}),$$

$$\mathrm{tp}_{M_0}(\bar{a})=\mathrm{tp}_{M'}(\bar{a}),\mathrm{tp}_{N_0}(\bar{b})=\mathrm{tp}_{N'}(\bar{b})。$$

因此，若$\mathrm{qftp}_{M_0}(\bar{a})=\mathrm{qftp}_{N_0}(\bar{a})$，则有$\mathrm{tp}_{M_0}(\bar{a})=\mathrm{tp}_{M_0}(\bar{b})$。从而$T$有Q性质。

证毕。 ■

命题 6.2.3 设T是一个$\mathcal{L}$-理论，则以下命题等价：

(i) T有量词消去；

(ii) 如果M_1,M_2均是T的模型，A同时是M_1和M_2的子结构，则对任意的无量词的$\mathcal{L}_A$-公式$\phi(x)$，均有

$$M_1\models\exists x\phi(x)\Longleftrightarrow M_2\models\exists x\phi(x)。$$

证明:

(i)⟹(ii) 设T有量词消去，且$\phi(x,\bar{y})$是无量词的$\mathcal{L}$-公式，存在一个$\mathcal{L}$-公式$\psi(\bar{y})$使得$T \models \forall \bar{y}(\exists x \phi(x,\bar{y}) \leftrightarrow \psi(\bar{y}))$。如果$M_1, M_2$均是$T$的模型，且$A$是$M_1$和$M_2$的子结构，则

$$M_1 \models \exists x \phi(x,\bar{a}) \Longleftrightarrow M_1 \models \psi(\bar{a}) \Longleftrightarrow A \models \psi(\bar{a})$$

$$\Longleftrightarrow M_2 \models \psi(\bar{a}) \Longleftrightarrow M_2 \models \exists x \phi(x,\bar{a})。$$

(ii)⟹(i) 反之，设(ii)成立。设M, N均是T的ω-饱和模型，且$\mathcal{I}$是M到N的所有部分同构所构成的集合。根据命题6.2.2，我们只须证明$\mathcal{I}$有进退性质。根据注6.2.2，对任意的$\bar{a} = (a_1,\cdots,a_n) \in M_1^n$，$\bar{b} = (b_1,\cdots,b_n) \in M_2^n$，如果$(\bar{a},\bar{b}) \in \mathcal{I}$，则映射$a_i \mapsto b_i$可以扩张为$\langle \bar{a} \rangle^M$到$\langle \bar{b} \rangle^N$的同构$f$。不妨设$\langle \bar{a} \rangle^M \cap \langle \bar{b} \rangle^N = \emptyset$。令$M' = (M \backslash \langle \bar{a} \rangle^M) \cup \langle \bar{b} \rangle^N$，则双射

$$\bar{f}: M \longrightarrow M',\ x \mapsto \begin{cases} f(x), & 若 x \in \langle \bar{a} \rangle^M, \\ x, & 否则 \end{cases}$$

使得M'成为同构于M的$\mathcal{L}$-结构，且$\langle \bar{b} \rangle^N$是$M'$与$N$的公共子结构。我们有:

断言 对任意的$c \in M$，$\mathrm{qftp}_{M'}(\bar{f}(c)/\bar{b}) \cup \mathrm{Th}(N)$是一致的。

证明: 对任意的$\phi(x,\bar{b}) \in \mathrm{qftp}_{M'}(\bar{f}(c)/\bar{b})$，都有$M' \models \phi(\bar{f}(c),\bar{b})$，所以有$M' \models \exists x \phi(x,\bar{b})$。根据题设条件，$N \models \exists x \phi(x,\bar{b})$。这表明，对任意的$\phi(x,\bar{b}) \in \mathrm{qftp}_{M'}(\bar{f}(c)/\bar{b})$，$\mathrm{Th}(N) \cup \{\phi(x,\bar{b})\}$都一致。显然，$\mathrm{qftp}_{M'}(\bar{f}(c)/\bar{b})$中任意有限个公式的合取仍在$\mathrm{qftp}_{M'}(\bar{f}(c)/\bar{b})$中。由紧致性定理和引理2.4.3，$\mathrm{qftp}_{M'}(c/\bar{b}) \cup \mathrm{Th}(N)$是一致的。 ■

由于N是ω-饱和的，根据以上断言，存在$d \in N$使得d实现了$\mathrm{qftp}_{M'}(\bar{f}(c)/\bar{b})$，从而有

$$\mathrm{qftp}_M(c,\bar{a}) = \mathrm{qftp}_{M'}(\bar{f}(c),\bar{b}) = \mathrm{qftp}_N(d,\bar{b})。$$

这就证明了$\mathcal{I}$有进退性质。

以上证明了量词消去的等价命题。 ■

例 6.2.1 回忆定义3.3.1，设$\mathcal{L}_{gr} = \{E\}$是一个关于图的语言，G是一个无向图。如果对任意的有限的$A, B \subseteq G$，当$A \cap B = \emptyset$时，总存在$c \in V$，使得对任意的$a \in A$有$E(c, a)$，对任意的$b \in B$有$\neg E(c, b)$，则G是一个**随机图**。

练习 6.2.1 证明：全体随机图构成一个初等类，即存在一个$\mathcal{L}_{gr}$-句子集T_{rand}，使得$\mathcal{L}_{gr}$-结构G是随机图当且仅当$G \models T_{rand}$。

练习 6.2.2 证明：随机图的理论T_{rand}具有量词消去（提示：利用练习6.1.2和命题6.2.3）。

设G是一个无向图。如果n是正整数，$x_0, \cdots, x_{n-1} \in G$使得

$$G \models E(x_0, x_1) \wedge \cdots \wedge E(x_{n-2}, x_{n-1}),$$

则称$x_0 \cdots x_{n-1}$是一条长度为n的路径。我们将

$$\exists x_1, \cdots, x_{n-2} \bigwedge_{0 \leqslant i < n-1} E(x_i, x_{i+1})$$

记作$d_n(x_0, x_{n-1})$。如果对任意的正整数n，都有$G \models \forall x(\neg d_n(x, x))$，则称$G$是**无循环图**。

练习 6.2.3 证明：全体无穷的无循环图构成一个初等类，即存在一个$\mathcal{L}_{gr}$-句子集T_{free}，使得$\mathcal{L}_{gr}$-结构G是无穷的无循环图当且仅当$G \models T_{free}$。

练习 6.2.4 证明：

(i) 无穷的无循环图的理论T_{free}不具有量词消去。（提示：设$x, y \in G$，如果顶点x与y之间没有路径，那么在G中加入一个新的顶点z，并且令$E(x, z) \wedge E(z, y)$，则所得新图仍然没有循环路径。）

(ii) 我们在语言$\mathcal{L}_{gr}$中加入一族二元谓词$\{d_n|\ n \in \mathbb{N}^+\}$，并将$d_n(x, y)$解释为存在一条长度为$n$的路径$x_0 \cdots x_{n-1}$使得$x = x_0$且$y = x_{n-1}$，则$T_{free}$在扩张的语言$\mathcal{L}^*_{gr} = \mathcal{L}_{gr} \cup \{d_n|\ n \in \mathbb{N}^+\}$中具有量词消去：即对任意的$\mathcal{L}^*_{gr}$-公式$\psi(\bar{x})$，都存在无量词的$\mathcal{L}^*_{gr}$-公式$\phi(\bar{x})$，使得$T_{free} \models \forall \bar{x}(\psi(\bar{x}) \leftrightarrow \phi(\bar{x}))$。（提示：设$c_1, c_2 \in G$，$A \subseteq G$，则$\mathrm{qftp}_G(c_1/A) = \mathrm{qftp}_G(c_2/A)$当且仅当对任意的$n \in \mathbb{N}$及$a \in A$，均有$G \models d_n(c_1, a) \leftrightarrow d_n(c_2, a)$，其中$d_0(x, y)$定义为$x = y$。）

6.3 模型完全

定义 6.3.1 设T是一个$\mathcal{L}$-理论，$\phi(\bar{x}), \psi(\bar{x})$是两个$\mathcal{L}$-公式。若$T \models \forall \bar{x}(\phi(\bar{x}) \leftrightarrow \psi(\bar{x}))$，则称$\phi(\bar{x})$与$\psi(\bar{x})$**模$T$等价**（或者$\phi(\bar{x})$ 模T 等价于$\psi(\bar{x})$）。

定义 6.3.2 设T是一个$\mathcal{L}$-理论。如果任意的$\mathcal{L}$-公式都模T等价于一个全称公式（见定义1.2.14），则称T是**模型完全**的。

显然，模型完全是比量词消去弱的性质，即具有量词消去的理论都是模型完全的。直观上看，如果T是模型完全的理论，则$M \models T$中的可定义集$X \subseteq M^n$ 均被某个全称公式定义。

练习 6.3.1 证明：理论T是模型完全的当且仅当任意的$\mathcal{L}$-公式都模T等价于一个存在公式（见定义1.2.13）。

显然，当M_0是M的子结构时，对任意的全称$\mathcal{L}_{M_0}$-句子σ，都有

$$M \models \sigma \implies M_0 \models \sigma。$$

练习 6.3.2 设T是一个$\mathcal{L}$-理论，$\phi(\bar{x})$是一个$\mathcal{L}$-公式。如果对任意的$M_1, M_2 \models T$，任意的$\bar{a} \in M_1^{|\bar{x}|}$，均有$M_2 \models \phi(\bar{a})$蕴涵着$M_1 \models \phi(\bar{a})$，则存在一个全称公式$\psi(\bar{x})$，使得$T \models \forall \bar{x}(\phi(\bar{x}) \leftrightarrow \psi(\bar{x}))$。（提示：令$\Sigma(x) = \{\theta(\bar{x})|\ \theta$是全称公式且$T \models \forall \bar{x}(\phi(\bar{x}) \to \theta(\bar{x}))\}$，证明$T \cup \Sigma(\bar{x}) \models \phi(\bar{x})$。）

定理 6.3.1　设T是一个$\mathcal{L}$-理论，则以下命题等价：

(i) T是模型完全的；

(ii) 设$M_1, M_2 \models T$，且M_1是M_2的子结构，则$M_1 \prec M_2$；

(iii) 设$M_1, M_2 \models T$，且M_1是M_2的子结构，则对任意的$\mathcal{L}_{M_1}$-公式$\phi(\bar{x})$，如果ϕ是存在公式，则$M_2 \models \exists\bar{x}\phi(\bar{x})$蕴涵着$M_1 \models \exists\bar{x}\phi(\bar{x})$；

(iv) 任意存在公式都模T等价于一个全称公式。

证明:

(i)$\Longrightarrow$(ii) 设$\phi(\bar{x},\bar{y})$是一个$\mathcal{L}$-公式，则存在一个全称的$\mathcal{L}$-公式$\psi(\bar{x})$，使得

$$T \models \forall\bar{x}(\exists\bar{y}\phi(\bar{x},\bar{y}) \leftrightarrow \psi(\bar{x}))。$$

设$M_1, M_2 \models T$，且M_1是M_2的子结构。对任意的$\bar{a} \in M_1^{|\bar{x}|}$，有$M_2 \models \exists\bar{y}\phi(\bar{a},\bar{y})$当且仅当$M_2 \models \psi(\bar{a})$。由于$\psi$是全称公式，故而$M_1 \models \psi(\bar{a})$。由于$M_1 \models T$，故$M_1 \models \exists\bar{y}\phi(\bar{a},\bar{y})$。根据定理1.4.1可知$M_1 \prec M_2$。

(ii)$\Longrightarrow$(i) 根据练习6.3.2 和定理1.4.1 可得。

(ii)$\Longrightarrow$(iii) 显然。

(iii)$\Longrightarrow$(iv) 根据练习6.3.2可得。

(iv)$\Longrightarrow$(i) 显然，任意的公式$\phi(\bar{x})$都模T等价于某个形如

$$Q_0y_0\cdots Q_{n-1}y_{n-1}\theta(\bar{x},\bar{y})$$

的公式，其中$\bar{y} = (y_0,\cdots,y_{n-1})$，每个$Q_i$均是量词，且$\theta$是无量词的。我们对量词的数量$n$归纳证明：$Q_0y_0\cdots Q_{n-1}y_{n-1}\theta(\bar{x},\bar{y})$模$T$等价于一个全称公式。若$Q_0$是全称量词$\forall$，则根据归纳假设，$Q_1y_1\cdots Q_{n-1}y_{n-1}\theta(\bar{x},\bar{y})$模$T$等价于一个全称公式$\psi(\bar{x})$，因此，

$Q_0y_0\cdots Q_{n-1}y_{n-1}\theta(\bar{x},\bar{y})$ 模T 等价于全称公式$\forall y_0\psi(\bar{x})$。若Q_0是存在量词$\exists$，同理，存在一个全称公式$\psi(\bar{x})$，使得$Q_0y_0\cdots Q_{n-1}y_{n-1}\theta(\bar{x},\bar{y})$模$T$ 等价于公式$\neg\forall y_0\neg\psi(\bar{x})$。

现在$\neg\psi(\bar{x})$模T等价于一个存在公式。根据题设条件，$\neg\psi(\bar{x})$模T等价于一个全称公式ψ^*。故$\neg\forall y_0\neg\psi(\bar{x})$ 模T等价于$\neg\forall y_0\psi(\bar{x})^*$。显然$\neg\forall y_0\psi(\bar{x})^*$也等价于一个存在公式，从而根据假设条件，模$T$等价于一个全称公式。

证毕。 ■

第 7 章　量词消去的应用

7.1　代数闭域的量词消去

令$\mathcal{L}_r = \{*, +, o, e\}$为环的语言。回想一下代数闭域的$\mathcal{L}_r$-理论$ACF$，它是满足以下句子的$\mathcal{L}_r$-理论：

- 域公理（有限多个$\mathcal{L}_r$句子）；
- $\forall x_0 \cdots \forall x_{n-1} \exists y (y^n + x_0 y^{n-1} + \cdots + x_{n-1} = 0)$，其中$n = 1, 2, \cdots$。

ACF_p是指特征为p的代数闭域，其中p是素数或0，分别定义为

- $ACF_0 = ACF \cup \{\underbrace{1 + \cdots + 1}_{n\text{个}1} \neq 0 | n = 1, 2, \cdots\}$；
- $ACF_p = ACF \cup \{\underbrace{1 + \cdots + 1}_{p\text{个}1} = 0\}$，$p$是一个素数。

定理 7.1.1　ACF_p具有量词消去，其中p是素数或0。

证明:　设M和N是ACF_p的模型，A是M和N的公共子模型。根据命题6.2.3，只须证明对每个无量词的L_A-公式$\phi(x)$，都有$M \models \exists x \phi(x)$当且仅当$N \models \exists x \phi(x)$。由于含有一个自由变元的$L_A$-原子公式都是多项式方程$f(x) = 0$，其中$f \in A[x]$，因此对每个无量词的$\mathcal{L}_r$-公式，都存在有限多个多项式$f_0, \cdots, f_{n-1} \in A[x]$，使得$\phi(x)$形如$\phi_0(x) \vee \cdots \vee \phi_{m-1}(x)$，其中每个$\phi_i(x)$形如

$$(f_0(x) \square_0 0) \wedge \cdots \wedge (f_{n-1}(x) \square_{n-1} 0),$$

其中每个$\square_j$是=或者≠。我们不妨设$\phi(x)$形如

$$(f_0(x) = 0 \wedge \cdots \wedge f_{n-1}(x) = 0) \wedge (g_0(x) \neq 0 \wedge \cdots \wedge g_{n-1}(x) \neq 0),$$

其中每个f_i和g_i都是参数/系数来自A的多项式。

情形1 假设存在$0 \leqslant i_0 < n$使得f_{i_0}不是常数，且$M \models \exists x \phi(x)$，即存在$a \in M$使得$M \models \phi(a)$。由于$f_{i_0}$不是常数，因此$a$在$A$上是代数的。令$h(x) \in A[x]$是$a$在$A$上的极小多项式。由于$N$是代数闭域，因此存在$b \in N$使得$h(b) = 0$。容易验证$N \models \phi(b)$，即$N \models \exists x \phi(x)$。

情形2 假设每个f_i都是常函数，且$M \models \exists x \phi(x)$，则每个$f_i$都是0函数。由于每个$g_i$至多有有限多个根，因此，根据注3.1.2，一定存在$b \in N$使得$N \models g_0(b) \neq 0 \wedge \cdots \wedge g_{n-1}(b) \neq 0$。故而$N \models \exists x \phi(x)$。

证毕。 ■

推论 7.1.1 ACF_p是强极小理论，其中p是素数或0。

证明: 根据练习6.0.1可得。 ■

定义 7.1.1 设K是一个域，$S \subseteq K[x_0, \cdots, x_{n-1}]$。令

$$V(S) = \{a \in K^n | \text{ 对任意的} f \in S\text{，都有} f(a) = 0\},$$

即$V(S)$是S中的多项式的公共零点集。

(i) 设$X \subseteq K^n$。如果存在$S \subseteq K[x_0, \cdots, x_{n-1}]$使得$X = V(S)$，则称$X$是一个Zariski**闭集**，

(ii) 设$X \subseteq K^n$。如果X是有限多个Zariski 闭集的布尔组合，则称X是K中的Zariski**可构成集** 。

根据定理7.1.1，显然有:

推论 7.1.2 设K是代数闭域，则对任意的$X \subseteq K^n$，X是可定义集当且仅当X是可构成集。

特别地，我们有:

定理 7.1.2 （Chevalley定理）设K是代数闭域，$X \subseteq K^n$是可构成集，$f : K^n \longrightarrow K^m$是多项式映射，则$f(X) \subseteq K^m$也是可构成集。

定义 7.1.2　设$(R,+_R,*_R,0_R,1_R)$是一个交换环。若$I\subseteq R$满足：

(i) $0_R\in I$;

(ii) $a\in I,b\in I$，则$a+_R b\in I$;

(iii) 对任意的$a\in I$和$b\in R$，有$a*_R b\in I$,

则称I是R的一个**理想**。如果$I\neq R$，即$1_R\notin I$，则称I是R的**真理想** 。如果I是真理想，且对任意的$a,b\in R$，都有$a*_R b\in I$蕴涵着$a\in I$或$b\in I$，则称I是R的**素理想**。

下面我们不加证明地给出如下的性质和定理。

性质 7.1.1　设$(R,+_R,*_R,0_R,1_R)$是一个交换环，$X\subseteq R$，令

$$\langle X\rangle=\{\sum_{0\leqslant i<n}a_i*_R b_i|\ a_i\in X,b_i\in R,n\in\mathbb{N}\}$$

是最小的可以包含X的理想。我们称$\langle X\rangle$是由X生成的理想。如果X是一个有限集，则称$\langle X\rangle$是**有限生成的理想**。

定理 7.1.3　（Hilbert基定理）设K是域，$I\subseteq K[x_0,\cdots,x_{n-1}]$是一个理想，则$I$是有限生成的，即存在$f_0,\cdots,f_{n-1}\in K[x_0,\cdots,x_{n-1}]$，使得$I=\langle\{f_0,\cdots,f_{n-1}\}\rangle$。

定义 7.1.3　设$(R,+_R,*_R,0_R,1_R)$是一个交换环，如果理想$\{0_R\}$是素理想，则称R是**整环**。

性质 7.1.2　如果R是整环，$I\subseteq R$是一个真理想，则存在一个素理想P使得$I\subseteq P$。

性质 7.1.3　如果R是整环，则存在域K使得R是K的子环（子结构）。

设$(R,+_R,*_R,0_R,1_R)$是一个交换环，$I\subseteq R$是一个理想。定义R上的一个二元关系$\sim_I$为$a\sim_I b$当且仅当$a-b\in I$，则$\sim_I$是R上的等价

关系。令$[a]_I$表示a的等价类，令$R/I = \{[a]_I \mid a \in R\}$为$\sim_I$的全体等价类的集合。定义$[a]_I +_{R_I} [b]_I = [a +_R b]_I$，$[a]_I *_{R_I} [b]_I = [a *_R b]_I$，则$(R/I, +_{R_I}, *_{R_I}, [0_R]_I, [1_R]_I)$是一个环。显然，$[0_R]_I = I$。

性质 7.1.4 设$(R, +_R, *_R, 0_R, 1_R)$是一个交换环，$I \subseteq R$是一个理想，则I是素理想当且仅当R/I是整环。

注 7.1.1 设K是域，$I \subseteq K[x_0, \cdots, x_{n-1}]$是一个真理想。令$\overline{K} = K[x_0, \cdots, x_{n-1}]/I$，则$\tau : K \longrightarrow \overline{K}$，$a \mapsto [a]_I$是$K$到$\overline{K}$的嵌入映射。$\tau$可以扩张为多项式环$K[y_0, \cdots, y_{n-1}]$ 到$\overline{K}[y_0, \cdots, y_{n-1}]$的嵌入$\tau^*$。对任意的

$$f(y) = \sum_{0 \leqslant i < m} a_i y_0^{i_0} \cdots y_{n-1}^{i_{n-1}} \in K[x_0, \cdots, x_{n-1}],$$

令

$$\tau^*(f)(y_0, \cdots, y_{n-1}) = \sum_{0 \leqslant i < m} [a_i]_I y_0^{i_0} \cdots y_{n-1}^{i_{n-1}} \in \bar{K}[y_0, \cdots, y_{n-1}]。$$

当$f \in I$时，有$\tau^*(f)([x_0]_I, \cdots, [x_{n-1}]_I) = [0]_I$。

定理 7.1.4 （Hilbert弱零点定理）设K是特征为p的代数闭域，$S \subseteq K[x_0, \cdots, x_{n-1}]$。如果$S$生成的理想$\langle S \rangle \neq K[x_0, \cdots, x_{n-1}]$，则$V(S) \neq \emptyset$。

证明: 根据Hilbert基定理，可以假设$I = \langle S \rangle$ 由$\{f_1, \cdots, f_k\}$生成。令$P \subseteq K[x_0, \cdots, x_{n-1}]$是包含$I$的素理想，则$K[x_0, \cdots, x_{n-1}]/P$是一个整环，从而存在代数闭域$F$使得

$$K[x_0, \cdots, x_{n-1}]/P \subseteq F。$$

令

$$\tau : K \longrightarrow K[x_0, \cdots, x_{n-1}]/P$$

和

$$\tau^* : K[y_0, \cdots, y_{n-1}] \longrightarrow (K[x_0, \cdots, x_{n-1}]/P)[y_0, \cdots, y_{n-1}]$$

为注7.1.1中定义的嵌入映射。对每个$1 \leqslant i \leqslant k$，$f_i' \in K[y_0, \cdots, y_{n-1}]$为将$f_i$中的变量$x_0, \cdots, x_{n-1}$ 分别替换为$y_0, \cdots, y_{n-1}$而得到的多项式，则对每个f_i，均有

$$\tau^*(f_i')([x_0]_I, \cdots, [x_{n-1}]_I) = [0]_I,$$

故而

$$F \models \exists \bar{y} \bigwedge_{i=0}^{n-1} \tau^*(f_i')(\bar{y}) = 0。$$

由于τ是嵌入映射，故而$\tau(K)$是F的子域/子结构，并且$\tau \models ACF_p$。由于ACF_p具有量词消去，因此$\tau(K)$也是F的初等子结构。因此有

$$\tau(K) \models \exists \bar{y} \bigwedge_{i=0}^{n-1} \tau^*(f_i')(\bar{y}) = 0。$$

由于$\tau : K \longrightarrow \tau(K)$是同构，$\tau^*$是将$f_i'$的系数变为其在$\tau$下的像，故

$$K \models \exists \bar{y} \bigwedge_{i=0}^{n-1} f_i'(\bar{y}) = 0,$$

即$K \models \exists \bar{x} \bigwedge_{i=0}^{n-1} f_i(\bar{x}) = 0$。因此$V(S) \neq \emptyset$。 ■

7.2 实闭域的量词消去

令$\mathcal{L}_{or} = \{<, *, +, 0, e\}$为有序环的语言。

定义 7.2.1 如果$\mathcal{L}_{or}$-结构M是环并且满足以下公理：

(i) $<$是M上的线序；

(ii) $\forall x \forall y \forall z (x > y \rightarrow x + z > y + z)$；

(iii) $\forall x \forall y (x > 0 \wedge y > 0) \rightarrow (xy > 0))$，

则称M是一个**有序环**。若M是有序环并且还是域，则称M是**有序域**。

练习 7.2.1 如果$(F, <)$是一个有序域，$a \in F$，证明：如果$a \neq 0$，则$a^2 > 0$。

练习 7.2.2 如果$(F,<)$是一个有序域，则$<$是F上的稠密线序。

定义 7.2.2 如果$\mathcal{L}_{or}$-结构M是有序域并且满足以下公理：

(i) $\forall x \exists y(x>0 \to x=y^2)$；

(ii) $\forall x_1 \cdots \forall x_{2n+1} \exists y(y^{2n+1}+x_1 y^{2n}+\cdots+x_{2n+1}=0)$，$n=0,1,2,\cdots$，

则称M是一个**实闭域**。

显然全体实闭域构成一个初等类。我们用RCF表示实闭域的理论，即M是实闭域当且仅当$M \models RCF$。显然，实数域$(\mathbb{R},<,\times,+,0,1)$是一个$\mathcal{L}_{or}$-结构。

引理 7.2.1 设$f \in \mathbb{R}[x]$的次数$\geqslant 3$，则f在$\mathbb{R}$上可约，即存在$f_1, f_2 \in \mathbb{R}[x]$，使得$\deg(f_1) \geqslant 1$，$\deg(f_2) \geqslant 1$且$f=f_1 f_2$。

证明: 我们知道$\mathbb{C}=\{a+b\mathrm{i} \mid a, b \in \mathbb{R}\}$，即$\mathbb{C}$是$\mathbb{R}$上的二维向量空间且$\{1, \mathrm{i}\}$是一组基。设$f \in \mathbb{R}[x]$的次数$\geqslant 3$且$f$在$\mathbb{R}$上不可约。由于$\mathbb{C}$ 是代数闭域，因此存在$b \in \mathbb{C}$使得$f(b)=0$。令$g(x) \in \mathbb{R}[x]$是b在$\mathbb{R}$上的极小多项式。根据练习3.1.2，有f被g整除。由于f不可约，故$\deg(f)=\deg(g)$。如果$\deg(g)>2$，则$\{1, b, b^2\}$在$\mathbb{R}$上线性无关。否则，我们可以找到一个次数为2的多项式$h \in \mathbb{R}[x]$，使得$h(b)=0$，这与g的极小性矛盾。然而$\{1, b, b^2\}$在$\mathbb{R}$上线性无关表明：作为$\mathbb{R}$上的向量空间的$\mathbb{C}$维数至少为3。这是一个矛盾。因此$\deg(g)=\deg(f) \leqslant 2$。 ■

定理 7.2.1 实数域$(\mathbb{R},<,\times,+,0,1)$是实闭域。

证明: 显然，我们只需要检验对任意的$n \in \mathbb{N}$，均有

$$\forall x_1 \cdots \forall x_{2n+1} \exists y(y^{2n+1}+x_1 y^{2n}+\cdots+x_{2n+1}=0)。$$

我们对n归纳证明：任意的$2n+1$次多项式$f \in \mathbb{R}[x]$都有一个实数根。

当$n = 1$时，f是一次多项式，因此显然有实根。设$n > 1$，则f的次数大于2。根据引理7.2.1，存在$f_1, f_2 \in \mathbb{R}[x]$使得$f = f_1 f_2$，且$\deg(f_1)$和$\deg(f_2)$均小于$\deg(f)$。$\deg(f_1)$与$\deg(f_2)$中至少有一个是奇数$2m+1$，且$m < n$。根据归纳假设，$f_1$有实根或$f_2$有实根。故$f$也有实根。 ■

定义 7.2.3 设F是一个域，我们称$\sum F^2 = \{a_0^2 + \cdots + a_{n-1}^2 \mid a_i \in F, n \in \mathbb{N}\}$中的元素为平方和。如果$-1$不是平方和，则称$F$是一个**实域**。

引理 7.2.2 如果F是一个实域，$a \in F$且$a \neq 0$，则a与$-a$中至多有一个是平方和。

证明: 否则，我们有$-1 = \dfrac{a}{-a} = \dfrac{(-a)*a}{(-a)^2}$是一个平方和。 ■

回忆性质3.1.3。对任意的域F，如果a在F上是代数的，则$F[a] = \{f(a) \mid f \in F[x]\}$是由$a$和$F$生成的域。

引理 7.2.3 如果F是一个实域，$a \in F$，N/F是一个扩域。如果$-a \notin \sum F^2$且$b \in N$使得$b^2 = a$，则由F和b生成的域$F[b]$也是实域。

证明: 如果$b \in F$，则$F[b] = F$，显然$F[b]$是实域。

现在设$b \notin F$。如果$F[b]$不是实域，则存在$f_0, \cdots, f_n \in F[x]$，使得

$$\sum_{i=0}^{n} (f_i(b))^2 = -1。$$

由于$b^2 = a \in F$，故存在$c_i, d_i \in F$使得$f_i(b) = c_i + d_i b$。同理，容易验证，$\sum_{i=0}^{n}(f_i(b))^2$可以表示为$c + da + eb$，其中$c, d \in \sum F^2$，$e \in F$。显然$c + da + eb \in F$当且仅当$e = 0$，因此$\sum_{i=0}^{n}(f_i(b))^2 = -1$当且仅当$c + da = -1$，从而

$$-a = \frac{1+c}{d} = \frac{(1+c)d}{d^2} \in \sum F^2。$$

这与假设矛盾。 ■

引理 7.2.4 设F是一个实域，N/F是一个扩域，$b \in N$。如果b在F上的极小多项式的次数为奇数，则由F和b生成的域$F[b]$也是实域。

证明: 设$f \in F[x]$是b的极小多项式，$\deg(f) = 2n+1$。我们对n归纳证明。当$n=1$时，$b \in F$。$F[b] = F$是实域。

设$b \notin F$。若$F[b]$不是实域，则存在$f_0, \cdots, f_n \in F[x]$使得$\sum_{i=0}^{n}(f_i(b))^2 = -1$。由于$\deg(f) = 2n+1$，我们可以假设每个$f_i$的次数不超过$2n$。根据性质3.1.3，$F[b]$同构于$f[x]/(f)$，故而存在多项式$p_1(x), p_2(x) \in F[x]$，使得$-1 + p_1(x)f(x) = \sum_{i=0}^{n}(f_i(x))^2 + p_2(x)f(x)$，即存在$p(x) \in F[x]$使得

$$-1 = p(x)f(x) + \sum_{i=0}^{n}(f_i(x))^2。$$

现在$\deg(\sum_{i=0}^{n}(f_i(x))^2) \leqslant 4n$，故$\deg(p) \leqslant 2n-1$。由于$\deg(\sum_{i=0}^{n}(f_i(x))^2)$是偶数，故$\deg(p(x))$是奇数。故而存在不可约多项式$p_0(x)$，使得$p_0$整除$p$且$\deg(p_0)$仍然是奇数。现在令$L/F$是一个域扩张，$c \in L$是$p_0(x)$的根，即$p_0$是$c$的极小多项式，则有$-1 = \sum_{i=0}^{n}(f_i(c))^2$，从而$F[c]$不是实域。然而根据归纳假设，$F[c]$是实域。这是一个矛盾。 ■

注 7.2.1 设F是一个实域。令

$$\mathcal{R}_F = \{K |\ K/F \text{是代数扩张且} K \text{是实域}\},$$

则$\mathcal{R}_F$中每一条关于域扩张的升链的并仍然在$\mathcal{R}_F$中。根据Zorn引理，$\mathcal{R}_F$中有极大元。我们称其为F的一个**实闭包**。

引理 7.2.5 如果F是一个实域，R是F的实闭包，则存在唯一的线序$<$使得$(R, <)$是有序域。

证明: 对任意的$a, b \in R$，我们定义$a > b$当且仅当$a - b$是一个平方和。根据引理7.2.3，对任意的$a \neq 0$，a与$-a$中有且仅有一个是平方和。容易验证$(R, <)$是有序域。唯一性也是显然的。 ■

练习 7.2.3 证明：F是一个实域当且仅当存在一个线序$<$使得$(F, <)$是有序域。

根据以上练习，我们将不再区分实域和有序域。

练习 7.2.4 设F是一个实域。证明：F的任何一个实闭包R上都存在唯一一个线序$<$使得$(R,<)$是实闭域。

以下性质的证明需要用到域的Galois理论，因此我们省略证明。

性质 7.2.1 设F是一个实域，则以下等价：

(i) F是实闭域；

(ii) $F[\sqrt{-1}]$是代数闭域；

(iii) F的实闭包是F。

推论 7.2.1 设F是实闭域，则F的实闭包是F。此外，$F[x]$中的不可约多项式的次数至多是2次的。

证明: 显然，F的实闭包一定包含在F的代数闭包F^{alg}中。根据性质7.2.1，$F^{alg} = F[\sqrt{-1}]$。F的任意真代数扩张L都是F上的向量空间且$L \subseteq F[\sqrt{-1}]$。由于$F[\sqrt{-1}]$的维数是2，故$L = F[\sqrt{-1}]$。然而$-1 = \sqrt{-1}^2$，因此L不是实域。$F[x]$中的n次不可约多项式给出F 的一个代数扩张L，使得L的维数是n。由于$L \subseteq F[\sqrt{-1}]$，$n \leqslant 2$。 ■

推论 7.2.2 设F是实闭域，$f \in F[x]$是多项式。如果存在$a < c \in F$使得$f(a) < 0 < f(c)$，则存在$b \in F$使得$a < b < c$且$f(b) = 0$。

证明: 对$\deg(f)$归纳证明。

根据推论7.2.1，我们只须证明$f \in F[x]$是$x^2 + rx + t$的情形，则

$$f(x) = (x + \frac{r}{2})^2 - (\frac{r^2}{4} - t)。$$

显然，$f(a) < 0 < f(c)$蕴涵着

$$(a + \frac{r}{2})^2 < (\frac{r^2}{4} - t) < (c + \frac{r}{2})^2,$$

因此$(\frac{r^2}{4} - t) > 0$，故而存在b使得$(b + \frac{r}{2})^2 = (\frac{r^2}{4} - t)$。显然也有$a < b < c$。 ■

练习 7.2.5 设F是实闭域，$A \subseteq F$是一个子环。证明

$$A_F^{rc} = \{x \in F \mid x\text{在}A\text{上是代数的}\}$$

是A的实闭包。

我们不加证明地给出Artin - Schreier定理。对证明感兴趣的读者可以参考[11]，定理11.14。

定理 7.2.2 （Artin - Schreier定理） 设F是一个实域，K_1, K_2是F的两个实闭包，则存在保序同构映射$\tau : K_1 \longrightarrow K_2$，使得对任意的$a \in F$均有$\tau(a) = a$。

定理7.2.2表明：在同构意义下，一个实域只有一个实闭包。

定理 7.2.3 理论RCF具有量词消去。

证明: 设$M, N \models RCF$是两个$\mathcal{L}_{or}$-结构。令A是M和N的公共子结构，令

$$A_M^{rc} = \{x \in M \mid x\text{在}A\text{上是代数的}\}, \quad A_N^{rc} = \{x \in N \mid x\text{在}A\text{上是代数的}\},$$

则A_M^{rc}和A_N^{rc}均是A的实闭包。根据定理7.2.2，存在固定A且保序的同构

$$\tau : A_M^{rc} \longrightarrow A_N^{rc}。$$

令$\bar{N} \succ N$是$|A_M^{rc}|^+$-饱和的。我们有以下断言：

断言1 对任意的$a \in M$，都存在$b \in \bar{N}$使得$\mathrm{qftp}_M(a/A) = \mathrm{qftp}_{\bar{N}}(b/A)$。

证明: 如果$a \in A_M^{rc}$，由于τ是固定A的保序同构，显然有

$$\mathrm{qftp}_M(a/A) = \mathrm{qftp}_N(\tau(a)/A) = \mathrm{qftp}_{\bar{N}}(\tau(a)/A)。$$

若$a \notin A_M^{rc}$，则a在A上代数独立。令$I_a^- = \{\alpha \in A_M^{rc} \mid \alpha < a\}$，$I_a^+ = \{\beta \in A_M^{rc} \mid \beta > a\}$，即$(I_a^-, I_a^+)$是$a$所确定的$A_M^{rc}$上的一个切割。令

$$\Sigma(x) = \{x > \tau(\alpha) | \alpha \in I_a^-\} \cup \{x < \tau(\beta) | \beta \in I_a^+\}。$$

根据练习7.2.2，$\bar{N}$是稠密线序，因此，容易验证$\Sigma(x)\cup\mathrm{Diag}_{\mathrm{el}}(\bar{N})$有限一致，从而一致。由于$\bar{N}\succ N$是$|A_M^{rc}|^+$-饱和的，故存在$b\in\bar{N}$使得$\bar{N}\models\Sigma(b)$。现在$b\notin A_N^{rc}$，从而$b$在$A$上代数独立。

我们现在验证：$\mathrm{qftp}_M(a/A)=\mathrm{qftp}_{\bar{N}}(b/A)$。显然，每个$\mathcal{L}_{or_A}$-原子公式都形如$f(x)=0$或$f(x)<0$，其中$f\in A[x]$是一个多项式。由于$a$和$b$均在$A$上代数独立，因此对任意的多项式$f\in A[x]$，总是有$M\models f(a)\neq 0$和$\bar{N}\models f(b)\neq 0$成立。现在设$f\in A[x]$使得$f(a)>0$。我们先证明以下断言：

断言2 *存在$\alpha_0\in I_a^-$及$\beta_0\in I_a^+$，使得对任意的$\gamma\subset A_M^{rc}$，如果$\alpha_0<\gamma<\beta_0$，则$f(\gamma)>0$。*

证明: 否则，假设对任意的$\alpha\in I_a^-$及$\beta\in I_a^+$，都有一个$\gamma\in A_M^{rc}$，使得$\alpha<\gamma<\beta$且$f(\gamma)<0$。根据紧致性，存在$\bar{M}\succ M$及$a'\in\bar{M}$，使得a'大于I_a^-中的元素，小于I_a^+中的元素，并且$f(a')<0$。假设$a<a'$，根据推论7.2.2，存在$a''\in\bar{M}$使得$a<a''<a'$且$f(a'')=0$。但是a''也大于I_a^-中的元素，并且小于I_a^+中的元素，因此不属于A_M^{rc}，即a''在A上代数独立。这与$f(a'')=0$矛盾。 ■

现在继续证明断言1。根据断言2，存在$\alpha_0\in I_a^-$及$\beta_0\in I_b^+$使得f对任意的$\gamma\in A_M^{rc}$，如果$\alpha_0<\gamma<\beta_0$，则$f(\tau(\gamma))>0$。由紧致性，我们知道$\Sigma(x)\cup\{f(x)>0\}\cup\mathrm{Diag}_{\mathrm{el}}(\bar{N})$是有限一致的，从而一致。令$b'\in\bar{N}$使得$\bar{N}\models\Sigma(b')\cup\{f(b')>0\}$。如果$f(b)<0$。假设$b<b'$，根据推论7.2.2，存在$b''\in\bar{N}$使得$f(b'')=0$且$b<b''<b'$。显然$b''\notin A_N^{rc}$，因此在$A$上代数独立。这与$f(b'')=0$矛盾，因此$f(b)>0$。这就证明了断言1。 ■

根据断言1可知：对任意的无量词的$\mathcal{L}_{or_A}$-公式$\phi(x)$，有

$$M\models\exists x\phi(x)\Longrightarrow\bar{N}\models\exists x\phi(x)\Longrightarrow N\models\exists x\phi(x)。$$

同理可证：

$$N\models\exists x\phi(x)\Longrightarrow M\models\exists x\phi(x)。$$

根据命题6.2.3，RCF具有量词消去。 ■

一个直接的推论是：

推论 7.2.3 RCF是模型完全的。

命题 7.2.1 RCF是完备的$\mathcal{L}_{or}$-理论。

证明: 我们在这里给出一个证明概要，细节留给读者自己验证。首先，验证以下断言：

- 任意的有序域$(F,<)$中都含有一个子域同构于有理数域$(\mathbb{Q},<)$；
- 任意的有序域$(F,<)$的实闭包R_F中都含有一个子域同构于有理数域的实闭包$R_{\mathbb{Q}}$；
- 有理数域$(\mathbb{Q},<)$的实闭包恰好是$\mathbb{R}^{\text{alg}}=\{a\in\mathbb{R}|a$在$\mathbb{Q}$是上代数的$\}$。

因此，$\mathbb{R}^{\text{alg}}$可以嵌入到任何RCF的模型中。根据推论7.2.3，RCF是模型完全的，故$\mathbb{R}^{\text{alg}}$可以初等嵌入任何RCF的模型中，即RCF有素模型。如果RCF 不是完备的，则存在$\mathcal{L}_{or}$-句子σ使得$RCF\cup\{\sigma\}$和$RCF\cup\{\neg\sigma\}$均是一致的。令$M\models RCF\cup\{\sigma\}$，$N\models RCF\cup\{\neg\sigma\}$，则$\mathbb{R}^{\text{alg}}\prec M$且$\mathbb{R}^{\text{alg}}\prec N$，故而$\mathbb{R}^{\text{alg}}\models\sigma\wedge(\neg\sigma)$。这是一个矛盾。 ■

设$(F,<)$是一个实闭域，则对任意的$a,b\in F$，$a>b$当且仅当存在$c\in F$使得$a-b=c^2$，即序$<$可以用环的语言来定义。

练习 7.2.6 设F是$\mathcal{L}_r$-结构，且F满足以下句子：

(i) 实域的公理；

(ii) $\forall x\exists y(x=y^2\vee\ -x=y^2)$；

(iii) $\forall x_1\cdots\forall x_{2n+1}\exists y(y^{2n+1}+x_1y^{2n}+\cdots+x_{2n+1}=0)$，$n=0,1,2,\cdots$,

则称F是**实闭的域**。定义F上的二元关系为$<$：对任意的$a,b\in F$，$a>b$当且仅当存在$c\in F$使得$a-b=c^2$。

证明：$(F,<)$是一个实闭域。也就是说，每一个实闭的域都存在一个可定义的序使之成为实闭域，反之亦然。

显然，全体实闭的域构成一个等价类，我们用RCF^0来表示实闭的域的公理。注意到RCF是一个$\mathcal{L}_{or}$-理论，而RCF^0是一个$\mathcal{L}_r$-理论。根据练习7.2.6，如果$\mathcal{L}_r$-结构$F \models RCF^0$，则F可以唯一地扩张为一个$\mathcal{L}_{or}$-结构$(F,<) \models RCF$。注意到我们用环的语言定义$<$时，所用公式中有存在量词。事实上这个存在量词是（在环的语言中）无法消去的。

注 7.2.2 对任意的整环$(R,+_R,\times_R,0_R,1_R)$，我们在$R\times R\backslash\{0\}$上定义一个等价关系E：$(x,y)E(x',y')$当且仅当$x\times_R y' = y\times_R x'$，并且将$(a,b)$的等价类记作$\frac{a}{b}$。定义$\mathrm{Frac}(R)=\{\frac{a}{b}\mid a\in R, b\in R\backslash\{0\}\}$，

$$\frac{a}{b}+_{FR}\frac{a'}{b'}=\frac{(a\times_R b')+_R(a'\times_R b)}{b\times_R b'},\quad \frac{a}{b}\times_{FR}\frac{a'}{b'}=\frac{a\times_R a'}{b\times_R b'},$$

$$0_{FR}=\frac{0_R}{1_R},\quad 1_{FR}=\frac{1_R}{1_R},$$

则 $(\mathrm{Frac}(R),\times_{FR},+_{FR},0_{FR},1_{FR})$ 是一个域。我们称它为 R 的**分式域**。并且

(i) $a\mapsto\frac{a}{1_R}$是R到$\mathrm{Frac}(R)$的嵌入映射。

(ii) 若K是一个域，并且$i:R\longrightarrow K$是嵌入映射，则$\frac{a}{b}\mapsto i(a)(i(b))^{-1}$是$\mathrm{Frac}(R)$到$K$的嵌入映射。

显然，整环R的分式域$\mathrm{Frac}(R)$就是通过把所有非零元素a的逆$\frac{1_R}{a}$加入R而形成的域，它是包含R的最小的域。

如果F是一个域，我们将多项式环$F[x_0,\cdots,x_{n-1}]$的分式域记作$F(x_0,\cdots,x_{n-1})$。容易验证$F(x_0,\cdots,x_n)$自然同构于$F(x_0,\cdots,x_{n-1})(x_n)$。

命题 7.2.2 $\mathcal{L}_r$-理论RCF^0没有量词消去。

证明: 设F是实域。令$F(x)=\{\frac{f(x)}{g(x)}\mid f,g\in F[x], g\neq 0\}$为多项式环$F[x]$的分式域。我们有：

断言 $F(x)$是实域，并且$x\notin\sum F(x)^2$，$-x\notin\sum F(x)^2$。

证明: 若$F(x)$不是实域。存在$f_0,\cdots,f_n\in F[x]$及$g_0,\cdots,g_n\in F[x]$，使得

$$\sum_{i=0}^{n}\frac{(f_i(x))^2}{(g_i(x))^2}=-1。$$

经过运算，我们知道存在$h_0,\cdots,h_n\in F[x]$及$g\in F[x]$，使得

$$\sum_{i=0}^{n}(h_i(x))^2=-(g(x))^2。$$

等式左边最高次项的系数是一个平方和，右边最高次项的系数是一个平方数，从而得到$-1\in\sum F^2$。这是一个矛盾。同理，如果$x\in\sum F(x)^2$，则存在$h_0,\cdots,h_n\in F[x]$及$g\in F[x]$使得$\sum_{i=0}^{n}(h_i(x))^2=x(g(x))^2$。注意到左边的最高次是偶数，右边的最高次是奇数，这是一个矛盾。 ■

现在$F(x)$是一个实域并且有$x\notin\sum F(x)^2$，$-x\notin\sum F(x)^2$。根据引理7.2.3，存在$F(x)$的扩域K_1，使得K_1是实域且$x\in K_1$是一个平方数，也存在$F(x)$的扩域K_2，使得K_2是实域且$-x\in K_1$是一个平方数。令L_1和L_2分别为K_1和K_2的实闭包。根据性质7.2.1，L_1,L_2都是实闭域，从而$L_1,L_2\models RCF^0$。显然$L_1\models\exists y(x=y^2)$，而$L_2\models\exists y(-x=y^2)$。由于$L_2$是实域，根据引理7.2.2，$L_2\models\neg\exists y(x=y^2)$。然而$F(x)$是$L_1,L_2$的公共的子结构，且“$x=y^2$”（其中$y$是变元，$x$是参数）是无量词的$\mathcal{L}_{r_{F(x)}}$-公式，根据命题6.2.3，$ACF_0$没有量词消去。 ■

一个直接的推论是:

推论 7.2.4 RCF^0是模型完全的。

证明: 设M,N均是RCF^0的模型，且M是N的子结构。根据定理6.3.1，我们只须证明$M\prec N$。根据定理1.4.1，要证明$M\prec N$，只须证明对每个$\mathcal{L}_{r_M}$-公式$\phi(x)$，均有$N\models\exists x\phi(x)$当且仅当$M\models\exists x\phi(x)$。我们知道M,N作为$\mathcal{L}_{or}$-结构均是RCF的模型，其中$<$定义为

$$x<y\leftrightarrow\exists z(z^2=y-x)。$$

由于M,N都是实闭的，因此$x>0$当且仅当x是平方数。故M上的线序$<_M$就是N上的线序$<_N$在M上的限制，故$(M,<_M)$是$(N,<_N)$的子结

构。根据推论7.2.3，RCF是模型完全的。因此作为$\mathcal{L}_{or}$-结构，$(M,<_M)$是$(N,<_N)$的初等子结构。因此对任意的$\mathcal{L}_{or_M}$-公式$\phi(x)$，均有$(N,<_N)\models\exists x\phi(x)$当且仅当$(M,<_M)\models\exists x\phi(x)$。特别地，作为$\mathcal{L}_r$-结构的$M$和$N$也满足：当$\phi(x)$ 是$\mathcal{L}_{r_M}$-公式时，有

$$N\models\exists x\phi(x)\iff M\models\exists x\phi(x),$$

即$M\prec N$。 ■

命题 7.2.3 RCF^0是完备的$\mathcal{L}_r$-理论。

证明: 类似命题7.2.1的证明，首先证明

$$\mathbb{R}^{\mathrm{alg}}=\{a\in\mathbb{R}|a\text{在}\mathbb{Q}\text{是上代数的}\}$$

是RCF^0的模型，并且可以嵌入RCF^0的任意模型中。由推论7.2.4，RCF^0是模型完全的，从而$\mathbb{R}^{\mathrm{alg}}$是所有$M\models RCF^0$的初等子模型。从而$RCF^0$是完备的理论。 ■

我们考察实数集$\mathbb{R}$，它可以成为$\mathcal{L}_r$-结构$\mathcal{R}_r=(\mathbb{R},\times,+,0,1)$，也可以成为$\mathcal{L}_{or}$-结构$\mathcal{R}_{or}=(\mathbb{R},<,\times,+,0,1)$。由定理7.2.1、命题7.2.1及命题7.2.3可知：

推论 7.2.5 $\mathrm{Th}(\mathcal{R}_r)=RCF^0$，$\mathrm{Th}(\mathcal{R}_{or})=RCF$。

现在我们给出实数域$\mathbb{R}$上的半代数集的定义。

定义 7.2.4 $\mathbb{R}^n$的半代数子集的全体$\mathcal{SA}_n$递归地定义为：

(i) 如果$P\in\mathbb{R}[x_1,\cdots,x_n]$，则$\{a\in\mathbb{R}^n|\ P(a)=0\}$和$\{x\in\mathbb{R}^n|\ P(a)>0\}$都属于$\mathcal{SA}_n$；

(ii) 如果$A\in\mathcal{SA}_n$且$B\in\mathcal{SA}_n$，则$A\cup B$，$A\cap B$及$\mathbb{R}^n\backslash A$都属于$\mathcal{SA}_n$；

(iii) 除此以外，$\mathcal{SA}_n$中再无其他元素。

令$\mathcal{SA}=\bigcup_{n\in\mathbb{N}^+}\mathcal{SA}_n$。我们称$\mathcal{SA}$中的集合为$\mathbb{R}$-半代数集，简称**半代数集**。

关于半代数集的一个重要结果是Tarski-Seidenberg投射定理。

定理 7.2.4 （Tarski-Seidenberg投射定理）如果$A\in\mathbb{R}^{n+1}$是半代数集，则$\pi(A)\in\mathbb{R}^n$也是半代数集，其中$\pi:\mathbb{R}^{n+1}\longrightarrow\mathbb{R}^n$是向$n$个坐标的自然投射。

证明: RCF有量词消去。 ■

事实上，根据量词消去，我们可以推出：

定理 7.2.5 作为$\mathcal{L}_r$-和$\mathcal{L}_{or}$-结构的实数域$\mathbb{R}$，均有：$\mathrm{Def}(\mathbb{R})=\mathcal{SA}$。

定义 7.2.5 设$\mathcal{L}=\{<,\cdots\}$是一个语言，$(M,<_M,\cdots)$是一个$\mathcal{L}$-结构。如果每个$\mathcal{L}_M$-可定义子集$X\subseteq M$都是有限多个开区间和闭区间的并，则称M是一个**序极小结构**。我们称一个$\mathcal{L}$-理论T是**序极小理论**是指它的每个模型都是序极小结构。

推论 7.2.6 $\mathcal{L}_{or}$-理论RCF是一个序极小理论。

练习 7.2.7 设$M\models RCF$，$A\subseteq M$。证明：$\mathrm{acl}_M(A)=\mathrm{dcl}_M(A)$，并且每个$A$-可定义子集$X\subseteq M$都是有限个互不相交的、端点在$\mathrm{dcl}(A)$中的区间的并。

练习 7.2.8 令$\mathcal{L}_o=\{<\}$。考虑有理数集合上的线序结构$(\mathbb{Q},<)$。证明：

(i) $\mathcal{L}_o$-理论$\mathrm{Th}(\mathbb{Q},<)$具有量词消去；

(ii) 如果$(I,<_I)\models\mathrm{Th}(\mathbb{Q},<)$，则$(i|\ i\in I)$是$\emptyset$-不可辨的。

我们令

$$\mathbb{R}(x_0,\cdots,x_{n-1})=\{\frac{f(\bar{x})}{g(\bar{x})}|\ f,g\in\mathbb{R}[\bar{x}],\ g\neq 0\}$$

为$\mathbb{R}[x_0,\cdots,x_{n-1}]$的分式域。每个$\dfrac{f(\bar{x})}{g(\bar{x})}\in\mathbb{R}(x)$定义了一个函数，记作$(\dfrac{f}{g})^*$。即对任意$\bar{a}\in\mathbb{R}^n$，当$g(\bar{a})\neq 0$时，$(\dfrac{f}{g})^*$将$\bar{a}$映射为$\dfrac{f(\bar{a})}{g(\bar{a})}$。我们称$\dfrac{f(\bar{x})}{g(\bar{x})}\in\mathbb{R}(\bar{x})$是**半正定**的是指：对任意的$\bar{a}\in\mathbb{R}^n\backslash V(g)$，均有$(\dfrac{f}{g})^*(\bar{a})\geqslant 0$，其中$V(g)=\{\bar{b}\in\mathbb{R}^n|\ g(\bar{b})=0\}$是$g$的零点集。

定理 7.2.6 （Hilbert 第17问题） *若$h\in\mathbb{R}(x_0,\cdots,x_{n-1})$是半正定的，则存在$h_0,\cdots,h_{k-1}\in\mathbb{R}(x_0,\cdots,x_{n-1})$使得$h=\sum_{i=0}^{k-1}h_i^2$。*

证明: 在证明命题7.2.2的过程中，我们证明了：如果F是实域，则$F(x)$也是实域。特别地，由于

$$\mathbb{R}(x_0,\cdots,x_{n-1})=\mathbb{R}(x_0,\cdots,x_{n-2})(x_{n-1}),$$

通过对n归纳证明可得：$\mathbb{R}(x_0,\cdots,x_{n-1})$是实域。如果$h$不属于$\sum\mathbb{R}(\bar{x})^2$，根据引理7.2.3，存在$\mathbb{R}(\bar{x})$的实闭包$\bar{R}$使得$-h\in\sum\bar{R}$。特别地，$\bar{R}\models h<0$。注意到，在模型$\bar{R}$看来，$h\in\mathbb{R}(\bar{x})$形式上是由$\mathbb{R}$中的元素和$x_0,\cdots,x_{n-1}$这$n$个元素通过域运算而得到的一个元素，因此$\bar{R}\models h<0$的含义是："定义在$\mathbb{R}$上的函数$h$在$(x_0,\cdots,x_{n-1})\in\bar{R}^n$这一点上的值是小于零的。"例如，设

$$h(x_0,x_1)=\frac{x_0^2+\sqrt{2}x_1}{x_0x_1-\sqrt{5}},$$

则$(a,b)\mapsto\dfrac{a^2+\sqrt{2}b}{ab-\sqrt{5}}$是参数来自$\mathbb{R}$的可定义函数，记作$(h)^*$。此时$\bar{R}\models h<0$的含义是$(h)^*$在$(x_0,x_1)$点的函数值是小于零的，即$\bar{R}\models\exists v_0\cdots v_{n-1}((h)^*(\bar{v})<0)$。由于$RCF$是模型完全的且$\mathbb{R}\models RCF$是$\bar{R}$的子模型，故而有$\mathbb{R}\models\exists v_0\cdots v_{n-1}((h)^*(\bar{v})<0)$，从而$h$不是半正定的。■

7.3 Presburger算术的量词消去

令$\mathcal{L}_{Pres}=\{+,<,0,1\}$，其中$<$是一个2-元谓词，$+$是一个2-元函数，0和1是常元。我们称$\mathcal{L}_{Pres}$为Presburger语言。

现在考察整数集合上的有序加法群结构：$\mathcal{Z}=(\mathbb{Z}, +, <, 0, 1)$，其相应的语言为Presburger语言$\mathcal{L}_{Pres}$。我们称$\mathcal{Z}$的理论$\mathrm{Th}(\mathcal{Z})$为Presburger**算术**，记作Pr。

定义 7.3.1 设M是一个$\mathcal{L}_{Pres}$-结构。若$M\models \mathrm{Pr}$，则称M是一个Presburger（算术）结构。

在$\mathcal{L}_{Pres}$-语言中，对每个$n\in\mathbb{N}^+$，我们定义$D_n(x)$为$\exists y(x=ny)$，其中ny是$\underbrace{y+\cdots+y}_{n\text{个}y}$的简写。显然，$D_n(x)$的语义解释是"$x$被$n$整除"。我们将每个$D_n$作为一个新的1-元谓词加入$\mathcal{L}_{Pres}$中，从而得到扩张的语言$\mathcal{L}^*_{Pres}=\mathcal{L}_{Pres}\cup\{D_n|\ n\in\mathbb{N}^+\}$。对每个$\mathcal{L}_{Pres}$-结构$M$，我们将谓词$D_n$自然地解释为由公式$D_n(x)$所定义的可定义集$D_n(M)$，则$M$自然地扩张为一个$\mathcal{L}^*_{Pres}$-结构。我们令

$$\mathrm{Pr}^*=\mathrm{Th}(\mathbb{Z}, +, <, 0, 1, \{D_n(\mathbb{Z})|0<n\in\mathbb{N}\})。$$

练习 7.3.1 $\mathcal{L}_{Pres}$-理论Pr作为$\mathcal{L}^*_{Pres}$-理论是完备的，即对任意的$\mathcal{L}^*_{Pres}$-句子σ，都有$\mathrm{Pr}\cup\{\sigma\}$一致蕴涵着$\mathrm{Pr}\models\sigma$。

注 7.3.1 设$\mathcal{L}^*_{Pres}$-结构$M\models\mathrm{Pr}^*$。

(i) 设$a\in M$，我们规定$-a\in M$是满足公式"$(x+a=0)$"的唯一元素。

(ii) 设$n\in\mathbb{N}^+$，在$\mathcal{L}^*_{Pres}$-公式中，我们用n表示n个常元1的和。$-n$表示n个-1的和。这样，每个整数作为参数出现在（含量词的）$\mathcal{L}^*_{Pres}$-公式中都是有意义的。

(iii) 对任意的$a\in M$，我们规定：对任意整数$n>0$，na表示n个a的和，$-na$表示n个$-a$的和，$0a=0_M$。若$M\models D_n(a)$，则存在$b\in M$使得$nb=a$。我们将b记作$\dfrac{a}{n}$。同理，$\dfrac{a}{-n}$表示$\dfrac{-a}{n}$。

(iv) $M\models\forall x\forall y(x<y\rightarrow x+1_M\leqslant y)$。

(v) 对每个$n \in \mathbb{N}^+$，$M \models \forall x(D_n(x) \leftrightarrow \exists y(x = ny))$。

(vi) 对每个$n \in \mathbb{N}^+$，$D_n(M)$是M的子群，即$D_n(M)$关于加法和减法封闭。

(vii) 对每个$n \in \mathbb{N}^+$及任意的$0 \leqslant k < n$，令

$$D_n(M) + k1_M = \{a + k1_M |\ a \in D_n(M)\}。$$

则对任意的$0 \leqslant i < j < n$，有

$$D_n(M) + i1_M \cap D_n(M) + j1_M = \emptyset,$$

并且$M = \bigcup_{k=0}^{n-1}(D_n(M) + k1_M)$。

(viii) 通过映射$n \mapsto n1_M$可以将$\mathcal{Z}$嵌入到M。

练习 7.3.2　证明：

(i) 对任意的$n \in \mathbb{N}^+$，有

$$\mathrm{Pr}^* \models \forall x(\neg D_n(x) \leftrightarrow \bigvee_{k=1}^{n-1} D_n(x+k))。$$

(ii) 对任意的$m, n \in \mathbb{N}^+$，有

$$\mathrm{Pr}^* \models \forall x(D_n(x) \leftrightarrow D_{nm}(mx)),\ \mathrm{Pr}^* \models \forall x(D_n(x) \leftrightarrow D_n(-x))。$$

(iii) 对任意的$k \in \mathbb{N}^+$，任意的整数$m_1, \cdots, m_k$，任意的正整数$n_1, \cdots, n_k$，存在一个正整数s，使得

$$\mathrm{Pr}^* \models \big(\exists x \bigwedge_{i=1}^{k} D_{n_i}(x + m_i)\big) \leftrightarrow \big(\forall y \bigvee_{j=1}^{s} (\bigwedge_{i=1}^{k} D_{n_i}(y + j + m_i))\big)。$$

也就是说，对任意的同余方程组

$$\{x = m_i \pmod{n_i} |\ i = 1, \cdots, k\},$$

存在一个正整数s，使得：如果方程组

$$\{x = m_i \ (\text{mod } n_i) |\ i = 1, \cdots, k\}$$

有一个解，则在任意长度为s的“区间”$\{i+1, \cdots, i+s\}$内一定存在方程组

$$\{x = m_i \ (\text{mod } n_i) |\ i = 1, \cdots, k\}$$

的解。

接下来我们引入一些记号。

定义 7.3.2　设$\mathcal{L}^*_{Pres}$-结构$M \models \mathrm{Pr}^*$。对任意的$A \subseteq M$，我们定义$\mathrm{cl}_M(A)$为满足如下条件的最小集合。

(i) $A \subseteq \mathrm{cl}_M(A)$;

(ii) 对每个$n \in \mathbb{N}$，$n1_M \in \mathrm{cl}_M(A)$;

(iii) $a \in \mathrm{cl}_M(A)$，则$-a \in \mathrm{cl}_M(A)$;

(iv) 如果$a \in \mathrm{cl}_M(A)$，且存在$b \in M$使得$a = kb$，则$b \in \mathrm{cl}_M(A)$;

(v) 如果$a, b \in \mathrm{cl}_M(A)$，则$a + b \in \mathrm{cl}_M(A)$。

练习 7.3.3　设$\mathcal{L}^*_{Pres}$-结构$M \models \mathrm{Pr}^*$。对任意的$A \subseteq M$，证明：$\mathrm{cl}_M(A)$是一个$\mathcal{L}^*_{Pres}$-结构。

引理 7.3.1　设$\mathcal{L}^*_{Pres}$-结构$M \models \mathrm{Pr}^*$，$A \subseteq M$是M的子结构，则对任意的$b \in \mathrm{cl}_M(A)$，都存在整数n, p，$a \in A$，使得$M \models D_n(pa)$且$b = \dfrac{pa}{n}$。

证明: 只须验证集合

$$\{\frac{pa}{n} |\ n, p \in \mathbb{Z},\ n > 0, a \in A \text{使得} M \models D_n(pa)\}$$

满足定义7.3.2 的五个条件。 ■

引理 7.3.2 设M, N是两个$\mathcal{L}^*_{Pres}$-结构，并且$M, N \models \mathrm{Pr}^*$。设$A \subseteq M$且$B \subseteq N$是两个子结构，并且设$f: A \longrightarrow B$是$A$到$B$的$\mathcal{L}^*_{Pres}$-同构，则存在一个$\mathcal{L}^*_{Pres}$-同构$\bar{f}: \mathrm{cl}_M(A) \longrightarrow \mathrm{cl}_N(B)$，使得$\bar{f}$是$f$的扩张。

证明: 我们取一个充分大的正整数s。如果$a_0 \in \mathrm{cl}_M(A)$，则存在整数p，自然数$n > 0$及$a \in A$，使得$M \models D_n(pa)$且$a_0 = \dfrac{pa}{n}$。显然

$$M \models D_n(pa) \iff M \models D_n((p+sn)a)。$$

由于s充分大，我们可以假设$(p+sn)$是正整数，故$D_n((p+sn)x)$是无量词$\mathcal{L}^*_{Pres}$-公式。因此

$$M \models D_n((p+sn)a) \iff A \models D_n((p+sn)a)。$$

由于f是同构，

$$A \models D_n((p+sn)a) \iff B \models D_n((p+sn)f(a))。$$

同理：

$$B \models D_n((p+sn)f(a)) \iff N \models D_n(pf(a))。$$

即存在（唯一的）$b_0 \in N$使得$b_0 = \dfrac{pf(a)}{n} \in \mathrm{cl}_N(B)$。因此映射

$$\bar{f}: \mathrm{cl}_M(A) \longrightarrow \mathrm{cl}_N(B),\ \frac{pa}{n} \mapsto \frac{pf(a)}{n}$$

是良定的。显然$\bar{f}$是f的扩张。

下面证明$\bar{f}$是同构。容易验证$\bar{f}$是一个双射（留作练习）。下面验证对任意的原子公式$\phi(x)$，任意的$a_0 \in \mathrm{cl}_M(A)$，均有$\mathrm{cl}_M(A) \models \phi(x)$当且仅当$\mathrm{cl}_N(B) \models \phi(\bar{f}(a_0))$。显然$\phi(x)$可以是$D_m(px+k)$，或$px+k=0$，或$px+k<0$，其中$m>0, p, k$均是自然数。设$a_0 = \dfrac{qa}{n}$，其中$q \in \mathbb{Z}$，$n \in \mathbb{N}^+$，$a \in A$。

设$\phi(x)$是$D_m(px+k)$，则

$$\mathrm{cl}_M(A) \models D_m(pa_0+k) \iff M \models D_m(pa_0+k),$$

$$M \models D_m(pa_0 + k) \iff M \models D_{mn}(npa_0 + nk),$$

$$M \models D_{mn}(npa_0 + nk) \iff M \models D_{mn}((np \pm smn)a_0 + nk)。$$

现在$(np \pm smn)a_0 = (p \pm sm)na_0$，且$na_0 = qa$。注意到$s$充分大，当$q < 0$时，$(p - sm)na_0 \in A$，当$q \geqslant 0$时，$(p + sm)na_0 \in A$。不妨设$q < 0$，令$(p - sm)na_0 = a' \in A$，则有

$$\mathrm{cl}_M(A) \models D_m(pa_0 + k) \Longleftrightarrow A \models D_{mn}(a' + nk)。$$

同理可证：

$$\mathrm{cl}_N(B) \models D_m(p\bar{f}(a_0) + k) \Longleftrightarrow B \models D_{mn}(f(a') + nk)。$$

由于f是同构，显然有

$$A \models D_{mn}(a' + nk) \Longleftrightarrow B \models D_{mn}(f(a') + nk)。$$

故而

$$\mathrm{cl}_M(A) \models D_m(pa_0 + k) \iff \mathrm{cl}_N(B) \models D_m(p\bar{f}(a_0) + k)。$$

$\phi(x)$是$px + k = 0$，或$px + k < 0$的情形留给读者自己验证。 ■

定义 7.3.3 设$\mathcal{L}^*_{Pres}$-结构$M \models \mathrm{Pr}^*$，设$b \in M$且$A \subseteq M$，令

$$I_b^- = \{a \leqslant b | a \in \mathrm{cl}_M(A)\},\ I_b^+ = \{a > b | a \in \mathrm{cl}_M(A)\},$$

则称(I_b^-, I_b^+)为b在$\mathrm{cl}_M(A)$上的一个切割。我们用$\mathrm{cut}_M(b/A)$表示满足以下条件的最小的无量词的$\mathcal{L}^*_{Pres_{\mathrm{cl}_M(A)}}$-公式集：

(i) $\{x < a | a \in I_b^+\} \cup \{x \geqslant a |\ a \in I_b^-\} \subseteq \mathrm{cut}_M(b/A)$；

(ii) 对任意的无量词的$\mathcal{L}^*_{Pres_{\mathrm{cl}_M(A)}}$-公式$\phi(x)$，如果存在$\psi \in \mathrm{cut}_M(b/A)$，使得$M \models \forall x(\psi(x) \to \phi(x))$，则$\phi(x) \in \mathrm{cut}_M(b/A)$。

显然$\text{cut}_M(b/A)$被

$$\{x < a | a \in I_b^+\} \cup \{x \geqslant a |\ a \in I_b^-\}$$

唯一地确定。

定义 7.3.4 设$\mathcal{L}_{Pres}^*$-结构$M \models \text{Pr}^*$，设$b \in M$且$A \subseteq M$，我们用$\mathcal{D}_M(b/A)$表示满足以下条件的最小的无量词的$\mathcal{L}_{Pres_{\text{cl}_M(A)}}^*$-公式集：

(i) 对任意的$n \in \mathbb{N}^+$，$a \in \text{cl}_M(A)$，如果$M \models D_n(b+a)$，则$D_n(x+a) \in \mathcal{D}_M(b/A)$；

(ii) 对任意的无量词的$\mathcal{L}_{Pres_{\text{cl}_M(A)}}^*$-公式$\phi(x)$，如果存在$\psi \in \mathcal{D}_M(b/A)$，使得$M \models \forall x(\psi(x) \rightarrow \phi(x))$，则$\phi(x) \in \mathcal{D}_M(b/A)$。

显然$\mathcal{D}_M(b/A)$被

$$\{D_n(x+a)|\ \ a \in \text{cl}_M(A),\ n \in \mathbb{N}^+,\ M \models D_n(b+a)\}$$

唯一地确定。

引理 7.3.3 设$\mathcal{L}_{Pres}^*$-结构$M \models \text{Pr}^*$，$A \subseteq M$，$b^* \in M$，则 $\text{qftp}_M(b^*/A)$被$\mathcal{D}_M(b^*/A) \cup \text{cut}_M(b^*/A)$确定，即对任意的$\phi(x) \in \text{qftp}_M(b^*/A)$，都存在一个$\psi_1(x) \in \mathcal{D}_M(b^*/A)$及$\psi_2(x) \in \text{cut}_M(b^*/A)$，使得

$$M \models \forall x(\psi_1(x) \wedge \psi_2(x) \longrightarrow \phi(x))。$$

证明: 显然，无量词的$\mathcal{L}_{Pres_A}^*$-原子公式$\phi(x)$都形如$D_n(kx+a)$或$kx+a<0$或$kx+a=0$，其中$n \in \mathbb{N}^+$, $k \in \mathbb{N}$, $a \in A$。根据练习7.3.2，$D_n(x)$的否定式可以表示为$\bigvee_{k=1}^{n-1} D_n(x+k)$，因此我们只须证明：对任意的$n \in \mathbb{N}^+$, $k \in \mathbb{N}$, $a \in A$，当$\phi(x)$是$D_n(kx+a)$，或$kx+a<0$，或$kx+a=0$，或$kx+a>0$时，如果$M \models \phi(b^*)$，则存在一个$\psi_1(x) \in \mathcal{D}_M(b^*/A)$及$\psi_2(x) \in \text{cut}_M(b^*/A)$，使得

$$M \models \forall x(\psi_1(x) \wedge \psi_2(x) \longrightarrow \phi(x))。$$

$\phi(x)$是"$D_n(kx+a)$"的情形： 根据注7.3.1，我们知道，存在自然数$i<n$，使得

$$M \models D_n(a+i1_M)。$$

因此

$$M \models D_n(kb^*+a) \Longleftrightarrow M \models D_n(kb^*+a+i1_M-i1_M)$$

$$\Longleftrightarrow M \models D_n(kb^*-i1_M)。$$

同样地，存在$j<n$使得$M \models D_n(b^*+j1_M)$，从而

$$D_n(x+j1_M) \in \mathcal{D}_M(b^*/A)。$$

另一方面，简单计算可得$M \models D_n(kj1_M+i1_M)$，故而

$$M \models \forall x(D_n(x+j1_M) \to D_n(kx+a))。$$

故而$M \models \forall x(D_n(x+j1_M) \to D_n(kx+a))$。

$\phi(x)$是"$kx+a=0$"的情形： 显然，$M \models kb^*+a=0$意味着$b^* \in \mathrm{cl}_M(A)$，因此公式"$x=b^*$"在$\mathrm{cut}_M(b^*/A)$中。显然

$$M \models \forall x(x=b^* \to kx+a=0)。$$

$\phi(x)$是"$kx+a<0$"的情形： 设$M \models kb^*+a<0$。令$i<k$使得$M \models D_k(a+i1_M)$。令$c \in M$使得$a+i1_M=kc$，显然$c \in \mathrm{cl}_M(A)$。显然$b^*+c \leqslant 0$。否则，假设$b^*+c>0$，则有$kb^*+kc=kb^*+a+i1_M \geqslant k1_M$，这是一个矛盾。如果$b^*+c=0$，则回到上一种情形。如果$b^*+c<0$，则公式"$x<-c$"在$\mathrm{cut}_M(b^*/A)$中且

$$M \models \forall x(x<-c \longrightarrow kx+a<0)。$$

$\phi(x)$是"$kx+a>0$"的情形： 证明类似"$kx+a<0$"的情形。留给读者练习。

证毕。 ■

引理 7.3.4 设$M \models \mathrm{Pr}^*$是一个$\mathcal{L}^*_{Pres}$-结构，$k \in \mathbb{N}^+$，$n_1, \cdots, n_k \in \mathbb{N}^+$，$a_1, \cdots, a_k \in M$，则存在正整数$s$，$\chi_1, \cdots, \chi_k$使得

(i) $M \models \bigwedge_{i=1}^{k}(D_{n_i}(a_i - \chi_i))$；

(ii) $M \models \forall x\big((\bigwedge_{i=1}^{k} D_{n_i}(x + a_i)) \leftrightarrow (\bigwedge_{i=1}^{k} D_{n_i}(x + \chi_i 1_M))\big)$；

(iii) $M \models \exists x \bigwedge_{i=1}^{k} D_{n_i}(x + a_i) \leftrightarrow \forall y \bigvee_{j=1}^{s}(\bigwedge_{i=1}^{k} D_{n_i}(y + j + \chi_i))$。

证明: 对每个$1 \leqslant i \leqslant k$，存在自然数$0 \leqslant \chi_i < n_i$，使得$M \models D_{n_i}(a_i - \chi_i 1_M)$，故而

$$M \models \forall x\big((\bigwedge_{i=1}^{k} D_{n_i}(x + a_i)) \leftrightarrow (\bigwedge_{i=1}^{k} D_{n_i}(x + \chi_i 1_M))\big)。$$

根据练习7.3.2，存在s使得

$$\mathrm{Pr}^* \models \big(\exists x \bigwedge_{i=1}^{k} D_{n_i}(x + \chi_i)\big) \leftrightarrow \big(\forall y \bigvee_{j=1}^{s}(\bigwedge_{i=1}^{k} D_{n_i}(y + j + \chi_i))\big)。$$

由于$M \models \mathrm{Pr}^*$，故而有

$$M \models \exists x \bigwedge_{i=1}^{k} D_{n_i}(x + a_i) \leftrightarrow \forall y \bigvee_{j=1}^{s}(\bigwedge_{i=1}^{k} D_{n_i}(y + j + \chi_i))。$$

证毕。 ■

练习 7.3.4 设$\mathcal{L}^*_{Pres}$-结构$M \models \mathrm{Pr}^*$，$A \subseteq M$。证明：

(i) $\mathrm{cut}_M(b^*/A)$在$\mathrm{cl}_M(A)$中有限可满足；

(ii) 若$b^* \in M \backslash \mathrm{cl}_M(A)$，则对任意的$\psi(x) \in \mathrm{cut}_M(b^*/A)$及任意的$a \in \mathrm{cl}_M(A)$，如果$\mathrm{cl}_M(A) \models \psi(a)$，则对任意的$n \in \mathbb{Z}$，有$\mathrm{cl}_M(A) \models \psi(a + n)$；

(iii) 若$b^* \in M\backslash \mathrm{cl}_M(A)$，则对任意的$n \in \mathbb{Z}$，有

$$\mathrm{cut}_M(b^*/A) = \mathrm{cut}_M((b^*+n)/A)。$$

其含义是b^*和b^*的“有限平移”在$\mathrm{cl}_M(A)$上对应的切割是相同的。

引理 7.3.5　设$\mathcal{L}^*_{Pres}$-结构$M \models \mathrm{Pr}^*$，$A \subseteq M$，$b^* \in M$, $c^* \in M\backslash \mathrm{cl}_M(A)$，则对任意的$\psi_1(x) \in \mathcal{D}_M(b^*/A)$及$\psi_2(x) \in \mathrm{cut}_M(c^*/A)$，有

$$\mathrm{cl}_M(A) \models \exists x(\psi_1(x) \wedge \psi_2(x))。$$

证明:　任取公式$\psi_1(x) = \bigwedge_{i=1}^k D_{n_i}(x+a_i) \in \mathcal{D}_M(b^*/A)$，存在正整数$s$，$\chi_1, \cdots, \chi_k$，使得

(i) $M \models \bigwedge_{i=1}^k (D_{n_i}(a_i - \chi_i))$;

(ii) $M \models \forall x\big((\bigwedge_{i=1}^k D_{n_i}(x+a_i)) \leftrightarrow (\bigwedge_{i=1}^k D_{n_i}(x+\chi_i 1_M))\big)$;

(iii) $M \models \exists x \bigwedge_{i=1}^k D_{n_i}(x+a_i) \leftrightarrow \forall y \bigvee_{j=1}^s (\bigwedge_{i=1}^k D_{n_i}(y+j+\chi_i))$。

显然$M \models \exists x \bigwedge_{i=1}^k D_{n_i}(x+a_i)$，因此对任意的$a_0 \in \mathrm{cl}_M(A)$，存在正整数$j_{a_0} \leqslant s$，使得

$$M \models \bigwedge_{i=1}^k D_{n_i}(a_0 + j_{a_0} + \chi_i),$$

从而

$$\mathrm{cl}_M(A) \models \bigwedge_{i=1}^k D_{n_i}(a_0 + j_{a_0} + \chi_i)。$$

根据练习7.3.4，对任意的$\psi_2(x) \in \mathrm{cut}_M(c^*/A)$，存在$c \in \mathrm{cl}_M(A)$使得$\mathrm{cl}_M(A) \models \psi_2(c)$。由于$c^* \notin \mathrm{cl}_M(A)$，故对任意的$n \in \mathbb{Z}$，有$\mathrm{cl}_M(A) \models \psi_2(c+n)$。现在取一个$j_c \in \mathbb{Z}$，使得

$$M \models \bigwedge_{i=1}^k D_{n_i}(c + j_c + \chi_i),$$

$M \models \bigwedge_{i=1}^{k} D_{n_i}(a_i - \chi_i)$蕴涵着$M \models \bigwedge_{i=1}^{k} D_{n_i}(c + j_c + a_i)$，从而

$$\mathrm{cl}_M(A) \models \bigwedge_{i=1}^{k} D_{n_i}(c + j_c + a_i) \wedge \psi(c + j_c)。$$

证毕。 ■

引理7.3.5表明$\mathcal{D}_M(b^*/A)$和$\mathrm{cut}_M(c^*/A)$是相互“独立”的。根据引理7.3.3 和引理7.3.5，我们可以直接推出：

推论 7.3.1 设$M \models \mathrm{Pr}^*$是一个$\mathcal{L}^*_{Pres}$-结构，$A \subseteq M$，$b^* \in M$，$c^* \in M \backslash \mathrm{cl}_M(A)$，则

$$\mathcal{D}_M(b^*/A) \cup \mathrm{cut}_M(c^*/A)$$

确定了A上的唯一一个完全的无量词1-型。

练习 7.3.5 证明推论7.3.1。

定理 7.3.1 Pr^*具有量词消去。

证明: 设$M, N \models \mathrm{Pr}^*$是两个$\mathcal{L}^*_{Pres}$-结构，$A$同时是$M$和$N$的子结构，并且设$M$,$N$均是$|A|^+$-饱和的。设$b \in M$。根据定理6.2.3，我们只须证明，对任意的无量词的$\mathcal{L}^*_{Pres_A}$-公式$\phi(x)$，如果$M \models \phi(x)$，则存在$d \in N$使得$N \models \phi(d)$。

根据引理7.3.2，存在$\mathrm{cl}_M(A)$到$\mathrm{cl}_N(A)$的$\mathcal{L}^*_{Pres}$-同构τ。如果$b \in \mathrm{cl}_M(A)$，则

$$M \models \phi(b) \iff \mathrm{cl}_M(A) \models \phi(b) \iff$$

$$\mathrm{cl}_N(A) \models \phi(\tau(b)) \iff N \models \phi(\tau(b))。$$

如果$b \notin \mathrm{cl}_M(A)$，令$\Sigma(x) = \mathcal{D}_M(b/A)$，$\Gamma(x) = \mathrm{cut}_M(b/A)$。令$\tau(\Sigma)(x)$是将$\Sigma$中的公式中所含的参数变为其在$\tau$下的像而得到的公式集。我们类似地定义$\tau(\Gamma)(x)$。

断言1 存在$d_1 \in N$使得$\tau(\Sigma)(x) \subseteq \mathcal{D}_N(d_1/A)$。

证明：任取公式$\psi_1(x)=\bigwedge_{i=1}^{k}D_{n_i}(x+a_i)\in\mathcal{D}_M(b^*/A)$。引理7.3.4的证明表明：存在正整数$s$，$\chi_1,\cdots,\chi_k$，使得

$$M\models\forall x((\bigwedge_{i=1}^{k}D_{n_i}(x+a_i))\leftrightarrow(\bigwedge_{i=1}^{k}D_{n_i}(x+\chi_i 1_M))),$$

$$M\models\exists x\bigwedge_{i=1}^{k}D_{n_i}(x+a_i)\leftrightarrow\forall y\bigvee_{j=1}^{s}(\bigwedge_{i=1}^{k}D_{n_i}(y+j+\chi_i)),$$

并且$M\models\bigwedge_{i=1}^{k}(D_{n_i}(a_i-\chi_i))$。显然

$$M\models\bigwedge_{i=1}^{k}(D_{n_i}(a_i-\chi_i))\Longleftrightarrow M\models\bigwedge_{i=1}^{k}(D_{n_i}(a_i+(n_i-1)\chi_i))。$$

注意到$a_i+(n_i-1)\chi_i\in\mathrm{cl}_M(A)$，故

$$M\models\bigwedge_{i=1}^{k}(D_{n_i}(a_i+(n_i-1)\chi_i))\Longleftrightarrow\mathrm{cl}_M(A)\models\bigwedge_{i=1}^{k}(D_{n_i}(a_i+(n_i-1)\chi_i))。$$

另一方面，我们有

$$\mathrm{cl}_M(A)\models\bigwedge_{i=1}^{k}(D_{n_i}(a_i+(n_i-1)\chi_i))\Longleftrightarrow\mathrm{cl}_N(A)\models\bigwedge_{i=1}^{k}(D_{n_i}(\tau(a_i)+(n_i-1)\chi_i)),$$

并且

$$\mathrm{cl}_N(A)\models\bigwedge_{i=1}^{k}(D_{n_i}(\tau(a_i)+(n_i-1)\chi_i))\Longleftrightarrow N\models\bigwedge_{i=1}^{k}(D_{n_i}(\tau(a_i)+(n_i-1)\chi_i))。$$

显然

$$N\models\bigwedge_{i=1}^{k}(D_{n_i}(\tau(a_i)+(n_i-1)\chi_i))\Longleftrightarrow N\models\bigwedge_{i=1}^{k}(D_{n_i}(\tau(a_i)-\chi_i))。$$

现在$M\models\exists x\bigwedge_{i=1}^{k}D_{n_i}(x+a_i)$，因此

$$M\models\forall y\bigvee_{j=1}^{s}(\bigwedge_{i=1}^{k}D_{n_i}(y+j+\chi_i)),$$

从而

$$N\models\forall y\bigvee_{j=1}^{s}(\bigwedge_{i=1}^{k}D_{n_i}(y+j+\chi_i))。$$

令$d_1^* \in N$及$0 \leqslant j \leqslant s$，使得$N \models \bigwedge_{i=1}^k D_{n_i}(d_1^* + j + \chi_i)$，从而

$$N \models \bigwedge_{i=1}^{k} D_{n_i}(d_1^* + j + \tau(a_i))。$$

这说明$\tau(\Sigma)(x)$在N中有限可满足。由于N是$|A|^+$-饱和的，因此存在$d_1 \in N$使得$N \models \tau(\Sigma)(d_1)$。请读者自己验证$\tau(\Sigma)(d_1) \subseteq \mathcal{D}_N(d_1/A)$。■

断言2 *存在*$d_2 \in N \backslash \mathrm{cl}_N(A)$*使得*$\tau(\Gamma)(x) \subseteq \mathrm{cut}_N(d_2/A)$。

证明: $\mathrm{cut}_M(b/A)$中的公式只满足如下的三种情况之一：

(i) 存在$a, c \in \mathrm{cl}_M(A)$，使得$a < x < c \in \mathrm{cut}_M(b/A)$;

(ii) 对任意的$a \in \mathrm{cl}_M(A)$，$x < a \in \mathrm{cut}_M(b/A)$;

(iii) 对任意的$a \in \mathrm{cl}_M(A)$，$x < a \in \mathrm{cut}_M(b/A)$。

我们只讨论第一种情形，其他两种留给读者验证。设$\psi(x) \in \Gamma(x) = \mathrm{cut}_M(b/A)$。不妨设$\psi$形如$a < x < c$。由于$b \notin \mathrm{cl}_M(A)$，因此在$\mathrm{cl}_M(A)$中存在一个（事实上是无数个）$b_0$使得$\models a < b_0 < c$。因此$\mathrm{cl}_M(A) \models a < b_0 < c$，故而$\mathrm{cl}_N(A) \models \tau(a) < \tau(b_0) < \tau(c)$，故而$N \models \tau(a) < \tau(b_0) < \tau(c)$，即$N \models \exists x(\tau(a) < x < \tau(c))$。由于$N$是$|A|^+$-饱和的，故存在$d_2 \in N$使得$N \models \tau(\Gamma)(d_2)$。接下来请读者自己验证：$d_2 \notin \mathrm{cl}_N(A)$且$\tau(\Gamma)(x) \subseteq \mathrm{cut}_N(d_2/A)$。■

令$d_1, d_2 \in N$如断言1和断言2所述。现在设$\phi(x)$是一个无量词的$\mathcal{L}^*_{Pres_A}$-公式，并且$M \models \phi(b)$。根据引理7.3.3，存在$\psi_1 \in \mathcal{D}_M(b/A)$及$\psi_2 \in \mathrm{cut}_M(b/A)$，使得

$$M \models \forall x((\psi_1(x) \wedge \psi_2(x)) \to \phi(x))。$$

注意到$(\psi_1(x) \wedge \psi_2(x)) \to \phi(x)$是一个无量词的$\mathcal{L}^*_{Pres_{\mathrm{cl}_M(A)}}$-公式，因此

$$\mathrm{cl}_M(A) \models \forall x((\psi_1(x) \wedge \psi_2(x)) \to \phi(x)),$$

从而

$$\mathrm{cl}_N(A) \models \forall x((\tau(\psi_1)(x) \wedge \tau(\psi_2)(x)) \to \phi(x)),$$

其中

$$\tau(\psi_1) \in \tau(\Sigma) \subseteq \mathcal{D}_N(d_1/A) \text{且} \tau(\psi_2) \in \tau(\Gamma) \subseteq \mathrm{cut}_N(d_2/A)。$$

根据引理7.3.5，$\mathrm{cl}_N(A) \models \exists x(\psi_1(x) \wedge \psi_2(x))$，因此$\mathrm{cl}_N(A) \models \exists x\phi(x)$，从而$N \models \exists x\phi(x)$。 ■

练习 7.3.6 证明：$\mathcal{L}_{Pres}$-理论Pr没有量词消去。

提示：设$M \models \mathrm{Pr}$是$\aleph_1$-饱和的，则M中有个子结构A同构于$\mathcal{Z}$。设$m, n \in \mathbb{N}^+$，并且m, n互素。令

$$\Sigma_{n\wedge\neg m}(x) = \{x > a|\ a \in A\} \cup \{\exists y(x = ny) \wedge \forall y(x \neq my)\},$$

则

(i) $\Sigma_{n\wedge\neg m}$在M中可满足；

(ii) 令$b_1 \in M$满足$\Sigma_{n\wedge\neg m}(x)$，$b_2 \in M$满足$\Sigma_{m\wedge\neg n}(x)$，则$\mathrm{qftp}_M(b_1/A) = \mathrm{qftp}_M(b_2/A)$；

(iii) $\mathrm{tp}_M(b_1/A) \neq \mathrm{tp}_M(b_2/A)$。

练习 7.3.7 设$M \models \mathrm{Pr}^*$是一个$\mathcal{L}^*_{Pres}$-结构，$A \subseteq M$。证明：$\mathrm{cl}_M(A) = \mathrm{dcl}_M(A)$。

练习 7.3.8 设$M \models \mathrm{Pr}^*$是一个$\mathcal{L}^*_{Pres}$-结构。对任意的$a, b, c \in M$及$n \in \mathbb{N}^+$，我们称形如$\{x \in M|\ a \leqslant x \leqslant b, D_n(x - c)\}$，$\{x \in M| x \leqslant b, D_n(x - c)\}$，或者$\{x \in M|\ a \leqslant x, D_n(x - c)\}$的集合为一个**单元**。证明：任意的$M$-可定义集$X \subseteq M$都是有限多个单元的并。

练习 7.3.9 考虑在语言$\mathcal{L}^*_{Pres}$中去掉序"$<$"之后约化的语言$\mathcal{L}^*_{Pres0} = \{0, 1, +\} \cup \{D_n|\ n \in \mathbb{N}^+\}$。我们将$\mathcal{L}^*_{Pres0}$-结构$(\mathbb{Z}, +, 0, 1, \{D_n^{\mathbb{Z}}\}_{n \in \mathbb{N}^+})$的理论记作$\mathrm{Pr}_0^*$。设$M, N \models \mathcal{L}^*_{Pres0}$，$c \in M$，$A \subseteq M$，$B \subseteq N$，令$\mathrm{cl}_M(A)$,$\mathrm{cl}_N(B)$由定义7.3.2给出，记号$\mathcal{D}_M(c/A)$由定义7.3.4给出。证明：

(i) 任意的部分同构$f: A \longrightarrow B$都可以扩张为$\mathrm{cl}_M(A)$到$\mathrm{cl}_N(B)$的同构；

(ii) 如果$c \notin \mathrm{cl}_M(A)$，则$\mathrm{qftp}_M(c/A)$ 被部分型$\mathcal{D}_M(c/A)$确定；

(iii) Pr_0^*具有量词消去。

练习 7.3.10 设$\mathcal{L} = \{<\}$，M是一个$\mathcal{L}$-结构，$(M,<)$是一个没有端点的稠密线序。证明：$\mathrm{Th}(M,<)$具有量词消去，因此DLO是序-极小理论。

7.4 向量空间和无挠可除阿贝尔群

例 7.4.1 向量空间的量词消去

设$(F, +_F, \times_F, 0_F, 1_F)$是一个域，$\mathcal{L}_{VF} = \{0, +\} \cup F$，其中$+$是二元函数，0是常元，$F$中的每个元素都是一个1-元函数。$T_{VF}$是$F$上的向量空间的理论（见例1.3.3）。

练习 7.4.1 设所有记号如上所述。证明如下结论：

(i) 设$t(x_1, \cdots, x_n)$是$\mathcal{L}_{VF}$-项，则存在$\sigma_1, \cdots, \sigma_n \in F$，使得

$$T_{VF} \models \forall x_1 \cdots x_n \Big(\sum_{i=1}^{n} \sigma_i x_i = t(x_1, \cdots, x_n) \Big)。$$

(ii) 设$\phi(x_1, \cdots, x_n)$是一个$\mathcal{L}_{VF}$-原子公式，则存在$\sigma_1, \cdots, \sigma_n \in F$，使得

$$T_{VF} \models \forall x_1 \cdots x_n \Big(\sum_{i=1}^{n} \sigma_i x_i = 0 \leftrightarrow \phi(x_1, \cdots, x_n) \Big)。$$

(iii) 设$\phi(x_1, \cdots, x_n)$是一个无量词公式，则存在$\{\sigma_{ij} | i = 1, \cdots, n,\ j = 1, \cdots, m\} \subseteq F$及$\{\sigma_{ij}^* | i = 1, \cdots, n,\ j = 1, \cdots, m\} \subseteq F$，使得

$$T_{VF} \models \forall x_1 \cdots x_n \Bigg(\Big(\big(\bigwedge_{j=1}^{m} \sum_{i=1}^{n} \sigma_{ij} x_i = 0 \big) \wedge \big(\bigwedge_{j=1}^{m} \sum_{i=1}^{n} \sigma_{ij}^* x_i \neq 0 \big) \Big) \rightarrow \phi(x_1, \cdots, x_n) \Bigg)。$$

练习 7.4.2 设$M \models T_{VF}$，$A \subseteq M$是一个子结构。设$\phi(x_1, \cdots, x_n, y)$形如

$$(\bigwedge_{j=1}^{m} \sum_{i=1}^{n} \sigma_{ij} x_i + \gamma_j y = 0) \wedge (\bigwedge_{j=1}^{m} \sum_{i=1}^{n} \sigma_{ij}^* x_i + \gamma_j^* y \neq 0),$$

其中σ_{ij}，γ_j，σ_{ij}^*，$\gamma_j^* \in F$，$a_1, \cdots, a_n \in A$。证明如下结论：

(i) 若存在$j \leqslant m$及$b \in M$使得$\gamma_j \neq 0$，且

$$M \models (\bigwedge_{j=1}^{m} \sum_{i=1}^{n} \sigma_{ij} a_i + \gamma_j b = 0) \wedge (\bigwedge_{j=1}^{m} \sum_{i=1}^{n} \sigma_{ij}^* a_i + \gamma_j^* b \neq 0),$$

则$b \in A$。

(ii) 若对任意的$j \leqslant m$，$\gamma_j = 0$，则$M \models \exists y \phi(a_1, \cdots, a_n, y)$ 当且仅当对任意的$b \in M \backslash A$，有$M \models \phi(a_1, \cdots, a_n, b)$。

练习 7.4.3 利用命题6.2.3，证明T_{VF}有量词消去。

例 7.4.2 **（无挠可除阿贝尔群的量词消去）** 回忆例1.3.1。令$\mathcal{L}_G = (+, 0)$为群的语言，其中$+$是二元函数，0是常元。我们称一个群G是**可除的**是指：对任意的$x \in G$，$n \in \mathbb{N}^+$，都存在y使得$x = \underbrace{y + \cdots + y}_{n\text{个}y}$。

定义 7.4.1 如果一个群G是无挠的、可除的、阿贝尔的，则称G是**无挠可除阿贝尔群**。容易验证，全体无挠可除阿贝尔群构成一个初等类，我们将无挠可除阿贝尔群的理论记作$T_{T_f DAG}$。

设G是一个无挠可除阿贝尔群，$a, b \in G$。我们将a的逆元记作$-a$。对任意的$n \in \mathbb{N}^+$，我们仍将n个y之和记作ny，$-ny$表示n个$-y$的和。若$nb = a$，则记作$b = \dfrac{a}{n}$，$b = \dfrac{a}{-n}$表示$= \dfrac{-a}{n}$。这样，对每个$q = \dfrac{m}{n} \in \mathbb{Q}$，$qa$表示$m\dfrac{a}{n}$。

练习 7.4.4 证明：对每个$\mathcal{L}_G$-项$t(x_1, \cdots, x_n)$，都存在$m_1, \cdots, m_n \in \mathbb{N}$，使得

$$T_{T_f DAG} \models \forall x_1, \cdots, x_n (t(x_1, \cdots, x_n) = m_1 x_1 + \cdots + m_n x_n)。$$

练习 7.4.5 设$\mathcal{L}_G$-结构$(M,+,0)\models T_{T_fDAG}$。对每个$q\in\mathbb{Q}$，映射$L_q:M\longrightarrow M$，$x\mapsto qx$是$M$到$M$的同态。我们将每个$q\in\mathbb{Q}$都解释为1-元函数$L_q$。证明：$\mathcal{L}_{V\mathbb{Q}}$-结构$(M,+,0,\ \{L_q|\ q\in\mathbb{Q}\})$是$\mathbb{Q}$上的向量空间。

练习 7.4.6 设$\mathcal{L}_G$-结构$(M,+,0)\models T_{T_fDAG}$，$A\subseteq M$。令

$$\mathrm{cl}_M(A)=\{\sum_{i=1}^n q_ia_i|\ n\in\mathbb{N}^+,\ q_i\in\mathbb{Q},a_i\in A\}。$$

证明$\mathrm{cl}_M(A)\models T_{T_fDAG}$。

练习 7.4.7 设$\mathcal{L}_G$-结构$M,N\models T_{T_fDAG}$，$A\subseteq M$，$B\subseteq N$均是子结构，并且$f:A\longrightarrow B$是一个$\mathcal{L}_G$-同构，则存在$\mathcal{L}_G$-同构$\bar{f}:\mathrm{cl}_M(A)\longrightarrow\mathrm{cl}_N(B)$，使得$\bar{f}$是$f$的扩张。

练习 7.4.8 设$\mathcal{L}_G$-结构$M\models T_{T_fDAG}$，$A\subseteq M$是子结构，$\phi(x_1,\cdots,x_n,y)$形如

$$(\bigwedge_{j=1}^m\sum_{i=1}^n k_{ij}x_i+s_jy=0)\wedge(\bigwedge_{j=1}^m\sum_{i=1}^n k_{ij}^*x_i+s_j^*y\neq 0),$$

其中$k_{ij},s_j,k_{ij}^*,s_j^*$均是自然数，$a_1,\cdots,a_n\in A$。证明如下结论：

(i) 若存在$j\leqslant m$使得$s_j\neq 0$，并且存在$b\in M$使得

$$M\models(\bigwedge_{j=1}^m\sum_{i=1}^n k_{ij}a_i+kb=0)\wedge(\bigwedge_{j=1}^m\sum_{i=1}^n k_{ij}^*a_i+k^*b\neq 0),$$

则$b\in\mathrm{cl}_M(A)$。

(ii) 若对任意的$j\leqslant m$，都有$s_j=0$，则$M\models\exists x\phi(a_1,\cdots,a_n,y)$当且仅当对任意的$b\in M\backslash\mathrm{cl}_M(A)$，有$M\models\phi(a_1,\cdots,a_n,b)$。

练习 7.4.9 利用命题6.2.3，证明T_{T_fDAG}有量词消去。

练习 7.4.10 设$M\models T_{T_fDAG}$，$A\subseteq M$。证明：$\mathrm{cl}_M(A)=\mathrm{dcl}_M(A)$。

第 8 章　ω-稳定理论

在本章中，我们总是假设$\mathcal{L}$是一个可数的语言。

8.1　ω-稳定性

在第4章的最后一节，我们事实上在讨论可数模型的分类问题。即给定一个可数的理论T，问T有多少个互不同构的模型。

回忆定理5.2.1：若T是完备的理论，且$S_1(T)$是不可数的，则T有2^ω个互不同构的可数模型。这个结论是最差的。事实上，在定理5.2.1的证明中，我们已经证明了“任意可数理论的模型至多有2^ω个”。因此，直观上看，当$S_1(T)$不可数时，T的可数模型的“可分类性”是最差的。

推论5.2.1表明：当对任意的n，$S_n(T)$总是可数时，T有一个最小的可数模型M_0和一个最大的可数模型M_1。直观上看，这是一个相对较好的分类结果，它给出了T的可数模型的“下界”和“上界”。此时T的可数模型具有一定的“可分类性”。

推论5.3.1表明：当对任意的n，$S_n(T)$总是有限时，T只有一个可数模型。直观上看，此时T的“可分类性”是最强的。

通过以上的讨论，我们发现，型空间$S_n(T)$的基数越小，我们越容易对T的模型分类。将这一思路推广，我们来考虑T的不可数模型的分类：即T有多少个互不同构的不可数模型？由Löwenheim-Skolem定理，我们知道T有任意不可数基数的模型。显然，不同基数的模型之间不可能同构。因此，我们的问题可以简化为：给定一个不可数基数λ，T有多少个互不同构的基数为λ的模型？显然，最好的可能性是：T在同构的意义下只有一个基数为λ的模型。我们把这样的理论叫作λ-范畴的理论。然而，与可数的情形不同，$S_n(T)$有限并不能保证λ-范畴。

例 8.1.1 令T为没有端点的稠密线序的理论，即

$$T = DLO \cup \{\forall x \exists y(y > x), \forall x \exists y(y < x)\}（见例6.0.1）。$$

根据练习4.2.2，T是ω-范畴的。根据推论5.3.1，对任意的n，$S_n(T)$总是有限的。然而，对任意的不可数的基数λ，T的模型事实上有2^λ个。例如，我们可按照如下的方式来构造不同构的模型：设$M \models T$的基数为λ，并且满足对任意的$a < b \in M$，都有区间$[a, b]$的基数是λ（比如$(\mathbb{R}, <)$）。令$N_1 = Q_{-1} \cup M_0 \cup Q_1$，其中$Q_{-1} = \{-1\} \times \mathbb{Q}$，$M_0 = \{0\} \times M$，$Q_1 = \{1\} \times \mathbb{Q}$，我们定义$N_1$上的序为字典序，即$(a_1, b_1) <_{N_1} (a_2, b_2)$当且仅当$a_1 < a_2$或者$a_1 = a_2$且$b_1 < b_2$。显然$(N_1, <_{N_1})$是一个稠密线序。直观上看，$N_1$是一个$(\mathbb{Q}, <)$接上一个$(M, <)$，再接上一个$(\mathbb{Q}, <)$。我们令$N_2 = M_{-1} \cup Q_0 \cup M_1$，其中$M_{-1} = \{-1\} \times M$，$Q_0 = \{0\} \times \mathbb{Q}$，$M_1 = \{1\} \times M$。我们定义$N_2$上的序也为字典序。直观上看，$N_2$是一个$(M, <)$接上一个$(\mathbb{Q}, <)$，再接上一个$(M, <)$。

练习 8.1.1 设N_1, N_2如上所述。证明：$(N_1, <_{N_1})$与$(N_2, <_{N_2})$不同构。

事实上，一个更一般的结论是：T的基数为$|\mathbb{R}|$的模型有$2^{|\mathbb{R}|}$个。令$\lambda = |\mathbb{R}|$，对每个$\alpha \in \lambda$，令$Q_\alpha = \{\alpha\} \times \mathbb{Q}$，$R_\alpha = \{\alpha\} \times \mathbb{R}$。对每个长度为$\lambda$的$0-1$序列$\bar{a} = (a_\lambda)_{\alpha \in \lambda}$，令

$$M_{\bar{a}} = \bigcup \{Q_\alpha |\ \alpha \in \lambda,\ a_\alpha = 0\} \cup \bigcup \{R_\alpha |\ \alpha \in \lambda, a_\alpha = 1\},$$

并且定义$M_{\bar{a}}$上的序$<_{M_{\bar{a}}}$为字典序。显然，对每个$\bar{a} \in \{0, 1\}^\lambda$，$M_{\bar{a}}$的基数都是$|\mathbb{R}|$。

练习 8.1.2 设所有记号的含义如上所述。证明：对任意的$\bar{a} \neq \bar{b} \in \{0, 1\}^\lambda$，$M_{\bar{a}}$与$M_{\bar{b}}$不同构。

例8.1.1表明，当λ不可数时，$S_n(T)$有限并不能保证T只有一个基数为λ的模型，甚至可能会有2^λ个模型。因此，我们需要考察带有参数的型空间的基数。

定义 8.1.1　我们称一个理论T是ω-**稳定**的是指：对任意的$M \models T$，若$A \subseteq M$是可数的，则$S_1(A, M)$ 是可数的。不是ω-稳定的理论称为**非**ω-**稳定**的理论。

定义 8.1.2　更一般地，设λ是一个基数，我们称一个理论T是λ-**稳定**的是指：对任意的$M \models T$，若$A \subseteq M$的基数$\leqslant \lambda$，则$S_1(A, M)$的基数$\leqslant \lambda$。如果存在一个无穷基数λ使得T是λ-稳定的，我们就称T是**稳定**的。

练习 8.1.3　设T是ω-稳定理论。证明：对任意的$M \models T$，任意的可数子集$A \subseteq M$，任意的$n \in \mathbb{N}^+$，均有$S_n(A, M)$可数。

对任意的$M \models T$及任意可数的$A \subseteq M$，显然$S_1(A, M)$至少是可数的。因此，直观上，ω-稳定理论是“（带有可数多个参数的）型空间的基数最小的理论”。

例 8.1.2　我们给出一些ω-稳定理论的例子：

(i) 空语言上的无穷集合的理论是ω-稳定理论（见注4.2.4）。

(ii) 域F上的向量空间的理论T_{VF}是ω-稳定理论（见例7.4.1）。

(iii) 无挠可除阿贝尔群的理论$T_{T_f DAG}$是ω-稳定理论（见例7.4.2）。

(iv) 代数闭域的理论ACF是ω-稳定理论（见7.1 节）。

以下例子均不是ω-稳定的理论：

(i') 稠密线序的理论DLO是典型的非ω-稳定的理论（见注4.2.4）。

(ii') 伪有限域的理论不是ω-稳定的理论（见例1.3.2）。

(iii') 随机图的理论不是ω-稳定的理论（见例6.2.1）。

(iv') 实闭域的理论RCF不是ω-稳定的理论（见7.2节）。

(v') Presburger算术的理论Pr不是ω-稳定的理论（见7.3节）。

(vi') 即使在Presburger算术(ℤ, <, +, 0, 1)中去掉序结构和常元1，理论Th(ℤ, +, 0)也不是ω-稳定的理论。

练习 8.1.4 利用量词消去证明：

(i) 若M是域F上的向量空间，并且M无穷。证明：对任意的$A\subseteq M$，$S_1(A,M)$中只有一个A上的非代数型。

(ii) 若M是无挠可除阿贝尔群，证明：对任意的$A\subseteq M$，$S_1(A,M)$中只有一个A上的非代数型。

(iii) 若M是代数闭域，证明：对任意的$A\subseteq M$，$S_1(A,M)$中只有一个A上的非代数型。

(iv) 若T是强极小理论，则对无穷的$M\models T$及任意的$A\subseteq M$，$S_1(A,M)$中只有一个A上的非代数型（见定义6.0.2）。

从而证明以上四种理论均是ω-稳定理论。

练习 8.1.5 利用紧致性定理证明：随机图的理论不是ω-稳定的理论。

练习 8.1.6 利用紧致性定理证明：$\mathrm{Th}(\mathbb{Z},+,0)$不是$\omega$-稳定的理论。

提示：令$D_n(x)$表示“$\exists y(x=ny)$”。对任意两个有限素数集$P=\{p_1,\cdots,p_n\}$ 及$P^*=\{p_1^*,\cdots,p_m^*\}$，证明：当$P\cap P^*=\emptyset$时，

$$\mathrm{Th}(\mathbb{Z},+,0)\models\exists x\left((\bigwedge_{i=1}^{n}(D_{p_i}(x)))\wedge(\bigwedge_{i=1}^{m}(\neg D_{p_i^*}(x)))\right)。$$

练习 8.1.7 设$\mathcal{L}'$和$\mathcal{L}$是两个语言，且$\mathcal{L}\subseteq\mathcal{L}'$，$M$是一个$\mathcal{L}'$-结构。如果$\mathrm{Th}(M)$是$\omega$-稳定理论，则$M$在$\mathcal{L}$上的约化$M{\restriction}\mathcal{L}$ 的理论$\mathrm{Th}(M{\restriction}\mathcal{L})$也是$\omega$-稳定理论。因此Pr不是$\omega$-稳定理论。

定义 8.1.3 设T是一个$\mathcal{L}$-理论，$\phi(\bar{x},\bar{y})$是一个$\mathcal{L}$-公式，如果存在$M\models T$及M中的两个序列$(\bar{a}_i)_{i\in\omega}$和$(\bar{b}_i)_{i\in\omega}$，使得$M\models\phi(\bar{a}_i,\bar{b}_j)$当且仅当$i<j$，则称公式$\phi(\bar{x},\bar{y})$（关于$T$）具有**序性质**。如果存在一个$\mathcal{L}$-公式具有序性质，则称$T$有序性质。否则，称$T$没有序性质。

回忆定义3.4.1，给定$\mathcal{L}$-结构M，偏序集$(I,<_I)$及$A\subseteq M$，我们称M中的序列$(a_i|\ i\in I)$是A-不可辨的是指：对任意的$i_1<_I\cdots<_I i_n\in I$和$j_1<_I\cdots<_I j_n\in I$，以及任意的$\mathcal{L}_A$-公式$\phi(x_1,\cdots,x_n)$，均有$M\models\phi(a_{i_1},\cdots,a_{i_n})$当且仅当$M\models\phi(a_{j_1},\cdots,a_{j_n})$。

下面的引理告诉我们，如果理论T具有序性质，那么我们可以找到一个不可辨元序列作为“证据”。

引理 8.1.1　如果理论T有序性质，则对任意的线序$(I,<_I)$，存在一个$\mathcal{L}$-公式$\phi(\bar{x},\bar{y})$，$N\models T$及N中的不可辨元序列$(\bar{c}_i,\bar{d}_i)_{i\in I}$，使得$N\models\phi(\bar{c}_i,\bar{d}_j)$当且仅当$i<_I j$。

证明：对任意的$i\in\omega$，令$\phi(\bar{x}_i,\bar{y}_j)$是将$\phi(\bar{x},\bar{y})$中的变量组$\bar{x},\bar{y}$替换为变量组$\bar{x}_i,\bar{y}_j$而得到的公式。令

$$\Sigma(\bar{x}_i\bar{y}_i)_{i\in\omega}=\{\phi(\bar{x}_i,\bar{y}_j)|\ i<j\in\omega\}\cup\{\neg\phi(\bar{x}_i,\bar{y}_j)|\ i\geqslant j\in\omega\}。$$

根据紧致性，$\Sigma(\bar{x}_i\bar{y}_i)_{i\in\omega}$是一致的。令$(a_i,b_i)_{i\in\omega}$实现$\Sigma$。显然$\Sigma(\bar{x}_i\bar{y}_i)_{i\in\omega}$与$(a_i,b_i)_{i\in\omega}$满足推论3.4.2的要求，根据推论3.4.2可得。 ■

命题 8.1.1　如果理论T是ω-稳定的，则T没有序性质。

证明：反设T有序性质。根据引理8.1.1，存在一个$\mathcal{L}$-公式$\phi(\bar{x},\bar{y})$，$N\models T$及N中的用$\mathbb{Q}$加标的不可辨元序列$(\bar{c}_i,\bar{d}_i)_{i\in\mathbb{Q}}$，使得$N\models\phi(\bar{c}_i,\bar{d}_j)$当且仅当$i<j$。对每个实数$r\in\mathbb{R}$，公式集

$$\Sigma_r(\bar{x})=\{\neg\phi(\bar{x},\bar{d}_i)|\ i\leqslant r,i\in\mathbb{Q}\}\cup\{\phi(\bar{x},\bar{d}_i)|\ i>r,i\in\mathbb{Q}\}$$

在N中有限可满足。令$D=\bigcup_{i\in\mathbb{Q}}\bar{d}_i$（此处将$\bar{d}_i$看作一个有限集），则每个$\Sigma_r$可以扩张为一个完全型$p_r\in S_n(D,N)$。当$r_1\neq r_2\in\mathbb{R}$时，$\mathrm{Diag}_{\mathrm{el}}(N)\cup\Sigma_{r_1}\cup\Sigma_{r_2}$显然不一致，因此$p_{r_1}\neq p_{r_2}$。故$S_n(D,N)$中至少有$|\mathbb{R}|$个元素，从而$T$不是$\omega$-稳定的。 ■

以上的证明本质上用到了这样一个事实：$(\mathbb{Q},<)$上的Dedekind切割有$|\mathbb{R}|$多个。事实上，对$\mathbb{R}$的任意稠密的子集X（即对于任意的$r<t\in\mathbb{R}$，都存在$x\in X$ 使得$s<x<t$），X上的Dedekind切割也是$|\mathbb{R}|$多个。

一般而言，如果无穷线序$(I,<)$中有一个稠密子集A，则A能确定至少$|I|$多个Dedekind切割。因此，如果我们能保证A的基数不超过λ，并且I的基数大于λ，则可以证明任意的λ-稳定的理论都没有序性质。

引理 8.1.2　对任意的无穷基数λ，都存在一个稠密线序$(I,<)$及I的稠密子集A，使得$|A| \leqslant \lambda < |I|$。

证明: 令κ是使得$2^\kappa > \lambda$的最小的基数，显然$\kappa \leqslant \lambda$。令$\mathbb{Q}^\kappa$是所有κ到$\mathbb{Q}$的函数的集合。我们可以将$\mathbb{Q}^\kappa$中的每个元素看作是一个序列$(q_i \in \mathbb{Q} | \ i \in \kappa)$。显然$\mathbb{Q}^\kappa$在字典序下是一个稠密线序，且$|\mathbb{Q}^\kappa| = 2^\kappa > \lambda$。令$\mathbb{Q}^{<\kappa} = \bigcup_{\alpha<\kappa} \mathbb{Q}^\alpha$，则$\mathbb{Q}^{<\kappa}$是$\mathbb{Q}^\kappa$的稠密子集，且$|\mathbb{Q}^{<\kappa}| = |2^{<\kappa}| \leqslant \lambda$。 ■

根据引理8.1.2，我们有：

命题 8.1.2　如果λ是一个无穷基数，则λ-稳定的理论都没有序性质。

定义 8.1.4　设M是一个$\mathcal{L}$-结构，$A \subseteq M$，$(I,<)$是一个线序，$(a_i)_{i \in I}$是M中的一个A-不可辨元序列。如果对任意的$n \in \mathbb{N}^+$，$\{\beta_1, \cdots, \beta_n\} \subseteq I$及任意的一个双射$\sigma : \{1, \cdots, n\} \longrightarrow \{1, \cdots, n\}$（我们一般称这样的双射为$\{1, \cdots, n\}$上的置换），都有

$$\mathrm{tp}_M(a_{\beta_1}, \cdots, a_{\beta_n}/A) = \mathrm{tp}_M(a_{\beta_{\sigma(1)}}, \cdots, a_{\beta_{\sigma(n)}}A),$$

则称$(a_i)_{i \in I}$是A上的**完全不可辨元序列**。

命题8.1.2一个直接的推论是：

推论 8.1.1　如果λ是一个无穷基数，理论T是λ-稳定的，$M \models T$，则M中的任意不可辨元序列都是完全不可辨元序列。

证明: 设$M \models T$。根据推论3.4.3，我们只须证明M中的形如$(a_i)_{i \in \omega}$的不可辨元序列是完全不可辨的。我们定义对换：

$$\sigma_{i,i+1} : \{1, \cdots, n\} \longrightarrow \{1, \cdots, n\}, \quad i \mapsto i+1, i+1 \mapsto i,$$

$$\text{当}k \neq i, i+1\text{时}\sigma_{i,i+1}(k) = k\text{。}$$

对任意的$n \in \mathbb{N}^+$，$\{1, \cdots, n\}$上的置换都是由一系列对换复合而得到的，因此我们只须证明：对任意的$n \in \mathbb{N}^+$及任意的$1 \leqslant i < n$，均有

$$\mathrm{tp}_M(a_1, \cdots, a_i, a_{i+1}, \cdots, a_n) = \mathrm{tp}_M(a_1, \cdots, a_{i+1}, a_i, \cdots, a_n)\text{。}$$

如果存在公式$\phi(x_1, \cdots, x_n)$使得

$$M \models \phi(a_1, \cdots, a_i, a_{i+1}, \cdots, a_n)\text{，且 } M \models \neg\phi(a_1, \cdots, a_{i+1}, a_i, \cdots, a_n)\text{，}$$

显然对任意的$k \in \mathbb{N}^+$，均有

$$M \models \phi(a_k, \cdots, a_{ik}, a_{(i+1)k}, \cdots, a_{nk})\text{，}$$

$$\text{且 } M \models \neg\phi(a_k, \cdots, a_{(i+1)k}, a_{ik}, \cdots, a_{nk})\text{。}$$

因此对任意的$ik \leqslant j_1 < j_2 \leqslant (i+1)k$均有

$$M \models \phi(a_k, \cdots, a_{j_1}, a_{j_2}, \cdots, a_{nk})\text{，且 } M \models \neg\phi(a_k, \cdots, a_{j_2}, a_{j_1}, \cdots, a_{nk})\text{。}$$

这表明对任意的$k \in \mathbb{N}^+$，都存在一组参数$\bar{c}_k$及$b_1, \cdots, b_k$，使得对任意的$1 \leqslant i, j \leqslant k$，都有$M \models \phi(b_i, b_j, \bar{c}_k)$当且仅当$i < j$（或当且仅当$i \leqslant j$）。根据紧致性，存在一组参数$\bar{c}^*$及$(b_i^*)_{i\in\omega}$，使得$M \models \phi(b_i^*, b_j^*, \bar{c}^*)$当且仅当$i < j$（或当且仅当$i \leqslant j$）。令$\bar{c}_j^* = b_j\bar{c}^*$，则$M \models \phi(b_i^*, \bar{c}_j^*)$当且仅当$i < j$（或当且仅当$i \leqslant j$）。即$\phi$具有序性质。从而$T$不是$\lambda$-稳定的。 ■

8.2 Morley秩

定义 8.2.1 设M是一个$\mathcal{L}$-结构，$\bar{a} \in M^{|\bar{a}|}$，$\bar{x} = (x_1, \cdots, x_n)$，$\phi(\bar{x}, \bar{y})$是一个公式，$\alpha$是一个序数。我们递归地定义“$\mathrm{RM}_n^M(\phi(\bar{x}, \bar{a})) \geqslant \alpha$”：

(i) $\mathrm{RM}_n^M(\phi(\bar{x}, \bar{a})) \geqslant 0$当且仅当$M \models \exists\bar{x}(\phi(\bar{x}, \bar{a}))$；

(ii) 若α是一个极限序数，则$\mathrm{RM}_n^M(\phi(\bar{x}, \bar{a})) \geqslant \alpha$当且仅当对任意的$\delta < \alpha$，都有$\mathrm{RM}_n^M(\phi(\bar{x}, \bar{a})) \geqslant \delta$；

(iii) $\mathrm{RM}_n^M(\phi(\bar{x},\bar{a})) \geqslant \alpha+1$当且仅当存在$M$的一个初等膨胀$N$及一族$\mathcal{L}_N$-公式

$$\{\psi_j(\bar{x},\bar{b}_j)|\ j\in\omega,\ \bar{b}_j\in N^{|\bar{b}_j|}\},$$

使得:

(a) 对任意的$j\in\omega$均有: $N\models\forall\bar{x}(\psi_j(\bar{x},\bar{b}_j)\to\phi(\bar{x},\bar{a}))$;

(b) 对任意的$j\in\omega$均有: $\mathrm{RM}_n^M(\psi_j(\bar{x},\bar{b}_j))\geqslant\alpha$;

(c) 对任意的$i<j\in\omega$均有: $N\models\neg\exists\bar{x}(\psi_i(\bar{x},\bar{b}_i)\wedge\psi_j(\bar{x},\bar{b}_j))$。

若存在序数α使得$\mathrm{RM}_n^M(\phi(\bar{x},\bar{a}))\geqslant\alpha$且$\mathrm{RM}_n^M(\phi(\bar{x},\bar{a}))\not\geqslant\alpha+1$, 则称$\phi(\bar{x},\bar{a})$的Morley**秩存在**, 并称$\alpha$是$\phi(\bar{x},\bar{a})$的Morley **秩**, 记作$\mathrm{RM}_n^M(\phi(\bar{x},\bar{a}))=\alpha$。

如果对任意的序数α有$\mathrm{RM}_n^M(\phi(\bar{x},\bar{a}))\geqslant\alpha$, 则称$\phi(\bar{x},\bar{a})$的Morley**秩不存在**, 记作$\mathrm{RM}_n^M(\phi(\bar{x},\bar{a}))=\infty$。

如果$M\models\neg\exists\bar{x}\phi(\bar{x},\bar{a})$, 则令$\mathrm{RM}_n^M(\phi(\bar{x},\bar{a}))=-1$。在没有歧义的情况下, 我们会省去记号$\mathrm{RM}_n^M$中的下标$n$。

注 8.2.1 在定义8.2.1中, 我们固定了一个结构M。事实上对任意的$N\succ M$及任意的$\mathcal{L}_M$-公式$\phi(\bar{x})$, 在结构M中定义的$\mathrm{RM}^M(\phi)$和结构N中定义的$\mathrm{RM}^N(\phi)$是相同的。因此, 在没有歧义时, 我们省略掉RM^M的上标M。

练习 8.2.1 设M是一个$\mathcal{L}$-结构, $\bar{a}\in M^{|\bar{a}|}$, $\phi(\bar{x},\bar{y})$是一个$\mathcal{L}$-公式, 其中$|\bar{y}|=|\bar{a}|$。证明: $\mathrm{RM}(\phi(\bar{x},\bar{a}))$被$\mathrm{tp}_M(\bar{a})$确定。即, 对任意的$N\succ M$及任意的$\bar{b}\in N^{|\bar{a}|}$, 只要$\mathrm{tp}_M(\bar{a})=\mathrm{tp}_N(\bar{b})$, 就有$\mathrm{RM}(\phi(\bar{x},\bar{a}))=\mathrm{RM}(\phi(\bar{x},\bar{b}))$。

注 8.2.2 如果M是一个ω-饱和的$\mathcal{L}$-结构, 则对任意的$N\succ M$, 任意的有限集$A\subseteq M$, 任意的$\bar{b}\in N^m$, 都存在$\bar{b}'$使得$\mathrm{tp}_N(\bar{b}/A)=\mathrm{tp}_M(\bar{b}'/A)$。因此当$M$ 是ω-饱和的时候, 对任意的$\mathcal{L}_M$-公式$\phi(\bar{x})$, 如果可以在某个$N\succ M$中找到$\mathcal{L}_N$-公式族$\{\psi_i(\bar{x})|\ i\in\omega\}$, 使得满足定义8.2.1的条

件(a),(b),(c)，那么也可找到$\mathcal{L}_M$-公式族$\{\psi'_j(\bar{x},\bar{b}_j)|\ j\in\omega\}$满足定义8.2.1的条件(a),(b),(c)。

因此当M是ω-饱和结构时，我们在计算$\mathcal{L}_M$-公式的Morley秩时就不再需要引入M的初等膨胀了。

定义 8.2.2　设M是一个ω-饱和模型，$X\subseteq M^n$是一个可定义集合，α是一个序数。我们递归地定义“$\mathrm{RM}(X)\geqslant\alpha$”：

(i) $\mathrm{RM}(X)\geqslant 0$当且仅当$X\neq\emptyset$;

(ii) 若α是一个极限序数，则$\mathrm{RM}(X)\geqslant\alpha$当且仅当对任意的$\delta<\alpha$，都有$\mathrm{RM}(X)\geqslant\delta$;

(iii) $\mathrm{RM}(X)\geqslant\alpha+1$当且仅当存在一族$M$-可定义集$\{Y_j\subseteq M^n|\ j\in\omega\}$，使得：

  (a) 对任意的$j\in\omega$均有：$Y_j\subseteq X$;

  (b) 对任意的$j\in\omega$均有：$\mathrm{RM}(Y_j)\geqslant\alpha$;

  (c) 对任意的$i<j\in\omega$均有：$Y_i\cap Y_j=\emptyset$。

若存在序数α，使得$\mathrm{RM}(X)\geqslant\alpha$且$\mathrm{RM}(X)\not\geqslant\alpha+1$，则称$X$的Morley**秩存在**，并且称$\alpha$是$X$的Morley**秩**，记作$\mathrm{RM}(X)=\alpha$。

如果对任意的序数α都有$\mathrm{RM}(X)\geqslant\alpha$，则称$X$的Morley**秩不存在**，记作$\mathrm{RM}(X)=\infty$。空集的Morley 秩是$-1$。

练习 8.2.2　M是一个ω-饱和模型，$\phi(\bar{x})$是一个$\mathcal{L}_M$-公式。证明:$\mathrm{RM}(\phi(M))=\mathrm{RM}(\phi(\bar{x}))$。

练习 8.2.3　(i) 设M是空语言上的一个ω-饱和的结构，$X\subseteq M$是非空M-可定义集。证明：$\mathrm{RM}(X)\in\{0,1\}$。

(ii) 设$M\models ACF$是ω-饱和的代数闭域，$X\subseteq M$是非空M-可定义集。证明：$\mathrm{RM}(X)\in\{0,1\}$。

(iii) 设T是一个强极小理论，$M \models T$是ω-饱和的，$X \subseteq M$是非空M-可定义集。证明：$\mathrm{RM}(X) \in \{0,1\}$。

注 8.2.3 直观上看，Morley秩本质上是可定义集族上的一个度量，可以看成是一种抽象的“维数”。例如，对于无限域F上的向量空间M而言，$\mathrm{RM}(M) =$“M的维数”，M-可定义集$X \subseteq M$的Morley秩恰好是X所生成的子结构（或子空间）的维数，M^n的可定义子集Morley秩的计算相对复杂一点，我们稍后会讲到。对于代数闭域N而言，N-可定义集$X \subseteq N^n$的Morley秩恰好是X的“Krull维数”。Krull维数是代数几何中的一个概念，感兴趣的同学可以查阅参考文献[13] 第4章。

Morley秩并不总是存在的。

练习 8.2.4 设M是一个ω-饱和的稠密线序，$X \subseteq M$是M-可定义的。证明：如果X是无穷的，则$\mathrm{RM}(X) = \infty$（提示：参考练习7.3.10）。

练习 8.2.5 设$M \succ (\mathbb{Z}, +, 0)$是$\omega$-饱和的，$X \subseteq M$是$M$-可定义的。证明：如果$X$是无穷的，则$\mathrm{RM}(X) = \infty$（提示：参考练习7.3.9）。

练习 8.2.6 设域$M \models RCF^0$是ω-饱和的，$X \subseteq M$是M-可定义的。证明：如果X是无穷的，则$\mathrm{RM}(X) = \infty$（提示：RCF是序极小的理论）。

以下是Morley秩的一些性质。

练习 8.2.7 设M是一个$\mathcal{L}$-结构，$\phi(\bar{x}), \psi(\bar{x})$是两个$\mathcal{L}_M$-公式。证明：

(i) $\mathrm{RM}(\phi(\bar{x}) \vee \psi(\bar{x})) = \max\{\mathrm{RM}(\phi(\bar{x})), \mathrm{RM}(\psi(\bar{x}))\}$;

(ii) 如果$M \models \forall \bar{x}(\phi(\bar{x}) \to \psi(\bar{x}))$，则$\mathrm{RM}(\phi(\bar{x})) \leqslant \mathrm{RM}(\psi(\bar{x}))$;

(iii) $\mathrm{RM}(\phi(\bar{x})) = 0$当且仅当存在自然数$k > 0$使得$M \models \exists^{k个} \bar{x}(\phi(\bar{x}))$。

以下引理的证明需要用到König引理。我们给出一个简化版的König引理。

König 引理　如果$S \subseteq 2^{<\omega}$是$2^{<\omega}$的一个连通的（即任何两个顶点之间都能找到一条路径）无限子图，则S中有一条无限长的路径。

引理 8.2.1　设M是一个ω-饱和的$\mathcal{L}$-结构，$\phi(\bar{x})$是$\mathcal{L}_M$-公式，α是一个序数而且$\mathrm{RM}(\phi(\bar{x})) = \alpha$，则存在一个最大的满足以下条件的正整数$d$：存在$d$个$\mathcal{L}_M$-公式$\psi_1(\bar{x}), \cdots, \psi_d(\bar{x})$，使得：

(i) 对每个$1 \leqslant i \leqslant d$，$\mathrm{RM}(\psi_i) = \alpha$；

(ii) 对每个$1 \leqslant i \leqslant d$，$M \models \forall \bar{x}(\psi_i(\bar{x}) \to \phi(\bar{x}))$；

(iii) 对每个$1 \leqslant i < j \leqslant d$，$M \models \neg\exists \bar{x}(\psi_i(\bar{x}) \wedge \psi_j(\bar{x}))$。

我们称d为ϕ的Morley**度**，记作$\mathrm{dM}(\phi) = d$。

证明：直观上，我们可以按照以下步骤“计算”$\mathrm{dM}(\phi)$：

A： 如果对任意的$\mathcal{L}_M$-公式$\psi(\bar{x})$，当$\mathrm{RM}(\psi) = \alpha$且$M \models \forall \bar{x}(\psi(\bar{x}) \to \phi(\bar{x}))$时，总是有$\mathrm{RM}(\phi \wedge \neg\psi) < \alpha$，则令$\mathrm{dM}(\phi) = 1$。

B： 否则，存在$\mathcal{L}_M$-公式$\psi_0(\bar{x})$，使得$\mathrm{RM}(\psi_0) = \alpha$ 且$M \models \forall \bar{x}(\psi_0(\bar{x}) \to \phi(\bar{x}))$且$\mathrm{RM}(\phi \wedge \neg\psi_0) = \alpha$。令$\psi_1 = \phi \wedge \neg\psi_0$。

C： 重复A，B过程计算$\mathrm{dM}(\psi_0)$和$\mathrm{dM}(\psi_1)$，令$\mathrm{dM}(\phi) = \mathrm{dM}(\psi_0) + \mathrm{dM}(\psi_1)$。

显然，以上的“算法”会在有限步停止。

下面我们给出严格的证明。

我们构造一棵满足如下性质的二叉树$S \subseteq 2^{<\omega}$及一族$\mathcal{L}_M$-公式$\{\phi_\sigma(\bar{x}) | \sigma \in S\}$：

(i) $\emptyset \in S$，且$\phi_\emptyset = \phi$；

(ii) 若$\sigma \in S$且$\tau \subseteq \sigma$，则$\tau \in S$；

(iii) 对每个$\sigma \in S$，$\mathrm{RM}(\phi_\sigma) = \alpha$；

(iv) 若$\sigma \in S$，并且存在$\mathcal{L}_M$-公式$\psi(\bar{x})$，使得$\mathrm{RM}(\phi_\sigma \wedge \psi) = \alpha$且$\mathrm{RM}(\phi_\sigma \wedge \neg\psi) = \alpha$，则$\sigma \frown 0 \in S$ 且$\sigma \frown 1 \in S$，并且令$\phi_{\sigma\frown 0} = \phi_\sigma \wedge \neg\psi$，令$\phi_{\sigma\frown 1} = \phi_\sigma \wedge \psi$。

显然S是一棵二叉树，因此是连通的。我们断言S一定是一个有限集。否则，根据König引理，存在一个函数$f : \omega \longrightarrow \{0,1\}$使得$\{\tau_n = f\restriction\{0,\cdots,n-1\} | \, n \in \omega\} \subseteq S$。根据我们的构造，对任意的$n \in \omega$，$\mathrm{RM}(\tau_n \wedge \neg\tau_{n+1}) = \alpha$并且$M \models \forall\bar{x}(\tau_n \wedge \neg\tau_{n+1} \longrightarrow \phi(x))$，从而$\mathrm{RM}(\phi) \geqslant \alpha + 1$。这是一个矛盾。我们令$S_0 = \{\eta_1,\cdots,\eta_d\} \subseteq S$是$S$的叶子节点。对任意的$\mathcal{L}_M$-公式$\psi(\bar{x})$，如果$\psi(M^{|\bar{x}|}) \subseteq \phi(M^{|\bar{x}|})$且$\mathrm{RM}(\psi) = \alpha$，则

(a) 一定存在$1 \leqslant i \leqslant d$使得$\mathrm{RM}(\psi \wedge \phi_{\eta_i}) = \alpha$。这是因为根据我们的构造，有
$$\bigvee_{i=1}^{d} \phi_{\eta_i}(M^{|\bar{x}|}) = \phi(M^{|\bar{x}|})。$$

(b) 如果$\mathrm{RM}(\psi \wedge \phi_{\eta_i}) = \alpha$，则$\mathrm{RM}(\phi_{\eta_i} \wedge \neg\psi) < \alpha$。否则$S$还会继续“生长”。

这表明，如果有一组$\mathcal{L}_M$-公式$\{\psi_k(\bar{x}) | \, k = 1,\cdots,m\}$满足：对任意的$k \neq j \in \{1,\cdots,m\}$都有$\psi_k(M^{|\bar{x}|}) \subseteq \phi(M^{|\bar{x}|})$，$\mathrm{RM}(\psi) = \alpha$，且$\psi_k(M^{|\bar{x}|}) \cap \psi_j(M^{|\bar{x}|}) = \emptyset$，则对每个$1 \leqslant i \leqslant d$，有且仅有一个$1 \leqslant k \leqslant m$使得$\mathrm{RM}(\phi_{\eta_i} \wedge \psi_k) = \alpha$。根据鸽巢原理，$d \geqslant m$。 ■

练习 8.2.8　证明：

(i) 引理8.2.1中的d个$\mathcal{L}_M$-公式$\psi_1(\bar{x}),\cdots,\psi_d(\bar{x})$是“唯一的”。设$d$个$\mathcal{L}_M$-公式$\psi_1^*(\bar{x}),\cdots,\psi_d^*(\bar{x})$也满足引理8.2.1的要求，则对每个$i \leqslant d$都存在一个$j \leqslant d$使得$\mathrm{RM}(\psi_i \Delta \psi_j^*) < \alpha$，此处$\psi_i \Delta \psi_j^*$表示$\psi_i$与$\psi_j^*$的对称差$(\psi_i \wedge \neg\psi_j^*) \vee (\psi_j^* \wedge \neg\psi_i)$。$\mathrm{RM}(\psi_i \Delta \psi_j^*) < \alpha$ 的直观含义是ψ_i与ψ_j^*“几乎相等”；

(ii) 对每个$i \leqslant d$，都有$dM(\psi_i) = 1$。

练习 8.2.9 设M是一个ω-饱和的$\mathcal{L}$-结构，$\phi(\bar{x}),\psi(\bar{x})$是两个$\mathcal{L}_M$-公式，并且存在序数$\alpha$使得$\mathrm{RM}(\phi)=\mathrm{RM}(\phi\wedge\psi)=\mathrm{RM}(\phi\wedge\neg\psi)=\alpha$。证明：

$$\mathrm{dM}(\phi)=\mathrm{dM}(\phi\wedge\psi)+\mathrm{dM}(\phi\wedge\neg\psi)。$$

定义 8.2.3 设M是一个ω-饱和的$\mathcal{L}$-结构，$X\subseteq M^n$是被一个$\mathcal{L}_M$-公式ϕ定义的集合，则X的Morley度就定义为$\mathrm{dM}(\phi)$，记作$\mathrm{dM}(X)$。

定义 8.2.4 设M是一个$\mathcal{L}$-结构。我们称一个M-可定义集合$X\subseteq M$是**强极小的**是指：对任意的M-可定义子集$Y\subseteq X$，都有Y有限或者$M\backslash Y$有限。

显然，一个理论T是强极小理论当且仅当对每个$M\models T$，M作为（$x=x$定义的）可定义集是强极小的。

练习 8.2.10 设M是一个ω-饱和的$\mathcal{L}$-结构。证明：一个无穷的M-可定义集合$X\subseteq M$是强极小的当且仅当$\mathrm{RM}(X)=\mathrm{dM}(X)=1$。

命题 8.2.1 设T是一个理论，则以下表述等价：

(i) T是ω-稳定的理论；

(ii) 对任意的模型$M\models T$以及任意的$\mathcal{L}_M$-公式$\phi(\bar{x})$，都有$\mathrm{RM}(\phi(\bar{x}))<\infty$（等价地，$\mathrm{RM}(\bar{x}=\bar{x})<\infty$）；

(iii) 对任意的$\lambda\geqslant\omega$，T是λ-稳定的。

证明:

(i)⟹(ii): 我们首先证明以下断言：

断言1 存在一个序数γ，使得对任意的$\mathcal{L}$-公式$\phi(\bar{x},\bar{y})$，任意的$\bar{a}\in M^{|\bar{a}|}$，都有$\mathrm{RM}(\phi(\bar{x},\bar{a}))\geqslant\gamma$当且仅当$\mathrm{RM}(\phi(\bar{x},\bar{a}))>\infty$。

证明: 根据练习8.2.1，$\mathrm{RM}(\phi(\bar{x},\bar{a}))$被$\mathrm{tp}_M(\bar{a})$唯一地确定，因此可能成为某个公式Morley秩的序数至多有$|\bigcup_{n\in\mathbb{N}} S_n(T)|$个。因此存在一个序数$\gamma$，使得所有的Morley秩都$\leqslant \gamma$。 ■

设γ是满足以上断言的序数。若$\mathrm{RM}(\phi(\bar{x},\bar{y}))=\infty$，则$\mathrm{RM}(\phi(\bar{x},\bar{a}))\geqslant \gamma+1$，故存在$\mathcal{L}_M$-公式$\phi_0(\bar{x})$与$\phi_1(\bar{x})$，使$M\models\neg\exists\bar{x}(\phi_0(\bar{x})\wedge\phi_1(\bar{x}))$，且$\mathrm{RM}(\phi_0(x)),\mathrm{RM}(\phi_1(x))\geqslant\gamma$，故而$\mathrm{RM}(\phi_0(x)),\mathrm{RM}(\phi_1(x))=\infty$。将以上的步骤迭代$\omega$次，我们就可以得到一个$\mathcal{L}_M$-公式族: $\{\phi_\eta(\bar{x})|\ \eta\in 2^{<\omega}\}$，使得：

(a) $\phi_\emptyset=\phi$;

(b) 对任意的$\eta_1,\eta_2\in 2^{<\omega}$，若$\eta_1\subseteq\eta_2$，则$M\models\forall\bar{x}(\phi_{\eta_2}(\bar{x})\to\phi_{\eta_1}(\bar{x}))$;

(c) 对任意的$\eta_1,\eta_2\in 2^{<\omega}$，若$\eta_1\not\subseteq\eta_2$且$\eta_2\not\subseteq\eta_1$，则$M\models\neg\exists\bar{x}(\phi_{\eta_1}(\bar{x})\wedge\phi_{\eta_2}(\bar{x}))$。

令A为$\{\phi_\eta(\bar{x})|\ \eta\in 2^{<\omega}\}$中的所有参数构成的集合，则$A$是可数集合。另一方面，对每个$f\in 2^\omega$，$p_f(\bar{x})=\{\phi_{f\restriction 0,\cdots,n-1}|\ n\in\omega\}$是$A$上的一个部分型。并且，对任意的$f\neq g\in 2^\omega$，$p_f\cup p_g$不一致。因此，$S_{|\bar{x}|}(A,M)$中至少有$2^\omega$个元素。这是一个矛盾。

(ii)$\Longrightarrow$(iii): 设$M\models T$并且$|M|=\lambda\geqslant\omega$。显然，我们只须证明$|S_1(M)|=\lambda$。对任意的$p\in S_1(M)$，我们定义$p$的Morley秩为:

$$\mathrm{RM}(p)=\min\{\mathrm{RM}(\phi)|\ \phi\text{是一个}\mathcal{L}_M\text{-公式且}\phi\in p\},$$

现在每个$\mathcal{L}_M$-公式都有Morley秩，并且Morley秩是一个序数。我们知道一个序数集一定有最小元，因此以上的定义是合理的。类似地，我们还可以定义p的Morley度为:

$$\mathrm{dM}(p)=\min\{\mathrm{dM}(\phi)|\ \phi\text{是一个}\mathcal{L}_M\text{-公式且}\phi\in p\text{且}\mathrm{RM}(\phi)=\mathrm{RM}(p)\}。$$

对每个$p\in S_1(M)$，任取一个$\mathcal{L}_M$-公式$\phi_p\in p$，使得$\mathrm{RM}(\phi_p)=\mathrm{RM}(p)$且$\mathrm{dM}(\phi_p)=\mathrm{dM}(p)$。我们有:

断言2 对任意的$p_1, p_2 \in S_1(M)$，如果$\phi_{p_1} = \phi_{p_2}$，则$p_1 = p_2$。

证明: 反设$p_1 \neq p_2$，则存在$\mathcal{L}_M$-公式ψ使得$\psi \in p_1$且$\neg\psi \in p_2$。显然$\mathrm{RM}(\psi \wedge \phi_{p_1}) = \mathrm{RM}(\phi_{p_1})$，$\mathrm{RM}(\neg\psi \wedge \phi_{p_2}) = \mathrm{RM}(\phi_{p_2})$，$\mathrm{dM}(\psi \wedge \phi_{p_1}) = \mathrm{dM}(\phi_{p_1})$，$\mathrm{dM}(\neg\psi \wedge \phi_{p_2}) = \mathrm{dM}(\phi_{p_2})$。如果$\phi_{p_1} = \phi_{p_2} = \phi$，则根据练习8.2.9，有

$$\mathrm{dM}(\phi) = \mathrm{dM}(\phi \wedge \psi) + \mathrm{dM}(\phi \wedge \neg\psi)$$

$$= \mathrm{dM}(\phi_{p_1} \wedge \psi) + \mathrm{dM}(\phi_{p_2} \wedge \neg\psi) = 2\mathrm{dM}(\phi)。$$

这是一个矛盾。 ■

以上断言表明$p \mapsto \phi_p$是由$S_1(M)$ 到$\mathcal{L}_M$-公式集的一个单射函数，因此$|S_1(M)| \leqslant |\mathcal{L}_M| = \lambda$。

(iii)$\Longrightarrow$(i): 显然。

证毕。 ■

根据命题8.2.1，以下的定义是合理的。

定义 8.2.5 设T是ω-稳定理论，$M \models T$，$A \subseteq M$。对任意的$p \in S_n(A)$，我们定义p的Morley 秩为：

$$\mathrm{RM}(p) = \min\{\mathrm{RM}(\phi) |\ \phi\text{是一个}\mathcal{L}_M\text{-公式且}\phi \in p\}。$$

我们定义p的Morley度为：

$$\mathrm{dM}(p) = \min\{\mathrm{dM}(\phi) |\ \phi\text{是一个}\mathcal{L}_M\text{-公式且}\phi \in p\text{且}\mathrm{RM}(\phi) = \mathrm{RM}(p)\}。$$

对任意的$\bar{b} \in M^n$，我们定义$\mathrm{RM}(\bar{b}/A) = \mathrm{RM}(\mathrm{tp}_M(\bar{b}/A))$，$\mathrm{dM}(\bar{b}/A) = \mathrm{dM}(\mathrm{tp}_M(\bar{b}/A))$。

练习 8.2.11 设M是一个结构，$A \subseteq M$，$b \in M$。证明：$\mathrm{RM}(b/A) \geqslant 1$当且仅当$b \notin \mathrm{acl}_M(A)$。

注 8.2.4 命题8.2.1蕴涵着：对任意的不可数基数λ，ω-稳定要比λ-稳定强。事实上，ω-稳定严格地比λ-稳定强。

我们来考虑一个例子。

例 8.2.1 我们知道，$\mathrm{Th}(\mathbb{Z},0,+)$不是$\omega$-稳定的（见例8.1.2(v')）。然而，$\mathrm{Th}(\mathbb{Z},0,+)$是$\lambda$-稳定的。根据练习7.3.9，我们加入可数多个新谓词$\{D_n|\ n\in\mathbb{N}^+\}$ 及一个新常元1后，扩张后的理论

$$\mathrm{Pr}_0^* = \mathrm{Th}\Big((\mathbb{Z},+,0,1,\{D_n^{\mathbb{Z}}\}_{n\in\mathbb{N}^+})\Big)$$

具有量词消去，并且对任意的$M\models \mathrm{Pr}_0^*$，$b\in M$，$A\subseteq M$，$\mathrm{tp}_M(b/A)$完全被$\mathcal{D}_M(b/A)$确定（见定义7.3.4）。现在设M是λ^+-饱和的，$|A|=\lambda$，并且λ 是一个$\geqslant 2^\omega$的基数。我们来计算$S_1(A,M)$的基数。

我们在M上定义一个等价关系$E(b,c)$，当且仅当对任意的$n\in\mathbb{N}^+$，$D_n(b-c)$。显然，E至多有2^ω个等价类。这是因为对每个$b\in M$，$n\in\mathbb{N}^+$，都存在一个整数$b_n\in\mathbb{Z}$，使得$M\models D_n(b-b_n)$。我们定义一个映射：$b\mapsto (b_n)_{n\in\mathbb{N}^+}$。显然$\neg E(b,c)$意味着$(b_n)_{n\in\mathbb{N}^+}\neq (c_n)_{n\in\mathbb{N}^+}$，因此$E$在$M$上至多有$2^\omega$个等价类。显然$E$在$\mathrm{cl}_M(A)$（见定义7.3.2）上也至多有$2^\omega$个等价类。

对任意的$b\in M$，当$b\notin \mathrm{cl}_M(A)$时，根据练习7.3.9，$\mathrm{tp}_M(b/A)$完全被$\mathcal{D}_M(b/A)$（见定义7.3.4）确定。而$\mathcal{D}_M(b/A)$恰好被b关于E 的等价类确定。也就是说，对任意的$b,c\in M\backslash \mathrm{cl}_M(A)$，

$$\mathrm{tp}_M(c/A)\neq \mathrm{tp}_M(b/A) \implies \neg E(c,b),$$

这表明$S_1(A,M)$中至多有2^ω个非代数型。而$S_1(A,M)$中有$|A|$个代数型，故$|S_1(A,M)|=|A|$，即Pr_0^*是λ-稳定的。显然约化后的结构$(\mathbb{Z},+,0)$的理论$\mathrm{Th}((\mathbb{Z},+,0))$也是$\lambda$-稳定的。

定义 8.2.6 我们称一个可数理论T是**超稳定**的是指：对任意的基数$\lambda\geqslant 2^\omega$，都有$T$是$\lambda$-稳定的。

显然，练习8.1.6和例8.2.1表明：

命题 8.2.2　整数集上的加法群的理论$\mathrm{Th}(\mathbb{Z},+,0)$是超稳定的，但不是$\omega$-稳定的。

引理 8.2.2　设T是ω-稳定理论，$M \models T$，$A \subseteq M$，$p(\bar{x}) \in S_n(A,M)$。如果$\phi(\bar{x}) \in p$使得$(\mathrm{RM}(\phi),\mathrm{dM}(\phi)) = (\mathrm{RM}(p),\mathrm{dM}(p))$，则$p$被$\phi$确定：对任意的$\mathcal{L}_A$-公式$\psi$，有$\psi \in p$当且仅当$(\mathrm{RM}(\phi),\mathrm{dM}(\phi)) = (\mathrm{RM}(\phi \wedge \psi),\mathrm{dM}(\phi \wedge \psi))$。

证明: 若$\psi \in p$，则$\phi \wedge \psi \in p$，故$(\mathrm{RM}(\phi\wedge\psi),\mathrm{dM}(\phi\wedge\psi)) \geqslant (\mathrm{RM}(p),\mathrm{dM}(p))$。另一方面，$(\mathrm{RM}(\phi\wedge\psi),\mathrm{dM}(\phi\wedge\psi)) \leqslant (\mathrm{RM}(\phi),\mathrm{dM}(\phi))$。故$(\mathrm{RM}(\phi),\mathrm{dM}(\phi))$ $= (\mathrm{RM}(\phi \wedge \psi),\mathrm{dM}(\phi \wedge \psi))$。

反之，如果$(\mathrm{RM}(\phi),\mathrm{dM}(\phi)) = (\mathrm{RM}(\phi \wedge \psi),\mathrm{dM}(\phi \wedge \psi))$，并且$\psi \notin p$，则$\neg\psi \in p$，故而$(\mathrm{RM}(\phi),\mathrm{dM}(\phi)) = (\mathrm{RM}(\phi \wedge \neg\psi),\mathrm{dM}(\phi \wedge \neg\psi))$。但$\mathrm{RM}(\phi) = \mathrm{RM}(\phi \wedge \psi) = \mathrm{RM}(\phi \wedge \neg\psi)$蕴涵着$\mathrm{dM}(\phi) = \mathrm{dM}(\phi \wedge \psi) + \mathrm{dM}(\phi \wedge \neg\psi)$。这是一个矛盾。 ■

根据推论8.1.1 和命题8.2.1，我们有：

推论 8.2.1　如果理论T是ω-稳定的，$M \models T$，则M中的不可辨元序列均是完全不可辨的。

定义 8.2.7　设$M \models T$。如果一个$\mathcal{L}_M$-公式集$\mathcal{F} = \{\phi_\eta(\bar{x}) |\ \eta \in 2^{<\omega}\}$满足以下性质:

(i) 对任意的$\eta \in 2^{<\omega}$，$T \cup \phi_\eta$一致；

(ii) 对任意的$\eta \in 2^{<\omega}$，$M \models \forall\bar{x}(\phi_{\eta\frown i} \to \phi_\eta)$，其中$i = 0,1$;

(iii) 对任意的$\eta \in 2^{<\omega}$，$M \models \neg\exists\bar{x}(\phi_{\eta\frown 0} \wedge \phi_{\eta\frown 1})$，

则称$\mathcal{F}$是一个$\mathcal{L}_M$-**公式**（关于T）**的二叉树**。

定义 8.2.8　设T是一个理论。如果对于T的任意模型M，都不存在$\mathcal{L}_M$-公式的二叉树，则称T是**完全超越的**。

显然，命题8.2.1的证明表明：

命题 8.2.3　一个可数理论T是完全超越的当且仅当T是ω-稳定的。也就是说，完全超越的理论就是对任意的无穷基数λ，都是λ-稳定的理论。

练习 8.2.12　证明命题8.2.3。

回忆引理4.1.2和命题4.2.3关于“基数为κ的λ-饱和模型存在性”的证明中，模型M上的型空间$S_1(M)$的基数是我们估计λ-饱和模型的基数的下界的一个重要因素。当理论T是ω-稳定理论时，型空间$S_1(M)$的基数达到它的下界$|M|$，因此我们可以改进推论4.2.1的结论。

引理 8.2.3　设T是ω-稳定理论，则对任意无穷基数κ，以及任意的正则基数$\lambda \leqslant \kappa$，T都有一个基数为κ的λ-饱和模型。

证明: 根据命题8.2.1，T是κ-稳定的，故对任意基数为κ的模型$M \models T$，都有$|S_1(M)| = \kappa$。回忆引理4.1.2和命题4.2.3的证明，我们可以构造一个T的模型的初等升链$\{M_\alpha |\ \alpha \in \lambda\}$，使得：

(i) 对每个$\alpha \in \lambda$都有$|M_\alpha| = |\kappa|$；

(ii) 对每个$\alpha \in \lambda$，$M_{\alpha+1}$可以实现$S_1(M_\alpha)$中所有的型。

令$M = \cup_{\alpha\in\lambda} M_\alpha$，则$M$是$\lambda$-饱和的且$|M| = \kappa$。 ■

8.3 强极小理论的范畴性

回忆定义3.0.1，设λ是一个基数，我们称理论T是λ-范畴的是指T只有一个基数为λ的模型。当λ是一个不可数基数时，范畴性表现出一些有趣的性质：

例 8.3.1　(i) 定理3.1.2告诉我们：对任意的不可数基数λ，ACF_0都是λ-范畴的。事实上，对任意的素数p，ACF_p也是λ-范畴的。（ACF_0，ACF_p并不是ω-范畴的。）

(ii) 如果F是一个至多可数的域（如有限域$\mathbb{F}_{p^n}$或有理数域$\mathbb{Q}$），则对任意不可数基数λ，F上的向量空间的理论T_{VF}都是λ-范畴的。（$T_{V\mathbb{Q}}$也不是ω-范畴的。）

(iii) 空语言上的任何完备理论对任意基数λ而言都是λ-范畴的。

例 8.3.2 考虑语言$\mathcal{L}_{\mathbb{N}}=\{0,S\}$，其中0是常元，$S$是一个一元函数。我们将$S$在自然数集合$\mathbb{N}$上解释为后继函数“$x\mapsto x+1$”，得到$\mathcal{L}_{\mathbb{N}}$-结构$(\mathbb{N},0,S)$，则对任意的不可数基数$\lambda$，$\mathrm{Th}(\mathbb{N},0,S)$是$\lambda$-范畴的。设$M\models\mathrm{Th}(\mathbb{N},0,S)$，我们在$M$上定义一个等价关系$a\sim b$当且仅当存在自然数$n$，使得$a=b+n$或者$b=a+n$。需要注意，这个等价关系不是可定义的。容易验证，除了0_M的等价类$[0_M]$同构于$(\mathbb{N},0,S)$，其他的等价类均同构于$(\mathbb{Z},S)$。如果λ是一个不可数基数，则M的基数是λ当且仅当M中有λ个“$(\mathbb{Z},S)$”的拷贝。因此，对任意的两个基数为λ的模型M,N，我们将M中0_M的等价类$[0_M]$同构地映射到N中的0_N的等价类$[0_N]$，然后其他的λ个“$(\mathbb{Z},S)$”的拷贝可以一一地从M映射到N。这就构造了另一个M到N的同构。因此，对任意的不可数基数λ，$\mathrm{Th}((\mathbb{N},0,S))$是$\lambda$-范畴的。（$\mathrm{Th}((\mathbb{N},0,S))$也不是$\omega$-范畴的。）

练习 8.3.1 证明：

(i) $\mathrm{Th}((\mathbb{N},0,S))$具有量词消去；

(ii) 设$M\models\mathrm{Th}((\mathbb{N},0,S))$，则例8.3.2中的$[0_M]$恰好是$\mathrm{acl}_M(\emptyset)$。

(iii) $\mathrm{Th}((\mathbb{N},0,S))$是强极小理论。

事实上，例8.3.2的论证对任意的强极小理论T都是适用的。以下的练习可以将我们的论证推广到一般的强极小理论。

练习 8.3.2 证明：如果T是强极小理论，则对任意的$M,N\models T$，$\mathrm{acl}_M(\emptyset)$与$\mathrm{acl}_N(\emptyset)$之间存在（部分）同构映射。（提示：如果$\mathrm{acl}_M(\emptyset)$是有穷的，则对每个$N\models T$，都有$|\mathrm{acl}_M(\emptyset)|=|\mathrm{acl}_N(\emptyset)|$，并且存在部分同构

$$f:\mathrm{acl}_M(\emptyset)\longrightarrow\mathrm{acl}_N(\emptyset)。$$

如果$\mathrm{acl}_M(\emptyset)$是无穷的，则$\mathrm{acl}_M(\emptyset)\models T$，且$\mathrm{acl}_M(\emptyset)$是$T$的素模型。而$T$的素模型之间同构，因此对任意的$N\models T$，都有$\mathrm{acl}_M(\emptyset)$同构于$\mathrm{acl}_N(\emptyset)$。）

注 8.3.1　令$\mathrm{Th}((\mathbb{N},0,S))$。我们用$\mathrm{acl}_M(\emptyset)$和$\mathrm{acl}_N(\emptyset)$代替例8.3.2 中的$[0_M]$和$[0_N]$，从而将$[0_M]$和$[0_N]$之间的同构推广为$\mathrm{acl}_M(\emptyset)$和$\mathrm{acl}_N(\emptyset)$之间的同构。

练习 8.3.3　证明：如果T是强极小理论，$M,N\models T$，$A\subseteq M$，$B\subseteq N$，且

$$f:\mathrm{acl}_M(A)\longrightarrow \mathrm{acl}_N(A)$$

是一个部分同构，则对任意的$a\in M\backslash\mathrm{acl}_M(A)$及$b\in N\backslash\mathrm{acl}_N(B)$，都有

$$\mathrm{tp}_M(a/\mathrm{acl}_M(A))=\mathrm{tp}_N(b/\mathrm{acl}_N(B))。$$

并且存在f的扩张

$$\bar{f}:\mathrm{acl}_M(A\cup\{a\})\longrightarrow \mathrm{acl}_N(B\cup\{b\}),$$

使得$\bar{f}(a)=b$且$\bar{f}$也是部分同构。（提示：利用进退构造法。）

练习 8.3.4　设T是可数的强极小理论，$M,N\models T$，且$|M|=|N|=\lambda>\aleph_0$，则$M\cong N$。（提示：在M中取一个序列$(a_i)_{i<\kappa}$使得$a_j\notin\mathrm{acl}_M(\{a_i|\ i<j\})$，并且$(a_i)_{i<\kappa}$是极大的。证明$M=\mathrm{acl}_M(\{a_i|\ i<\kappa\})$。显然$|M|=|\{a_i|\ i<\kappa\}|$，故$\kappa=\lambda$。类似地，在$N$中取一个序列$(b_i)_{i<\lambda}$，使得$b_j\notin\mathrm{acl}_N(\{a_i|\ i<j\})$且$N=\mathrm{acl}_N(\{b_i|\ i<\lambda\})$，则根据练习8.3.2和练习8.3.3，存在部分同构的序列的升链

$$f_0\subseteq\cdots\subseteq f_i\subseteq\cdots\ (i<\lambda),$$

其中$f_0:\mathrm{acl}_M(\emptyset)\longrightarrow\mathrm{acl}_N(\emptyset)$，$f_j:\mathrm{acl}_M(\{a_i|\ i<j\})\longrightarrow\mathrm{acl}_N(\{b_i|\ i<j\})$。）

定义 8.3.1　设$(I,<_I)$是一个线序集，M是一个结构，$A\subseteq X\subseteq M$，$(a_i)_{i\in I}$是X中的序列。

(i) 如果序列$(a_i)_{i\in I}$满足$a_j \notin \mathrm{acl}_M(A \cup \{a_i|\ i <_I j\})$，则称$(a_i)_{i\in I}$是$A$上一个**代数独立序列**；

(ii) 如果$(a_i)_{i\in I}$是A上的一个代数独立序列且

$$X \subseteq \mathrm{acl}_M(A \cup \{a_i|\ i \in I\}),$$

则称$(a_i)_{i\in I}$是X在A上的一个**基**。

定义 8.3.2　设M是一个结构，$A, B \subseteq X \subseteq M$。

(i) 如果对任意的$b \in B$都有$b \notin \mathrm{acl}_M\big(A \cup (B\backslash\{b\})\big)$，则称$B$在$A$上**代数独立**；

(ii) 如果B在A上代数独立且$X \subseteq \mathrm{acl}_M(A \cup B)$，则称$B$是$X$在$A$上的一个**基**。

练习 8.3.5　设T是强极小理论，$M \models T$，$(I, <_I)$是一个线序集，$A \subseteq M$，M中的序列$(a_i)_{i\in I}$是A上的一个代数独立序列。证明：

(i) $(a_i)_{i\in I}$是A上的不可辨元序列，从而是完全不可辨元序列；

(ii) 对任意的$i_0 \in I$，都有$a_{i_0} \notin \mathrm{acl}_M(A \cup \{a_i|\ i \in I,\ i \neq i_0\})$；

(iii) $(a_i)_{i\in I}$是A上的一个代数独立序列当且仅当集合$\{a_i|\ i \in I\}$在A上代数独立。

引理 8.3.1　设T是强极小理论，$\mathbb{M} \models T$，对任意的$b, c \in \mathbb{M}$及$A \subseteq \mathbb{M}$，如果$b \in \mathrm{acl}(A \cup \{c\})\backslash\mathrm{acl}(A)$，则$c \in \mathrm{acl}(A \cup \{b\})$。

证明：根据紧致性，对每个$\mathcal{L}_A$-公式$\phi(x, y)$，都存在正整数N_ϕ，使得对任意的$b_0, c_0 \in \mathbb{M}$，都有

$$\phi(b_0, \mathbb{M})\text{是无穷集合} \iff |\phi(b_0, \mathbb{M})| > N_\phi,\ \phi(\mathbb{M}, c_0)\text{是无穷集合}$$

$$\iff |\phi(\mathbb{M}, c_0)| > N_\phi。$$

因此“$\phi(x,\mathbb{M})$是无穷集合”可以用一个$\mathcal{L}_A$-公式表达。类似地，“$\phi(\mathbb{M},y)$是无穷集合”也可以用一个$\mathcal{L}_A$-公式表达。现在设$b\in \mathrm{acl}(A\cup\{c\})\backslash\mathrm{acl}(A)$，并且反设$c\notin \mathrm{acl}(A\cup\{b\})$，则存在$\mathcal{L}_A$-公式$\phi(x,y)$使得$\phi(x,c)$孤立了代数型$\mathrm{tp}_M(b/Ac)$。特别地，$\phi(\mathbb{M},c)\subseteq \mathrm{acl}(A\cup\{c\})$是有限集。

令$M\prec\mathbb{M}$且$A\cup\{b,c\}\subseteq M$。任取$c^*\notin M$，由于Ab上只有一个非代数型，故$\mathrm{tp}_M(c^*/Ab)=\mathrm{tp}_M(c/Ab)$。显然，对任意的正整数$n$，“$|\phi(\mathbb{M},y)|=n$”是一个$\mathcal{L}_A$-公式，故$|\phi(\mathbb{M},c)|=|\phi(\mathbb{M},c^*)|$。由于$\phi(\mathbb{M},c)=\psi(M,c)\subseteq\phi(\mathbb{M},c^*)$，故$\phi(\mathbb{M},c)=\phi(\mathbb{M},c^*)$。另一方面，根据强极小性，对任意的$b_0\in M$，$\phi(b_0,y)\in\mathrm{tp}_M(c^*/M)$当且仅当$\phi(b_0,\mathbb{M})$是无穷集合。因此我们有

$$\phi(b_0,y)\in\mathrm{tp}_M(c^*/M)\iff\phi(b_0,c^*)$$

$$\iff\phi(b_0,c)\iff\phi(b_0,\mathbb{M})\text{是无穷集合。}$$

现在，“$\phi(x,\mathbb{M})$是无穷集合”是一个$\mathcal{L}_A$-公式，记作$\psi(x)$。显然有

$$M\models\forall x(\phi(x,c)\leftrightarrow\psi(x))\text{。}$$

因此，$\psi(\mathbb{M})=\phi(\mathbb{M},c)$。这表明$b\in\psi(\mathbb{M})\subseteq\mathrm{acl}(A)$，从而$c\in\mathrm{acl}(A)$。这是一个矛盾。 ■

引理 8.3.2　*设T是强极小理论，$X\subseteq\mathbb{M}$。如果$\{a_i|\ i\in I\}$和$\{b_j|\ j\in J\}$均是X的基，则$|I|=|J|$。*

证明: 我们只须证明$|J|\leqslant|I|$。根据引理8.3.1，对任意的$j_0\in J$，存在一个$i_0\in I$，使得

$$a_{i_0}\in\mathrm{acl}\Big(\{b_j|\ j\in J\}\Big)\backslash\mathrm{acl}\Big(\{b_j|\ j\in J,\ j\neq j_0\}\Big)\text{。}$$

因此

$$b_{j_0}\in\mathrm{acl}\Big(\{b_j|\ j\in J,\ j\neq j_0\}\cup\{a_{i_0}\}\Big)\text{。}$$

我们将b_{j_0}替换为a_{i_0}，其他b_j不变，得到新的集合$\{b'_j|\,j\in J\}$，则$\{b'_j|\,j\in J\}$仍然是X的基。

若J是有限的，我们可以将以上过程重复$|J|$ 次，从而将$\{b_j|\ j \in J\}$ 中的所有元素都替换为$\{a_i|\ i \in I\}$中的元素，得到代数独立的集合$\{b_j^*|\ j \in J\}$，这表明$|J| \leqslant |I|$。

如果I是无穷的，则

$$\mathrm{acl}\Big(\{a_i|\ i \in I\}\Big) = \bigcup_{I_0\text{是}I\text{的有限子集}} \mathrm{acl}\Big(\{a_i|\ i \in I_0\}\Big)。$$

故$|J| \leqslant \left|\mathrm{acl}\Big(\{a_i|\ i \in I\}\Big)\right| = |I|$。 ■

定义 8.3.3 设T是强极小理论，$M \models T$，$X \subseteq \mathbb{M}$，B是X的基，则称$|B|$为X的维数，记作$\dim(X)$。

注 8.3.2 (i) 令$T = \mathrm{Th}(\mathbb{N}, 0, S)$，$M, N \models T$。在$M$中取一个代数独立序列$(a_i)_{i<\kappa}$，在$N$中取一个代数独立序列$(b_i)_{i<\lambda}$。我们用

$$\mathrm{acl}_M(\{a_i|\ i \leqslant j\})\backslash \mathrm{acl}_M(\{a_i|\ i < j\})$$

$$\text{和 } \mathrm{acl}_N(\{b_i|\ i \leqslant j\})\backslash \mathrm{acl}_N(\{b_i|\ i < j\})$$

分别代替例8.3.2中的$[a_j]$和$[b_j]$，从而将$[a_j]$与$[b_j]$之间的同构推广为$\mathrm{acl}_M(\{a_i|\ i \leqslant j\})$与$\mathrm{acl}_N(\{b_i|\ i \leqslant j\})$之间的同构。

(ii) 设T是强极小理论，$M \models T$，$(a_i)_{i<\lambda}$是M的基，其中λ是一个基数。当$|M|$不可数时，$|M| = \lambda$。对任意的$M, N \models T$，有$M \cong N$当且仅当$\dim(M) = \dim(N)$。这是定理3.1.2的证明思路的一个推广。

根据练习8.3.4，我们有：

命题 8.3.1 如果T是强极小理论，则对任意的不可数基数λ，T都是λ-范畴的。

8.4 不可数范畴与Morley定理

在以上例子中，我们观察到，当λ是一个不可数基数，并且理论T是λ-范畴时，对任意的不可数基数κ，都有T是κ-范畴的。事实上这种情况并不是个例。下面我们给出当代模型论最重要的成果之一：

Morley定理　设λ是一个不可数基数，并且理论T是一个可数的理论。如果T是λ-范畴，则任意的不可数基数κ，都有T是κ-范畴的。此时也称T是**不可数范畴**的理论。

本章的主要目标是证明Morley定理。我们首先证明所有不可数范畴的理论都是ω-稳定的，为此我们引入Skolem函数的概念。

定义 8.4.1　设$\bar{\mathcal{L}}$是一个语言（可以是不可数的），$\bar{T}$是一个$\bar{\mathcal{L}}$-理论（可以是不完备的）。我们称$\bar{T}$**具有Skolem函数**是指：对任意的$\bar{\mathcal{L}}$-公式$\phi(x,\bar{y})$，存在一个$\bar{\mathcal{L}}$中的函数符号f，使得$\bar{T}\models\forall y(\exists x\phi(x,\bar{y})\leftrightarrow\phi(f(\bar{y}),\bar{y}))$。

引理 8.4.1　设$\mathcal{L}$是一个语言（可以是不可数的），设T是一个$\mathcal{L}$-理论（T可以没有无穷模型），则存在基数$\leqslant|\mathcal{L}|+\omega$的语言$\mathcal{L}'\supseteq\mathcal{L}$及$\mathcal{L}'$-理论$T'\supseteq T$，使得$T'$具有Skolem函数。

证明: 设$\mathcal{M}_0=(M,\cdots)\models T$是一个$\mathcal{L}$-结构。对每个$\mathcal{L}$-公式$\phi(x,\bar{y})$，我们引入一个新的$|\bar{y}|$-元函数符号$f_\phi$，得到扩张的语言

$$\mathcal{L}_1=\{f_\phi|\ \phi(x,\bar{y})\text{是一个}\mathcal{L}\text{-公式}\}。$$

对任意的一个$\mathcal{L}$-公式$\phi(x,y_0,\cdots,y_{n-1})$，我们取一个元素$c_\phi\in M$。设$\bar{b}\in M^n$，如果存在$c\in M$使得$M\models\phi(c,\bar{b})$，则令$f_\phi^{\mathcal{M}_1}(\bar{b})=c$；如果不存在这样的$c$，则令$f_\phi^{\mathcal{M}_1}(\bar{b})=c_\phi$。按照以上的解释，我们可以将$M$扩张为一个$\mathcal{L}_1$-结构

$$\mathcal{M}_1=(\mathcal{M}_0,\{f_\phi^{\mathcal{M}_1}|\phi(x,\bar{y})\text{是一个}\mathcal{L}\text{-公式}\})。$$

对于$\mathcal{L}_1$-结构$\mathcal{M}_1=(M,\cdots)$，我们重复以上的操作。即对每个$\mathcal{L}_1$-公式$\phi(x,\bar{y})$，我们再引入一个新的$|\bar{y}|$-元函数符号f_ϕ，得到扩张的语言$\mathcal{L}_2$，并且用同样的方式将$\mathcal{M}_1$扩张为一个$\mathcal{L}_2$-结构：

$$\mathcal{M}_2=(\mathcal{M}_1,\{f_\phi^{\mathcal{M}_1}|\phi(x,\bar{y})\text{是一个}\mathcal{L}_1\text{-公式}\})。$$

将以上过程迭代ω次，得到一个扩张的语言序列$\mathcal{L}=\mathcal{L}_0\subseteq\mathcal{L}_1\subseteq\mathcal{L}_2\subseteq\cdots$及相对应的结构序列$\mathcal{M}_0,\mathcal{M}_1,\mathcal{M}_2,\cdots$。令$\mathcal{L}'=\bigcup_{n\in\omega}\mathcal{L}_n$，$\mathcal{M}'$为$\mathcal{L}'$中的符号

在M中的解释，即当符号$Z \in \mathcal{L}_n$时，$Z^{\mathcal{M}'}$就是$Z^{\mathcal{M}_n}$。令$T' = \mathrm{Th}(\mathcal{M}')$。请读者自己验证$T'$是具有Skolem函数的$\mathcal{L}'$-理论。■

注 8.4.1 我们习惯上将引理 8.4.1中的T'称为T的Skolem化。一般把T的Skolem化记作T^{sk}。显然T的Skolem化并不唯一。

练习 8.4.1 完成引理8.4.1的证明。

练习 8.4.2 设T是具有Skolem函数的完备$\mathcal{L}$-理论。证明：设$M \models T$且$A \subseteq M$是M的子模型，则A是M的初等子模型。

命题 8.4.1 设T是一个可数的理论，κ是一个不可数的基数，则存在T的一个基数为κ的模型M，使得对任意可数的$A \subseteq M$，M至多可以实现$S_1(A, M)$ 中的可数多个型。

证明: 令$\mathcal{L}'$是$\mathcal{L}$的扩张，并且$\mathcal{L}'$-理论T'是T的Skolem化。根据定理3.4.3，存在$\mathcal{L}'$-结构N，使得$N \models T'$且N中有个不可辨元序列$(b_i |\ i \in \kappa)$。令$B = \{b_i |\ i \in \kappa\}$，$N_0 =< B >^N$是集合$B$生成的子结构。根据练习8.4.2，$N_0 \prec N$。根据引理1.2.2，$N_0$中的每个元素都可以表示为$t^N(b_{n_0}, \cdots, b_{n_{k-1}})$，其中$t(x_0, \cdots, x_{k-1})$是一个$\mathcal{L}'$-项。显然$|N_0| = \kappa$。设$A$是$N_0$的一个可数子集，则对每个$a \in A$，都存在一个$\mathcal{L}'$-项$t_a(\bar{x})$及$\bar{b}_a \in B^{|\bar{x}|}$，使得$a = t_a(\bar{b}_a)$。令$C = \bigcup_{a\in A} \bar{b}_a$（此处将$\bar{b}_a$看作是一个有限集），则$C$是一个可数集。令$I_0 = \{i \in \kappa |\ b_i \in C\}$。

作为序数集合$(\kappa, <)$是一个良序。设$t(x_0, \cdots, x_{n-1})$ 是一个$\mathcal{L}'$-项，对任意$\alpha_0, \cdots, \alpha_{n-1}$以及$\beta_0, \cdots, \beta_{n-1} \in \kappa$，我们有：

断言1 如果在序结构$(\kappa, <)$中，有

$$\mathrm{qftp}_\kappa(\alpha_0, \cdots, \alpha_{n-1}/I_0) = \mathrm{qftp}_\kappa(\beta_0, \cdots, \beta_{n-1}/I_0),$$

则在$\mathcal{L}'$-结构M中有

$$\mathrm{tp}_M(t^M(b_{\alpha_0}, \cdots, b_{\alpha_{n-1}})/A) = \mathrm{tp}_M(t^M(b_{\beta_0}, \cdots, b_{\beta_{n-1}})/A)。$$

证明: 这是显然的。因为$(b_i|\ i\in\kappa)$是一个不可辨元序列，A由下标i来自I_0的元素$\{b_i|\ i\in I_0\}$生成，因此$\mathrm{tp}_M(t^M(b_{\alpha_0},\cdots,b_{\alpha_{n-1}})/A)$完全被$\alpha_0,\cdots,\alpha_{n-1}$相对于$I_0$ 的“序关系”确定，而$\alpha_0,\cdots,\alpha_{n-1}$相对于$I_0$的“序关系”完全被$\mathrm{qftp}_\kappa(\alpha_0,\cdots,\alpha_{n-1}/I_0)$确定。（请读者思考一下为什么此处不需要“$\mathrm{tp}_\kappa(\alpha_0,\cdots,\alpha_{n-1}/I_0)=\mathrm{tp}_\kappa(\beta_0,\cdots,\beta_{n-1}/I_0)$”这样一个更强的条件？） ■

断言2 在序结构$(\kappa,<)$中，对任意的$n\in\mathbb{N}^+$，任意的可数子集$J\subseteq\kappa$，集合

$$QF_n=\{\mathrm{qftp}_\kappa(\alpha_0,\cdots,\alpha_{n-1}/J)|\ \alpha_0,\cdots,\alpha_n\in\kappa\}$$

是可数的。

证明: 对$n\geqslant 1$归纳证明。由于J是可数的良序集，设$J=\{\gamma_k|\ k\in\mathbb{N}\}$是$J$中的元素从小到大的一个枚举，则$J$将$\kappa$分为可数段$\{\{x\in\kappa|\ \gamma_k\leqslant x\leqslant\gamma_{k+1}\}|\ k\in\mathbb{N}\}$，显然每一段$\{x\in\kappa|\ \gamma_k\leqslant x\leqslant\gamma_{k+1}\}$至多实现三个无量词的1-型，即$x=\gamma_k$，$\gamma_k<x<\gamma_{k+1}$，以及$x=\gamma_{k+1}$是三种可能的情形。因此$QF_1$可数。

现在设断言2对任意小于等于n的自然数都成立，我们来证明QF_{n+1}可数。反设QF_{n+1}不可数。根据归纳假设和鸽巢原理，存在$\{\bar{\alpha}_k\in\kappa^n|\ k\in\aleph_1\}$及$\{\beta_k\in\kappa|\ k\in\aleph_1\}$，使得对任意的$k_1\neq k_2\in\aleph_1$，都有

(i) $\mathrm{qftp}_\kappa(\bar{\alpha}_{k_1}/J)=\mathrm{qftp}_\kappa(\bar{\alpha}_{k_2}/J)$，$\mathrm{qftp}_\kappa(\beta_{k_1}/J)=\mathrm{qftp}_\kappa(\beta_{k_2}/J)$；

(ii) $\mathrm{qftp}_\kappa(\bar{\alpha}_{k_1},\beta_{k_1}/J)\neq\mathrm{qftp}_\kappa(\bar{\alpha}_{k_2},\beta_{k_2}/J)$。

然而，当$\mathrm{qftp}_\kappa(\bar{\alpha}_{k_1}/J)=\mathrm{qftp}_\kappa(\bar{\alpha}_{k_2}/J)$ 且 $\mathrm{qftp}_\kappa(\beta_{k_1}/J)=\mathrm{qftp}_\kappa(\beta_{k_2}/J)$时，

$$\mathrm{qftp}_\kappa(\bar{\alpha}_{k_1},\beta_{k_1}/J)\neq\mathrm{qftp}_\kappa(\bar{\alpha}_{k_2},\beta_{k_2}/J)\iff\mathrm{qftp}_\kappa(\bar{\alpha}_{k_1},\beta_{k_1})\neq\mathrm{qftp}_\kappa(\bar{\alpha}_{k_2},\beta_{k_2})。$$

然而有限个元素的排列方式至多有有限多种，因此这是一个矛盾。 ■

根据断言1，$S_1(A,N_0)$中被N_0实现的型至多有

$$|\bigcup_{n\in\mathbb{N}^+}\{\text{qftp}_\kappa(\alpha_0,\cdots,\alpha_{n-1}/I_0)|\ \alpha_0,\cdots,\alpha_n\in\kappa\}|$$

个，根据断言2，$|\bigcup_{n\in\mathbb{N}^+}\{\text{qftp}_\kappa(\alpha_0,\cdots,\alpha_{n-1}/I_0)|\ \alpha_0,\cdots,\alpha_n\in\kappa\}|\leqslant\aleph_0$。令$M=N_0{\restriction}\mathcal{L}$是$N_0$在语言$\mathcal{L}$上的约化，显然，$M\models T$ 且$|M|=|N_0|=\kappa$。另一方面，对任意的$A\subseteq M$ 及$b_1,b_2\in M$，如果$\text{tp}_M(b_1/A)\neq\text{tp}_M(b_2/A)$，则$\text{tp}_{N_0}(b_1/A)\neq\text{tp}_{N_0}(b_2/A)$。因此，对任意可数的$A\subseteq M$，$M$也至多实现$S_1(A,M)$中的可数多个型。 ■

定理 8.4.1 设λ是一个不可数基数，理论T是λ-范畴的，则T是ω-稳定的。

证明: 若T不是ω-稳定的，则存在一个模型$M\models T$及一个可数的$A\subseteq M$，使得$S_1(A,M)$不可数，即$\mathcal{L}_A$-理论$\text{Th}(M,a)_{a\in A}$的型空间$S_1(\text{Th}(M,a)_{a\in A})$不可数。根据紧致性及Löwenheim-Skolem定理，存在一个基数为λ的$\mathcal{L}_A$-结构$N\models\text{Th}((M,a)_{a\in A})$且结构$N$实现$S_1(\text{Th}(M,a)_{a\in A})$中的不可数多个型。显然，我们可以将$A$看作$N$的子集，并且将$N$看作一个$\mathcal{L}$-结构，则$N\models T\subseteq\text{Th}(M)$，且$N$实现了$S_1(A,N)$中的不可数多个型。另一方面，根据命题8.4.1，$T$有一个基数为$\lambda$的模型$N'$，使得对任意可数的$B\subseteq N'$，$N'$至多可以实现$S_1(B,N')$中的可数多个型。因此$N$与$N'$显然不同构，故$T$不是$\lambda$-范畴的。 ■

注 8.4.2 设λ是一个不可数基数，T是ω-稳定的并不能推出λ-范畴。

我们给出一个反例：

例 8.4.1 令$\mathcal{L}=\{E\}$，其中E是一个二元关系。令T是一个$\mathcal{L}$-理论，T断言其每个模型(M,E^M)上的关系E^M是M上的等价关系，E^M只有两个等价类（事实上等价类的个数可以是任意给定的正整数），并且每个等价类都有无穷多个元素。也就是说，T的模型M本质上就是“两个互不相交的无穷集合”。容易验证，T是ω-稳定理论（留作练习）。但是对任意的不

可数基数λ，我们令$M_1, M_2 \models T$，使得M_1中的两个等价类的基数均是λ，而M_2的一个等价类基数是$\aleph_0$，另一个是λ。显然$|M_1| = \lambda = |M_2|$，但是它们不同构。

练习 8.4.3 证明例8.4.1中的T是ω-稳定的。

推论 8.4.1 设λ是一个不可数无穷基数，理论T是λ-范畴的，则T有一个基数为λ的饱和模型。

证明: 根据定理8.4.1，T是ω-稳定的。如果λ是正则基数，根据引理8.2.3，T有一个基数为λ的饱和模型。如果λ不是正则的，则对任意的基数$\kappa < \lambda$，有$\kappa^+ < \lambda$。因此根据引理8.2.3，对任意的基数$\kappa < \lambda$，T有一个基数为λ的κ^+-饱和的模型。由于T是λ-范畴的，因此T的基数为λ的模型M满足：对任意的基数$\kappa < \lambda$，M是κ^+-饱和的，即M是λ-饱和的。 ■

8.5 Morley定理的证明

定义 8.5.1 设M是一个$\mathcal{L}$-结构，$A \subseteq M$，如果存在一个序数γ及M中的一个序列$(b_\alpha |\ \alpha < \gamma)$，使得：

(i) $M = A \cup \{b_\alpha |\ \alpha < \gamma\}$；

(ii) 对任意的$\beta \in \gamma$，$\mathrm{tp}_M(b_\beta / A \cup \{b_\alpha |\ \alpha < \beta\})$是孤立型，

则称M是**在A上可构造**的，并且称$(b_\alpha |\ \alpha < \gamma)$是$M$在$A$上的**构造序列**。

引理 8.5.1 设M是一个$\mathcal{L}$-结构，$A \subseteq M$，如果结构M是A上可构造的，则对任意的$\bar{c} \in M^n$，$\mathrm{tp}_M(\bar{c}/A)$是孤立型，即M是A上的原子结构。

证明: 设$M = A \cup \{b_\alpha |\ \alpha \in \gamma\}$，其中$(b_\alpha |\ \alpha < \gamma)$是$M$在$A$上的构造序列，并且每个$b_\alpha \notin A$。令$B_\beta = A \cup \{b_\alpha |\ \alpha < \beta\}$。设$(b_{\alpha_1}, \cdots, b_{\alpha_n})$是$(b_\alpha |\ \alpha < \gamma)$的一个有限子序列。如果对任意的$i \leqslant n$，都有$\mathrm{tp}_M(b_{\alpha_i} / A \cup \{b_{\beta_1}, \cdots, b_{\beta_{i-1}}\})$都是孤立型，则称$(b_{\alpha_1}, \cdots, b_{\alpha_n})$是一个“好的序列”。如果$(b_{\alpha_1}, \cdots, b_{\alpha_n})$是一个好的序列，则显然$\mathrm{tp}(b_{\alpha_1}, \cdots, b_{\alpha_n} / A)$是一个孤立型。

断言 $(b_\alpha|\ \alpha<\gamma)$的任意有限子序列$(b_{\alpha_1},\cdots,b_{\alpha_n})$都可以被扩张为一个好的有限序列。

证明: 设$(b_{\alpha_1},\cdots,b_{\alpha_n})$是$(b_\alpha|\ \alpha<\gamma)$的一个有限子序列。我们对$\beta<\gamma$归纳证明：当$\alpha_1<\cdots<\alpha_n\leqslant\beta$时，$(b_{\alpha_1},\cdots,b_{\alpha_n})$可以被扩张为一个好的有限序列。

(i) 若$\beta=0$，则断言显然成立。

(ii) 若β是一个极限序数，则存在$\beta_0<\beta$使得$\alpha_1<\cdots<\alpha_n\leqslant\beta_0$，根据归纳假设，断言成立。

(iii) 若$\beta=\beta_0+1$是一个后继序数，且$\alpha_n=\beta$，现在$\mathrm{tp}(b_\beta/B_\beta)$是孤立的。注意到$\mathrm{tp}(b_\beta/B_\beta)$是被一个参数来自$B_\beta$的公式孤立的，故而存在$\eta_1<\cdots<\eta_k<\beta$使得$\mathrm{tp}(b_\beta/A\cup\{b_{\eta_1},\cdots,b_{\eta_k}\})$是孤立型。根据归纳假设，$\{b_{\eta_1},\cdots,b_{\eta_k}\}\cup\{b_{\alpha_1},\cdots,b_{\alpha_{n-1}}\}$可以被扩张为一个好的序列$(b_{\tau_1},\cdots,b_{\tau_m})$。显然$\mathrm{tp}(b_\beta/A\cup\{b_{\tau_1},\cdots,b_{\tau_m}\})$是孤立的，因此$(b_{\tau_1},\cdots,b_{\tau_m},b_\beta)$就是一个好的序列。显然，$(b_{\tau_1},\cdots,b_{\tau_m},b_\beta)$是$(b_{\alpha_1},\cdots,b_{\alpha_n})$的扩张。

这就证明了断言。■

设$\bar{c}\in M^n$，则$\bar{c}$可以被扩张为一个好的序列$\bar{c}'\in M^{n+l}$，从而$\mathrm{tp}_M(\bar{c}'/A)$是孤立型，故而$\mathrm{tp}(\bar{c}/A)$是孤立型。■

引理 8.5.2 设M是一个$\mathcal{L}$-结构，$A\subseteq M$，如果结构M是A上可构造的，则对任意的$\mathcal{L}_M$-公式$\phi(\bar{x})$，都存在一个$\mathcal{L}_A$-公式$\psi(\bar{x})$，使得$\phi(A^{|\bar{x}|})=\psi(A^{|\bar{x}|})$。

证明: 设$\phi(\bar{x},\bar{y})$是一个$\mathcal{L}$-公式。根据引理8.5.1，对任意的$\bar{b}\in M^{|\bar{y}|}$，都存在一个$\mathcal{L}_A$-公式$\theta(\bar{y})$孤立了型$\mathrm{tp}_M(\bar{b}/A)$。显然，对任意的$\bar{a}\in A^{|\bar{x}|}$，$M\models\phi(\bar{a},\bar{b})$当且仅当$M\models\exists\bar{y}(\phi(\bar{a},\bar{y})\wedge\theta(\bar{y}))$。令$\psi(\bar{x})$为$\exists\bar{y}(\phi(\bar{x},\bar{y})\wedge\theta(\bar{y}))$，则有$\phi(A^{|\bar{x}|})=\psi(A^{|\bar{x}|})$。■

命题 8.5.1 设T是ω-稳定的理论，$M \models T$，$A \subseteq M$，则存在M的初等子结构N，使得N是A上可构造的且$|N| = \max\{|A|, \aleph_0\}$。

证明: 根据Löwenheim-Skolem定理，存在M的初等子模型N'，使得$A \subseteq N'$且$|N'| = \max\{|A|, \aleph_0\}$。

(i) 如果A是N'的初等子结构，则A本身就是A上可构造的。

(ii) 如果A不是N'的初等子结构，根据定理1.4.2，存在一个$\mathcal{L}_A$-公式$\phi(x)$，使得$\phi(N')$不空但是$\phi(N') \cap A = \emptyset$。设$\phi$的参数来自有限集$A_0 \subseteq A$。因$T$是$\omega$-稳定的，故$S_1(A_0, N')$可数。等价地，$\mathcal{L}_{A_0}$-理论$\mathrm{Th}(N', a)_{a \in A_0}$的型空间$S_1(\mathrm{Th}(N', a)_{a \in A_0})$可数。根据命题5.2.5，$S_1(\mathrm{Th}(N', a)_{a \in A_0})$中的孤立型稠密，因此$S_1(A_0, N')$中的孤立型稠密，故而存在一个孤立型$p \in [\phi]$。令$b_0 \in N'$实现$p$，并且$B_0 = A \cup b_0$，迭代以上的过程，得到一个集合的升链$B_0 \subsetneq B_1 \subsetneq \cdots \subsetneq B_\alpha \subsetneq \cdots$，则存在一个序数$\alpha$使得$B_\alpha$是$N'$的初等子结构。显然$|B_\alpha| = \max\{|A|, \aleph_0\}$。

证毕。 ■

练习 8.5.1 设T是ω-稳定的理论，$M \models T$，$A \subseteq M$，$\phi(x)$是一个$\mathcal{L}_A$-公式。证明：如果对任意的$\mathcal{L}_A$-公式$\psi(x)$，都有$\mathrm{RM}(\phi) < \mathrm{RM}(\psi)$，或者$\mathrm{RM}(\phi) = \mathrm{RM}(\psi)$且$\mathrm{dM}(\phi) \leqslant \mathrm{dM}(\psi)$，则$\phi$孤立了$A$上的一个完全1-型，并且利用这一事实给出命题8.5.1另外一种证明。

引理 8.5.3 设T是ω-稳定的理论，$M \models T$，$A \subseteq M$，$\phi(\bar{x})$是一个$\mathcal{L}_A$-公式，并且$(\mathrm{RM}(\phi), \mathrm{dM}(\phi)) = (\alpha, d)$。如果$M$中的一个序列$(\bar{b}_i)_{i<\omega}$ 满足：

(i) 对任意的$i \in \omega$，$M \models \phi(\bar{b}_i)$；

(ii) 对任意的$i \in \omega$，

$$\Big(\mathrm{RM}(\mathrm{tp}_M(\bar{b}_i/A \cup \{\bar{b}_j \mid j < i\})), \mathrm{dM}(\mathrm{tp}_M(\bar{b}_i/A \cup \{\bar{b}_j \mid j < i\}))\Big) = (\alpha, d),$$

则$(\bar{b}_i)_{i \in \omega}$是$A$上的（完全）不可辨元序列。

证明：对$n \in \mathbb{N}$归纳证明：对任意的$i_0 < \cdots < i_n$，都有

$$\mathrm{tp}_M(\bar{b}_0, \cdots, \bar{b}_n/A) = \mathrm{tp}_M(\bar{b}_{i_0}, \cdots, \bar{b}_{i_n}/A)。$$

对任意的$i \in \omega$，令$p_i(\bar{x}) = \mathrm{tp}_M(\bar{b}_i/A \cup \{\bar{b}_j |\ j < i\})$。根据引理8.2.2，每个$p_i$都是被$\phi$"确定"的：对任意$\mathcal{L}_{A\cup\{b_j|\ j<i\}}$-公式$\psi(\bar{x})$，均有$\psi(\bar{x}) \in p_i$当且仅当

$$(\mathrm{RM}(\psi \wedge \phi), \mathrm{dM}(\psi \wedge \phi)) = (\alpha, d)。$$

因此对任意的$i \in \omega$，任意的$\mathcal{L}_A$-公式ψ，$\psi \in p_i$当且仅当$\psi \in p_0$，即$\mathrm{tp}_M(\bar{b}_i/A) = \mathrm{tp}_M(\bar{b}_0/A)$。我们已经完成了基础步的证明。

现在设$n > 0$。根据归纳假设，我们有

$$\mathrm{tp}_M(\bar{b}_0, \cdots, \bar{b}_{n-1}/A) = \mathrm{tp}_M(\bar{b}_{i_0}, \cdots, \bar{b}_{i_{n-1}}/A)。$$

设$\psi(\bar{x}_0, \cdots, \bar{x}_n)$是一个$\mathcal{L}$-公式。根据练习8.2.1，我们有

$$\Big(\mathrm{RM}(\psi(\bar{b}_0, \cdots, \bar{b}_{n-1}, \bar{x}) \wedge \phi(\bar{x})),\ \mathrm{dM}(\psi(\bar{b}_0, \cdots, \bar{b}_{n-1}, \bar{x}) \wedge \phi(\bar{x}))\Big) = (\alpha, d) \tag{8.1}$$

当且仅当

$$\Big(\mathrm{RM}(\psi(\bar{b}_{i_0}, \cdots, \bar{b}_{i_{n-1}}, \bar{x}) \wedge \phi(\bar{x})),\ \mathrm{dM}(\psi(\bar{b}_{i_0}, \cdots, \bar{b}_{i_{n-1}}, \bar{x}) \wedge \phi(\bar{x}))\Big) = (\alpha, d)。\tag{8.2}$$

显然式(8.1)成立当且仅当$\psi(\bar{b}_0, \cdots, \bar{b}_{n-1}, \bar{x}) \in p_n$，式(8.2)成立当且仅当$\psi(\bar{b}_{i_0}, \cdots, \bar{b}_{i_{n-1}}, \bar{x}) \in p_{i_n}(\bar{x})$。因此，

$$\psi(\bar{b}_0, \cdots, \bar{b}_{n-1}, \bar{x}) \in p_n \text{当且仅当} \psi(\bar{b}_{i_0}, \cdots, \bar{b}_{i_{n-1}}, \bar{x}) \in p_{i_n},$$

从而

$$M \models \psi(\bar{b}_0, \cdots, \bar{b}_n) \text{当且仅当} M \models \psi(\bar{b}_{i_0}, \cdots, \bar{b}_{i_n})。$$

证毕。 ■

注 8.5.1 设M是一个结构，$A \subseteq B \subseteq M$，$\Sigma(\bar{x})$是一个$\mathcal{L}_B$-公式集，则$\Sigma(x)$**在$A$上的限制**是指所有在$\Sigma$中出现的$\mathcal{L}_A$-公式所构成的集合，记作$\Sigma\restriction A$。此时也称$\Sigma$是$\Sigma\restriction A$的扩张。

命题 8.5.2　设T是ω-稳定的理论，κ是不可数基数，如果T的基数为κ的模型都是饱和的，则对任意的不可数基数λ，T都有一个基数为λ的饱和模型。

证明: 设λ是一个不可数基数，$M \models T$，$|M| = \lambda$，$A \subseteq M$，$|A| < \lambda$。

令$\eta(x)$是一个满足$|\eta(M)| = \lambda > |A|$且使得$(\mathrm{RM}(\eta), \mathrm{dM}(\eta))$最小的$\mathcal{L}_M$-公式。我们有:

断言　$\eta(M)$中有一个A上的不可辨元序列$(b_i)_{i\in\lambda}$。

证明: 根据引理8.5.3，我们只需要找到一个$\eta(M)$中的序列$(b_i)_{i\in\lambda}$，使得对每个$i < \lambda$，都有

$$(\mathrm{RM}(\mathrm{tp}_M(b_i/A\cup\{b_j|\ j < i\})), \mathrm{dM}(\mathrm{tp}_M(b_i/A\cup\{b_j|\ j < i\}))) = (\mathrm{RM}(\eta), \mathrm{dM}(\eta))。$$

我们递归地来找。首先来找b_0。如果不存在满足条件的b_0，则对每个$c \in \eta(M)$，都有

$$(\mathrm{RM}(\mathrm{tp}_M(b_i/A\cup\{b_j|\ j < i\})), \mathrm{dM}(\mathrm{tp}_M(b_i/A\cup\{b_j|\ j < i\}))) < (\mathrm{RM}(\eta), \mathrm{dM}(\eta)),$$

因此存在$\mathcal{L}_A$-公式$\psi_c(x)$，使得$c \in \psi_c(M) \subseteq \eta(M)$，并且

$$(\mathrm{RM}(\psi_c), \mathrm{dM}(\psi_c)) < (\mathrm{RM}(\eta), \mathrm{dM}(\eta))。$$

现在$\eta(M) \subseteq \bigcup_{c\in\eta(M)} \psi_c(M)$，而至多只有$|A|$个$\mathcal{L}_A$-公式，故存在一个$c \in \eta(M)$，使得$|\psi_c(M)| = \eta(M)$，这就与$(\mathrm{RM}(\eta), \mathrm{dM}(\eta))$的极小性矛盾。现在设$\beta < \lambda$，并且$(b_i)_{i<\beta}$满足要求。由于至多有$|A \cup \{b_i|\ i < \beta\}| < \lambda$个$\mathcal{L}_{A\cup\{b_i|\ i<\beta\}}$-公式，因此，类似的讨论可以推出存在一个$b_\beta$，使得

$$(\mathrm{RM}(\mathrm{tp}_M(b_\beta/A \cup \{b_j|\ j < \beta\})), \mathrm{dM}(\mathrm{tp}_M(b_\beta/A \cup \{b_j|\ j < \beta\})))$$

$$= (\mathrm{RM}(\eta), \mathrm{dM}(\eta))。$$

这就证明了断言。　■

设$p \in S_1(A, M)$，并且p不被M实现。我们来导出一个矛盾。

显然p不能被某个$\mathcal{L}_M$-公式孤立。即对任意一致的$\mathcal{L}_M$-公式$\phi(x)$，都存在一个$\mathcal{L}_A$-公式$\psi(x)_\phi \in p$，使得$\phi(M) \cap \neg\psi_\phi(M) \neq \emptyset$。设$A_0 \subseteq A$是$A$的可数子集，$\{b_i|\ i < \lambda\} \subseteq M$是$A$-不可辨元序列，则$A_0 \cup \{b_i|\ i \in \omega\}$是可数的。令$A_1'$ 是公式集

$$\{\psi_\phi|\ \phi(x)\text{是一个}\mathcal{L}_{A_0 \cup \{b_i|\ i \in \omega\}}\text{-公式}\}$$

的参数集。由于至多有可数多个$\mathcal{L}_{A_0 \cup \{b_i|\ i \in \omega\}}$-公式，故$A_1 = A_1' \cup A_0$可数。迭代以上的过程，我们可以构造一个可数集的升链$A_0 \subseteq A_1 \subseteq \cdots \subseteq A_n \subseteq \cdots$。令$A^* = \bigcup_{n \in \omega} A_n$，则$A^*$是$A$的可数子集。现在令$p^*(x) \in S_1(A^*, M)$是$p$在$A^*$上的限制，则对每个一致的$\mathcal{L}_{A^*}$-公式$\phi(x)$，都存在一个$\mathcal{L}_{A^*}$-公式$\psi_\phi \in p^*$，使得$\phi(M) \cap \neg\psi_\phi(M) \neq \emptyset$，即$p^*$不是$A^*$上的孤立型。

注意到$(b_i|\ i < \lambda)$是A上的不可辨元序列，因此也是$A^* \setminus \{b_i|\ i < \omega\}$上的不可辨元序列，故根据推论3.4.3，存在$\mathrm{Th}(M, a)_{a \in A^*}$的模型$(N, a)_{a \in A^*}$(不失一般性，假设$A^* \subseteq N$)及$N$中的$A^* \setminus \{b_i|\ i < \omega\}$-不可辨元序列$(c_i)_{i \in \kappa}$，使得对任意的$n \in \mathbb{N}$，都有$\mathrm{tp}_M(b_0, \cdots, b_n/A^*) = \mathrm{tp}_N(c_0, \cdots, c_n/A^*)$。特别地，$(b_i|\ i < \omega) = (c_i|\ i < \omega)$。

根据命题8.5.1，存在N的基数为κ的初等子模型$N_0 \supseteq A^* \cup \{c_i|\ i \in \kappa\}$，使得$N_0$是$A^* \cup \{c_i|\ i \in \kappa\}$-可构造的。显然对$(c_i|\ i < \omega)$的任意两个有限子列$(c_{k_1}, \cdots, c_{k_m})$ 与$(c_{l_1}, \cdots c_{l_n})$，以及$(c_i|\ i < \kappa)$的任意有限子列$(c_{\alpha_1}, \cdots, c_{\alpha_m})$，如果

$$\mathrm{tp}_{N_0}(c_{k_1}, \cdots, c_{k_m}/A^*) = \mathrm{tp}_{N_0}(c_{\alpha_1}, \cdots, c_{\alpha_m}/A^*),$$

则存在$(c_i|\ i < \omega)$的子列$(c_{l_1}', \cdots, c_{l_n}')$，使得

$$\mathrm{tp}_{N_0}(c_{k_1}, \cdots, c_{k_m}, c_{l_1}, \cdots, c_{l_n}/A^*) = \mathrm{tp}_{N_0}(c_{\alpha_1}, \cdots, c_{\alpha_m}, c_{l_1}', \cdots, c_{l_n}'/A^*)。$$

现在$p^* \in S_1(A^*, N_0)$。我们已经知道，对每个一致的$\mathcal{L}_{A^*}$-公式$\phi(x)$，都存在一个$\mathcal{L}_{A^*}$-公式$\psi_\phi \in p^*$，使得$\mathrm{Th}(M, a)_{a \in A^*} \models \exists x(\phi(x) \wedge \neg\psi_\phi(x))$，

因此p^*不能被$\mathcal{L}_{A^*\cup\{c_i|\ i\in\kappa\}}$-公式孤立。如果$p^*$被$c^*\in N_0$实现，根据引理8.5.1，$\mathrm{tp}(c^*/A^*\cup\{c_i|\ i\in\kappa\})$被某个$\mathcal{L}_{A^*\cup\{c_i|\ i\in\kappa\}}$-公式孤立，因此$p^*$不被$N_0$实现，故$N_0$不是$\kappa$-饱和的。但是$N_0\models \mathrm{Th}(N)\models T$，这是一个矛盾。 ■

Morley定理的证明： 设λ和κ是两个不可数基数，理论T是λ-范畴的。则根据定理3.0.4，T是完备的理论。根据定理8.4.1，T一定是ω-稳定的。根据推论8.4.1，T的基数为λ的模型都是饱和模型。根据命题8.5.2，T的基数为κ的模型都是饱和模型。根据命题4.2.1，基数相同并且初等等价的饱和模型之间互相同构。

注 8.5.2 注8.3.2(ii)的证明思路也可以为Morley定理提供一个新的证明。我们省略证明细节，只给出证明思路。设κ是一个不可数基数，T是κ-范畴的，设$M\models T$。

(i) T是ω-稳定理论，因此T有一个素模型M_0。

(ii) 存在$\mathcal{L}_{M_0}$-公式$\phi(x)$使得$\mathrm{RM}(\phi)=\mathrm{dM}(\phi)=1$，即$\phi(M_0)$是强极小的（见引理9.3.5）。

(iii) 设$M\models T$，则$M_0\prec M$，因此$\phi(M)$是强极小的。

(iv) 设$M\models T$，则不存在M的初等子结构N，使得$M\neq N$且$\phi(M)\subseteq N$（见[12], 推论5.5.4）。

(v) 设$M\models T$，根据命题8.5.1，存在M的初等子结构N，使得$\phi(M)\subseteq N$，N是$\phi(M)$-可构造的且$|\phi(M)|=|N|$。根据(iv)，$M=N$是$\phi(M)$-可构造的。特别地，$|M|=|\phi(M)|$。

(vi) 在$\phi(M)$中取一个极大的序列$(a_i)_{i<\alpha}$，使得$a_j\notin \mathrm{acl}_M(\{a_i|\ i<j\})$，其中$\alpha$是一个序数。令$\dim(\phi(M))=|\alpha|$。

(vii) 对任意的$M,N\models T$，存在$\phi(M)$到$\phi(N)$的$\mathcal{L}_{M_0}$-部分同构当且仅当$\dim(\phi(M))=\dim(\phi(N))$。

(viii) 设λ是不可数基数，$M, N \models T$且$|M| = |N| = \lambda$，则$|\phi(M)| = |\phi(N)| = \lambda$，从而$\dim(\phi(M)) = \dim(\phi(N)) = \lambda$，故存在$\phi(M)$到$\phi(N)$的$\mathcal{L}_{M_0}$-部分同构$f : \phi(M) \longrightarrow \phi(N)$。

由于M是$\phi(M)$-可构造的，f可以扩张为初等嵌入$\bar{f} : M \longrightarrow N$。

由于$\phi(N) \subseteq \bar{f}(M)$，根据(iv)，有$N = \bar{f}(M)$，从而$\bar{f}$是同构。

第 9 章　稳定理论

在本章中，我们仍然假设$\mathcal{L}$是一个可数的语言。

充分饱和模型

我们引入一个新的记号$\mathbb{M}$来表示“充分饱和”的$\mathcal{L}$-结构，即$\mathbb{M}$是饱和模型，并且$|\mathbb{M}|$的基数充分大，我们称这样的模型为**大魔型**。根据命题4.2.3，对任意的可数理论和任意的无穷基数κ，T都有一个基数$\leqslant 2^{\kappa}$的κ^+-饱和模型。在广义连续统假设之下，对任意无穷基数κ，都存在基数为κ^+的饱和模型。根据引理8.2.3，当T是ω-稳定理论时，基数为κ^+的饱和模型总是存在的。我们之所以引入大魔型，是因为大魔型使得我们讨论问题比较方便。根据命题4.2.2，$\mathrm{Th}(\mathbb{M})$的任何模型都可以看作$\mathbb{M}$的初等子模型。

我们称$\mathbb{M}$的初等子模型M（或子集A）是小的初等子模型（小的子集）是指$|M|<|\mathbb{M}|$（$|A|<|\mathbb{M}|$）。没有特殊说明的集合$A\subseteq\mathbb{M}$和模型M均是$\mathbb{M}$的小的子集及小的初等子模型。我们称一个$\mathcal{L}_A$-公式集$\Sigma(\bar{x})$不一致是指$\Sigma(\bar{x})$在$\mathbb{M}$中不是有限可满足的。由于$\mathbb{M}$的充分饱和性，$\Sigma(\bar{x})$在$\mathbb{M}$中不是有限可满足的当且仅当$\Sigma(\bar{x})$不能被$\mathbb{M}$中的元素实现。我们称$\pi(x)$是一个A上的部分型是指$\pi(x)$是一个一致的$\mathcal{L}_A$-公式集。设$\pi(\bar{x},\bar{y})$是一个$\mathcal{L}_A$-公式集，$\bar{b}\in\mathbb{M}^{|\bar{y}|}$，则$\pi(\bar{x},\bar{b})$表示$\pi(\bar{x},\bar{y})$中的公式的变元组$\bar{y}$替换为参数$\bar{b}$后得到的公式集。为了讨论方便，我们总是假设本章中出现的$\mathcal{L}_{\mathbb{M}}$-公式集π都是关于合取封闭的，即$\psi_1,\psi_2\in\pi$，则$\psi_1\wedge\psi_2\in\pi$。

对任意的$A\subseteq\mathbb{M}$，任意的$\mathcal{L}_{\mathbb{M}}$-公式集$\pi(\bar{x})$，我们规定

$$\pi(A^{|\bar{x}|})=\{\bar{a}\in A^{|\bar{x}|}\mid \mathbb{M}\models\pi(\bar{a})\}。$$

对任意的$\mathcal{L}_{\mathbb{M}}$-公式$\phi(\bar{x})$，我们规定

$$\phi(A^{|\bar{x}|})=\{\bar{a}\in A^{|\bar{x}|}\mid \mathbb{M}\models\phi(\bar{a})\}。$$

需要注意的是$\phi(A^{|\bar{x}|})$不是可定义子集。当M是一个模型，并且ϕ是一个$\mathcal{L}_M$-公式时，$\phi(M^{|\bar{x}|})$是$M^{|\bar{x}|}$的可定义子集。

对任意两个公式集$\Sigma_1(\bar{x})$ 和$\Sigma_2(\bar{x})$，$\Sigma_1(\bar{x}) \models \Sigma_2(\bar{x})$表示对任意的$\bar{a} \in \mathbb{M}^{|\bar{x}|}$，都有$\mathbb{M} \models \Sigma_1(\bar{a})$蕴涵着$\mathbb{M} \models \Sigma_2(\bar{a})$。对任意的公式集$\Sigma(\bar{x})$和$\bar{a} \in \mathbb{M}^{|\bar{x}|}$，$\bar{a} \models \Sigma(\bar{x})$表示$\mathbb{M} \models \Sigma(\bar{a})$。类似地，任意的公式$\phi(\bar{x})$，$\bar{a} \models \phi(\bar{x})$表示$\mathbb{M} \models \phi(\bar{a})$。我们总是假设没有特殊说明的元素、$n$-元组、无穷序列均是$\mathbb{M}$中的。没有特殊说明的基数都$< |\mathbb{M}|$。

对任意的集合A，$\mathrm{acl}(A)$表示$\mathrm{acl}_{\mathbb{M}}(A)$，$\mathrm{dcl}(A)$表示$\mathrm{dcl}_{\mathbb{M}}(A)$。对任意的指标集$I$及$\bar{a} = \{a_i |\ i \in I\}$，$\mathrm{tp}(\bar{a}/A)$表示型$\mathrm{tp}_{\mathbb{M}}(\bar{a}/A)$，$S_I(A)$表示型空间$S_I(A, \mathbb{M})$。设$B$是一个集合，$\mathrm{tp}(B/A)$表示$\mathrm{tp}_{\mathbb{M}}((b_i)_{i\in\kappa}/A)$，其中$\{b_i |\ i \in \kappa\}$是$B$的一种枚举。设$B_1, B_2$是两个集合，那么$\mathrm{tp}(B_1/A) = \mathrm{tp}(B_2/A)$表示在某种枚举下，对应的型相同。也就是说，存在一个（点态）固定A的，由B_1到B_2的部分同构。由于$\mathbb{M}$是饱和的，根据引理4.2.1，$\mathbb{M}$也是强齐次的。因此我们可以说，存在$\sigma \in \mathrm{Aut}(\mathbb{M}/A)$，使得$B_1$在$\sigma$下的像$\sigma(B_1)$恰好是$B_2$。特别地，当$M_1, M_2$均为模型，且$A \subseteq M_1, M_2$时，$\mathrm{tp}(M_1/A) = \mathrm{tp}(M_2/A)$表示存在一个$M_1$到$M_2$的固定$A$的同构。

如果A是一个子集，$\bar{b} = (b_1, \cdots, b_n)$是一个$n$-元组，则$A\bar{b}$表示$A \cup \{b_1, \cdots, b_n\}$。当$(\bar{b}_i)_{i\in I}$是一个$n$-元组序列时，$A(\bar{b}_i)_{i\in I}$表示$A \cup \{b_{ik} |\ k < n,\ i \in I\}$。

我们习惯称$S_n(\mathbb{M})$中的型为**全局型**。为了讨论方便，我们也会引入$\mathbb{M}$的初等膨胀$\bar{\mathbb{M}}$。

9.1 稳定理论与可定义型

注 9.1.1 设X是一个集合，$X_1, \cdots, X_n$是X的子集。在X上定义一个关于$X_1, \cdots, X_n$的关系：

$$E(a, b) \iff \bigwedge_{i=1}^{n} (a \in X_i \to b \in X_i)。$$

我们称$Y \subseteq X$是$X_1, \cdots, X_n$的正布尔组合是指Y是通过对$X_1, \cdots, X_n$的有限

多次交和并运算而得到的。显然，Y是$X_1,\cdots,X_n$的正布尔组合当且仅当对任意的$a,b\in X$，如果$E(a,b)$且$a\in Y$，则$b\in Y$。事实上，我们有：

$$Y=\bigvee_{x\in Y}\bigwedge\{X_i|\ x\in X_i\}。$$

定义 9.1.1 设$A\subseteq B\subseteq\mathbb{M}$，$\phi(\bar{x},\bar{y})$是一个$\mathcal{L}$-公式，其中$\bar{x}=(x_0,\cdots,x_{n-1})$。我们称$\mathcal{L}_B$-公式集$\Sigma(\bar{x})$是$B$上的$\phi$-$n$-型是指：$\Sigma$一致，并且每个公式$\psi\in\Sigma$都是有限个形如$\phi(\bar{x},\bar{b})$（这里的$\bar{b}\in B^{|\bar{y}|}$）的公式的布尔组合。如果$\Sigma(\bar{x})$是$B$上的$\phi$-$n$-型，并且对任意的$\bar{b}\in B^{\bar{y}}$，有$\phi(\bar{x},\bar{b})\in\Sigma$或$\neg\phi(\bar{x},\bar{b})\in\Sigma$中的一个成立，则称$\Sigma$是$B$上的完全$\phi$-$n$-型。在没有歧义时，我们也会简称$\phi$-型或完全$\phi$-型。

引理 9.1.1 设$A\subseteq B\subseteq\mathbb{M}$，$\phi(\bar{x},\bar{y})$是一个没有序性质的$\mathcal{L}$-公式，$\Sigma(\bar{x})$是$B$上的一个完全$\phi$-型，并且$\Sigma$在$A$中有限可满足，则存在正整数$n$及参数$\bar{a}_0,\cdots,\bar{a}_n\in A^{|\bar{x}|}$，使得$\phi(\bar{a}_0,\bar{y}),\cdots,\phi(\bar{a}_n,\bar{y})$的某个正布尔组合$\theta(\bar{y})$满足：对任意的$\bar{b}\in B^{|\bar{y}|}$，均有$\phi(\bar{x},\bar{b})\in\Sigma$当且仅当$\mathbb{M}\models\theta(\bar{b})$。

证明: 反设引理不成立。我们构造B中的序列$(\bar{a}_i,\bar{b}_i,\bar{c}_i)_{i<\omega}$，使得：

(i) 对任意的$i<j<\omega$，均有$M\models\phi(\bar{a}_j,\bar{b}_i)\wedge\neg\phi(\bar{a}_j,\bar{c}_i)$；

(ii) 对任意的$i\leqslant j<\omega$，均有$M\models\phi(\bar{a}_i,\bar{b}_j)\to\phi(\bar{a}_i,\bar{c}_j)$；

(iii) 对任意的$j<\omega$，均有$\phi(\bar{x},\bar{b}_j)\wedge\neg\phi(\bar{x},\bar{c}_j)\in\Sigma$。

首先，任取一个$\bar{a}_0\in A^{|\bar{x}|}$，由于$\phi(\bar{a}_0,\bar{y})$不满足要求，根据注9.1.1，存在$\bar{b}_0,\bar{c}_0\in B^{|\bar{y}|}$，使得$\mathbb{M}\models(\phi(\bar{a}_0,\bar{b}_0)\to\phi(\bar{a}_0,\bar{c}_0))$，并且$\phi(\bar{x},\bar{b}_0)\wedge\neg\phi(\bar{x},\bar{c}_0)\in\Sigma$。显然$\bar{a}_0,\bar{b}_0,\bar{c}_0$满足要求。现在假设$j>0$，并且我们已经找到了满足以上条件(i),(ii),(iii)的序列$(\bar{a}_i,\bar{b}_i,\bar{c}_i)_{i<j}$。现在对每个$i<j$，均有$\phi(\bar{x},\bar{b}_i)\wedge\neg\phi(\bar{x},\bar{c}_i)\in\Sigma$。由于$\Sigma$在$A$上有限可满足，故而存在$\bar{a}_j\in A^{|\bar{x}|}$，使得

$$\mathbb{M}\models\bigwedge_{i<j}(\phi(\bar{a}_j,\bar{b}_i)\wedge\neg\phi(\bar{a}_j,\bar{c}_i))。$$

由于$\phi(\bar{a}_1,\bar{y}),\cdots,\phi(\bar{a}_j,\bar{y})$的任意正布尔组合都不满足要求，因此存在$\bar{b}_j,\bar{c}_j\in B^{|\bar{y}|}$，使得

$$\mathbb{M}\models\bigwedge_{i\leqslant j}(\phi(\bar{a}_i,\bar{b}_j)\to\phi(\bar{a}_i,\bar{c}_j)),$$

且$\phi(\bar{x},\bar{b}_j)\wedge\neg\phi(\bar{x},\bar{c}_j)\in\Sigma$。显然序列$(\bar{a}_i,\bar{b}_i,\bar{c}_i)_{i<j+1}$满足以上条件(i),(ii),(iii)。

现在根据条件(ii)，对任意的$i\leqslant j$，有$M\models\neg\phi(\bar{a}_i,\bar{b}_j)$和$M\models\phi(\bar{a}_i,\bar{c}_j)$至少一个成立，我们定义函数$f:[\omega]^2\longrightarrow\{0,1\}$为$f(\{i,j\})=1$当且仅当$M\models\phi(\bar{a}_i,\bar{c}_j)$且$i<j$。根据定理3.4.1，存在$\omega$的无穷子集$X$，使得$f$在$[X]^2$上是常函数。若$f$在$[X]^2$上取值0，则对任意的$i,j\in X$，都有$M\models\phi(\bar{a}_i,\bar{b}_j)$当且仅当$i>j$。若$f$在$[X]^2$上取值1，则对任意的$i,j\in X$，都有$M\models\phi(\bar{a}_i,\bar{c}_j)$当且仅当$i<j$。因此序列$(\bar{a}_i,\bar{b}_i)_{i\in X}$和$(\bar{a}_i,\bar{c}_i)_{i\in X}$中至少有一个见证了$\phi(\bar{x},\bar{y})$的序性质，这是一个矛盾。 ■

定义 9.1.2 设$A\subseteq B\subseteq\mathbb{M}$，$p(\bar{x})\in S_n(B)$。如果对每个$\mathcal{L}$-公式$\phi(\bar{x},\bar{y})$，都存在一个$\mathcal{L}_A$-公式$\theta(\bar{y})$，使得对任意的$\bar{b}\in B^{|\bar{y}|}$，均有$\phi(\bar{x},\bar{b})\in p$当且仅当$\mathbb{M}\models\theta(\bar{b})$，则称$p$是$A$-**可定义型**，并且将$\theta(\bar{y})$记作$d_p\phi(\bar{y})$。当$A=B$时，我们直接称$p$ 是一个**可定义型**。

推论 9.1.1 设T是没有序性质的理论，$M\models T$，则$S_1(M)$中的所有型都是可定义的。

证明: 由于M是一个模型，因此$S_1(M)$中的所有元素都在M中有限可满足。根据引理9.1.1，可知$S_1(M)$中的所有型都是可定义的。 ■

注 9.1.2

(i) 事实上，当T没有序性质时，我们可以证明：对任意的$M\models T$，任意的加标集I，$S_I(M)$中的所有型都是可定义的。

(ii) $p(\bar{x})\in S_n(A)$是可定义的，则对任意的$\mathcal{L}$-公式$\phi(\bar{x},\bar{y})$，我们把$d_p\phi(\bar{y})$看作“定义$\phi(\bar{x},\bar{y})$是否属于p”的公式。

练习 9.1.1 设$M \prec \mathbb{M}$是一个模型，并且$p(\bar{x}) \in S_n(M)$是可定义的。证明：对任意的$B \supseteq M$，存在唯一的$q \in S_n(B)$，使得q是M-可定义型，并且$p \subseteq q$。

注 9.1.3 我们称练习9.1.1中的q是p**在B上的继承**。我们称p在$\mathbb{M}$上的继承为**全局继承**。

命题 9.1.1 设T是一个理论。若对任意的$M \models T$，$S_1(M)$中的型都是可定义的，则对任意满足$\lambda = \lambda^{\aleph_0}$的基数$\lambda$，$T$都是$\lambda$-稳定的。

证明: 设基数λ满足$\lambda = \lambda^{\aleph_0}$。显然，我们只须证明：对任意的$M \models T$，如果$|M| = \lambda$，则$|S_1(M)| = \lambda$。

令$\{\phi_i(x, \bar{y}_i) | \ i \in \omega\}$是所有$\mathcal{L}$-公式的一个枚举。每个$p(x) \in S_1(M)$都是可定义的。显然$p$是被“定义”它的$\mathcal{L}_M$-公式的序列$\{d_p\phi_i(\bar{y}_i) | \ i \in \omega\}$唯一确定的。由于至多有$|M| = \lambda$个$\mathcal{L}_M$-公式，因此至多有$\lambda^{\aleph_0} = \lambda$个长度为$\omega$的$\mathcal{L}_M$-公式序列，因此$S_1(M) = \lambda$。 ■

定理 9.1.1 设T是一个理论，则以下表述等价：

(i) T是稳定理论；

(ii) T没有序性质；

(iii) 对任意的$M \models T$，$S_1(M)$（或$S_n(M)$）中的型都是可定义的。

证明:

(i)$\Longrightarrow$(ii) 根据命题8.1.2。

(ii)$\Longrightarrow$(iii) 根据推论9.1.1。

(iii)$\Longrightarrow$(i) 根据命题9.1.1。

证毕。 ■

引理 9.1.2 设T是稳定理论，$\mathbb{M} \models T$，$M \prec \mathbb{M}$，$M \subseteq B \subseteq \mathbb{M}$。若$p(\bar{x}) \in S_n(B)$在$M$上可定义，则$p$在$M$中有限可满足。

证明: 假设$\bar{a}^* \in \bar{\mathbb{M}}^{|\bar{x}|}$实现了$p(\bar{x})$。反设$p$不在$M$中有限可满足，即存在$\mathcal{L}$-公式$\phi(\bar{x}, \bar{y})$以及$\bar{b} \in B^{|\bar{y}|}$，使得$\phi(\bar{x}, \bar{b}) \in p$且对任意的$\bar{a} \in M^{|\bar{x}|}$，都有$\mathbb{M} \models \neg\phi(\bar{a}, \bar{b})$。对任意自然数$n$，我们来构造$M$中的两个序列$(\bar{a}_i^m)_{i \leqslant m}$和$(\bar{b}_i^m)_{i \leqslant m}$，使得：

(i) 对任意的$i \leqslant j \leqslant m$，都有$M \models \phi(\bar{a}_i^m, \bar{b}_j^m)$当且仅当$i \leqslant j$；

(ii) 对任意的$i \leqslant m$，都有$\bar{\mathbb{M}} \models \phi(\bar{a}^*, \bar{b}_i^m)$，即$\bigwedge_{j=1}^m \phi(\bar{x}, \bar{b}_i^m) \in p$。

现在$d_p\phi(\bar{y})$是“定义$\phi(\bar{x}, \bar{y})$是否属于p”的$\mathcal{L}_M$-公式。由于$\phi(\bar{x}, \bar{b}) \in p$，因此$\mathbb{M} \models \exists \bar{y} d_p\phi(\bar{y})$，故存在$\bar{b}_0^0 \in M^{|\bar{y}|}$，使得$\phi(\bar{x}, \bar{b}_0^0) \in p(\bar{x})$。由于$\phi(\bar{x}, \bar{b}_0^0)$是一致的$\mathcal{L}_M$-公式，因此存在$\bar{a}_0^0 \in M^{|\bar{x}|}$，使得$M \models \phi(\bar{a}_0^0, \bar{b}_0^0)$。

现在假设$m \geqslant 0$，并且满足条件的序列$(\bar{a}_i^m)_{i<m}$和$(\bar{b}_i^m)_{i<m}$已经构造好了。我们显然有

$$\bar{\mathbb{M}} \models \bigwedge_{j=1}^m \phi(\bar{a}^*, \bar{b}_i^m) \ \wedge \ (\phi(\bar{a}_i^m, \bar{b}_i^m))$$

$$\text{当且仅当}(i \leqslant j < m) \ \wedge \ \phi(\bar{a}^*, \bar{b}) \wedge \bigwedge_{i=1}^m \neg\phi(\bar{a}_i^m, \bar{b})。$$

我们将公式

$$\bigwedge_{j=1}^m \phi(\bar{x}, \bar{b}_i^m) \ \wedge \ (\phi(\bar{a}_i^m, \bar{b}_i^m))$$

$$\text{当且仅当}(i \leqslant j < m) \ \wedge \ \phi(\bar{x}, \bar{b}) \wedge \bigwedge_{i=1}^m \neg\phi(\bar{a}_i^m, \bar{b})$$

记作$\psi(\bar{x}, \bar{b})$，其中$\psi(\bar{x}, \bar{y})$是$\mathcal{L}_M$-公式，则$\mathbb{M} \models d_p\psi(\bar{b})$，从而$M \models \exists \bar{y} d_p\psi(\bar{y})$。因此存在$\bar{b}_{m+1}^{m+1} \in M^{|\bar{x}|}$，使得$M \models d_p\psi(\bar{b}_{m+1}^{m+1})$，从而$\psi(\bar{x}, \bar{b}_{m+1}^{m+1}) \in p$，即

$$\bar{\mathbb{M}} \models \bigwedge_{j=1}^m \phi(\bar{a}^*, \bar{b}_i^m) \ \wedge \ (\phi(\bar{a}_i^m, \bar{b}_i^m))$$

$$\text{当且仅当}(i \leqslant j) \ \wedge \ \phi(\bar{a}^*, \bar{b}_{m+1}^{m+1}) \wedge \bigwedge_{i=1}^{m} \neg\phi(\bar{a}_i^m, \bar{b}_{m+1}^{m+1})。$$

以上公式$\psi(\bar{x}, \bar{b}_{m+1}^{m+1})$是一致的$\mathcal{L}_M$-公式，因此存在$\bar{a}_0^{m+1} \in M^{|\bar{x}|}$，使得

$$M \models \bigwedge_{j=1}^{m} \phi(\bar{a}_0^{m+1}, \bar{b}_i^m) \ \wedge \ (\phi(\bar{a}_i^m, \bar{b}_i^m))$$

$$\text{当且仅当}(i \leqslant j) \ \wedge \ \phi(\bar{a}_0^{m+1}, \bar{b}_{m+1}^{m+1}) \wedge \bigwedge_{i=1}^{m} \neg\phi(\bar{a}_i^m, \bar{b}_{m+1}^{m+1})。$$

对每个$i \leqslant m$，我们令$\bar{a}_{i+1}^{m+1} = \bar{a}_i^m$，$\bar{b}_i^{m+1} = \bar{b}_i^m$，则新的序列$(\bar{a}_i^{m+1})_{i \leqslant m+1}$和$(\bar{b}_i^{m+1})_{i \leqslant m+1}$也满足要求。由紧致性，存在$\mathbb{M}$中的序列$(\bar{a}_i)_{i<\omega}$及$(\bar{b}_i)_{i<\omega}$，使得$\mathbb{M} \models \phi(\bar{a}_i, \bar{b}_j)$当且仅当$i \leqslant j$，这表明$T$具有序性质。根据命题8.1.1，这是一个矛盾。 ∎

定义 9.1.3 设$A \subseteq B \subseteq \mathbb{M}$，$\Sigma(\bar{x})$是$B$上的（部分）型。如果对任意的$\mathcal{L}_A$-公式$\phi(\bar{x}, \bar{y})$，任意的$\bar{b}_1, \bar{b}_2 \in B^{|\bar{y}|}$，当$\text{tp}(\bar{b}_1/A) = \text{tp}(\bar{b}_2/A)$时，总是有$\phi(\bar{x}, \bar{b}_1) \in \Sigma$当且仅当$\phi(\bar{x}, \bar{b}_2) \in \Sigma$，我们就称$\Sigma$是$A$-**不变的**（部分）型。

练习 9.1.2 证明：如果$A \subseteq B \subseteq \mathbb{M}$，$p \in S_n(B)$在$A$上可定义，则$p$是$A$-不变的。

定义 9.1.4 设$A \subseteq \mathbb{M}$，我们称$p(\bar{x}) \in S_n(\mathbb{M})$是$A$-不变的。若$\mathbb{M}$的一个序列$(\bar{a}_i)_{i\in\omega}$满足$\bar{a}_j \models p{\restriction}A(\bar{a}_i)_{i<j}$，则称$(\bar{a}_i)_{i\in\omega}$是$p$在$A$上的一个**Morley序列**。

注 9.1.4 引理8.5.3中的序列$(\bar{b}_i)_{i<\omega}$就是一个A上的Morley序列。在ω-稳定理论中，Morley序列就是“Morley秩和Morley度不变的序列”。

练习 9.1.3 设$A \subseteq M$，$p \in S_n(\mathbb{M})$是A-不变的，序列$(\bar{a}_i)_{i\in\omega}$是p在A上的一个Morley序列。证明：

(i) $(\bar{a}_i)_{i\in\omega}$是A-不可辨元序列；

(ii) 如果M中的序列$(\bar{a}'_i)_{i\in\omega}$也是$p$在$A$上的一个Morley序列，则

$$\text{tp}_M((\bar{a}_i)_{i\in\omega}/A) = \text{tp}_M((\bar{a}'_i)_{i\in\omega}/A)。$$

练习 9.1.4 设$A \subseteq B \subseteq \mathbb{M}$，$p \in S_n(B)$，证明：

(i) 如果p在A上可定义，则p是A-不变的；

(ii) 如果p在A中有限可满足，则p是A-不变的。

定义 9.1.5 设$A \subseteq \mathbb{M}$，$X \subseteq \mathbb{M}^n$是一个$\mathbb{M}$-可定义集合。如果对任意的$\bar{b}_1, \bar{b}_2 \in \mathbb{M}^n$，当$\mathrm{tp}(\bar{b}_1/A) = \mathrm{tp}(\bar{b}_2/A)$时，总是有$\bar{b}_1 \in X$当且仅当$\bar{b}_2 \in X$，我们就称$X$是$A$-**不变的**。

引理 9.1.3 设$A \subseteq \mathbb{M}$，$X \subseteq \mathbb{M}^n$是一个$\mathbb{M}$-可定义集合，则X是A-可定义的当且仅当X是A-不变的。

证明: 从左边推导右边是显然的。

现在我们假设右边成立。设X被某个$\mathcal{L}_{\mathbb{M}}$-公式$\psi(\bar{x})$定义。令

$$\Sigma(\bar{x}) = \{\phi(\bar{x}) |\ \phi(\bar{x})\text{是一个}\mathcal{L}_A\text{-公式，且 } \mathbb{M} \models \forall \bar{x}(\psi(\bar{x}) \to \phi(\bar{x}))\}。$$

我们有：

断言 $\Sigma(\bar{x}) \models \psi(\bar{x})$。

证明: 反设断言不成立，则$\Sigma \cup \{\neg\psi\}$是一致的。任取$\bar{b} \in \mathbb{M}^n$实现$\Sigma \cup \{\neg\psi\}$，则对每个$\mathcal{L}_A$-公式$\phi(\bar{x}) \in \mathrm{tp}(\bar{b}/A)$，$\phi \wedge \psi$一致，否则$M \models \forall \bar{x}(\psi(\bar{x}) \to \neg\phi(\bar{x}))$，即$\neg\phi \in \Sigma$，从而$\mathbb{M} \models \neg\phi(\bar{b})$。这与$\phi \in \mathrm{tp}(\bar{b}/A)$矛盾。因此对每个$\mathcal{L}_A$-公式$\phi(\bar{x})$，$\psi \wedge \phi$是一致的。根据紧致性，$\{\psi\} \cup \mathrm{tp}(\bar{b}/A)$一致。令$\bar{b}' \in \mathbb{M}^n$实现$\{\psi\} \cup \mathrm{tp}(\bar{b}/A)$，则$\mathrm{tp}(\bar{b}/A) = \mathrm{tp}(\bar{b}'/A)$，$\bar{b} \notin X$，$\bar{b}' \in X$。这是一个矛盾。 ■

现在$\Sigma(\bar{x}) \models \psi(\bar{x})$。根据紧致性，存在$\Sigma$的有限子集$\Sigma_0$，使得$\Sigma_0(\bar{x}) \models \psi(\bar{x})$。显然有

$$\mathbb{M} \models \forall \bar{x}(\psi(\bar{x}) \leftrightarrow \bigwedge \Sigma_0(\bar{x}))。$$

即X是被$\mathcal{L}_A$-公式$\bigwedge \Sigma_0(\bar{x})$定义的。 ■

引理 9.1.4 设T是稳定理论，$\mathbb{M} \models T$，$A \subseteq \mathbb{M}$。如果全局型$p(\bar{x}) \in S_n(\mathbb{M})$是$A$-不变的，则$p$是$A$-可定义的。

证明: 根据定理9.1.1，p是$\mathbb{M}$-可定义的。对任意的$\mathcal{L}$-公式$\phi(\bar{x},\bar{y})$，存在$\mathcal{L}_{\mathbb{M}}$-公式$d_p\phi(\bar{y})$，使得$d_p\phi(\mathbb{M}^{|\bar{y}|}) = \{\bar{b} \in \mathbb{M}^{|\bar{y}|} \mid \phi(\bar{x},\bar{b}) \in p\}$。由于$p$是$A$-不变的，因此$d_p\phi(\mathbb{M}^{|\bar{y}|})$是$A$-不变的。根据引理9.1.3，存在一个$\mathcal{L}_A$-公式$\theta(\bar{y})$，使得$\mathbb{M} \models \forall\bar{y}(\theta(\bar{y}) \leftrightarrow d_p\phi(\bar{y}))$，即$p$是$A$-可定义的。 ■

命题 9.1.2 设T是稳定理论，$\mathbb{M} \models T$，$M \prec \mathbb{M}$。如果$p(\bar{x}) \in S_n(\mathbb{M})$是一个全局型，则以下表述等价：

(i) p在M上可定义；

(ii) p在M中有限可满足；

(iii) p是M-不变的。

证明: (i)与(ii)的等价性来自引理9.1.1 和引理9.1.2。(i)与(iii)的等价性来自引理9.1.4和练习9.1.4。 ■

9.2 可分割性

定义 9.2.1 设$A \subseteq \mathbb{M}$，$\pi(\bar{x})$是一个$\mathcal{L}_{\mathbb{M}}$-公式集。如果存在$\mathcal{L}_A$-公式$\phi(\bar{x},\bar{y})$，$\bar{b} \in \mathbb{M}^{|\bar{y}|}$，使得$\pi(\bar{x}) \models \phi(\bar{x},\bar{b})$，并且存在$\mathbb{M}$中的一个以$\bar{b}$开始的不可辨元序列$(\bar{b}_i)_{i\in\omega}$，使得公式集$\{\phi(\bar{x},\bar{b}_i) \mid i \in \omega\}$不一致，则称$\pi(\bar{x})$在$A$上**可分割**。我们称$\mathcal{L}_{\mathbb{M}}$-公式$\phi(x)$在$A$上可分割是指$\{\phi(x)\}$在$A$上可分割。

注 9.2.1 (i) 显然，不一致的公式总是可分割的。

(ii) 任何一致的$\mathcal{L}_A$-公式集π都在A上不可分割。根据练习9.2.2，任何一致的$\mathcal{L}_A$-公式集都在$\mathrm{acl}(A)$上不可分割。根据引理9.2.1，存在一个模型$M \supseteq A$，使得π在M上不可分割。

练习 9.2.1 证明：如果$\mathcal{L}_{\mathbb{M}}$-公式集$\pi(\bar{x})$在A中有限可满足，则π在A上不可分割。特别地，对任意的模型M，一致的$\mathcal{L}_M$-公式集都在M上不可分割。

下面我们给出模型论中的一个常用的定理。它的证明需要用到Erdös-Rado定理及一些无穷组合的知识，我们不给出证明。感兴趣的读者可以参考[14]，命题1.6。为了避免一些集合论中的术语，我们给出以下的简化版本。

定理 9.2.1 对任意的$A \subseteq \mathbb{M}$，都存在一个（远远大于$|A|$的）基数λ，使得对任意的序列$(\bar{a}_i)_{i\in\lambda}$，都可以找到一个$A$-不可辨元序列$(\bar{b}_i)_{i\in\omega}$，满足对任意的自然数$n$，都存在$i_0 < \cdots < i_{n-1} < \lambda$，使得$\mathrm{tp}(\bar{a}_{i_0},\cdots,\bar{a}_{i_{n-1}}/A) = \mathrm{tp}(\bar{b}_0,\cdots,\bar{b}_{n-1}/A)$。

引理 9.2.1 设$(\bar{b}_i)_{i\in\omega}$是A上的不可辨元序列，则存在模型$M \supseteq A$，使得$(\bar{b}_i)_{i\in\omega}$是M上的不可辨元序列。

证明： 令λ是一个充分大的基数。根据推论3.4.3，存在一个A-不可辨元序列$(\bar{a}_i)_{i<\lambda}$，使得对任意的自然数n，任意的$i_0 < \cdots < i_{n-1} < \lambda$，都有

$$\mathrm{tp}(\bar{a}_{i_0},\cdots,\bar{a}_{i_{n-1}}/A) = \mathrm{tp}(\bar{b}_0,\cdots,\bar{b}_{n-1}/A)。$$

设M是一个包含A的模型。根据定理9.2.1，只要λ充分大，我们就可以找到一个M-不可辨元序列$(\bar{c}_i)_{i<\omega}$，使得对任意的自然数n，都存在$i_0 < \cdots < i_{n-1} < \lambda$，使得$\mathrm{tp}(\bar{a}_{i_0},\cdots,\bar{a}_{i_{n-1}}/M) = \mathrm{tp}(\bar{c}_0,\cdots,\bar{c}_{n-1}/M)$。这表明$\mathrm{tp}((\bar{b}_i)_{i\in\omega}/A) = \mathrm{tp}((\bar{c}_i)_{i\in\omega}/A)$。令自同构$\sigma \in \mathrm{Aut}(\mathbb{M}/A)$，使得$\sigma(\bar{c}_i) = \bar{b}_i$，$i < \omega$，则$\sigma(M) = N$ 是一个包含A的模型，由于$(\bar{c}_i)_{i\in\omega}$在M上不可区分，因此$(\bar{b}_i)_{i\in\omega}$在$\sigma(M) = N$上不可区分。 ■

练习 9.2.2 证明：序列$(a_i |\ i \in I)$是A-不可辨的当且仅当它是$\mathrm{acl}(A)$-不可辨的。

引理 9.2.2 设$A\subseteq\mathbb{M}$，$\phi(\bar{x},\bar{y})$是一个$\mathcal{L}_A$-公式，$\bar{b},\bar{c}\in\mathbb{M}^{|\bar{y}|}$满足$\mathrm{tp}(\bar{b}/A)=\mathrm{tp}(\bar{c}/A)$，则存在以$\bar{b}$开始的$A$-不可辨元序列$(\bar{b}_i)_{i<\omega}$，使得$\{\phi(\bar{x},\bar{b}_i)|\ i\in\omega\}$不一致当且仅当存在以$\bar{c}$开始的$A$-不可辨元序列$(\bar{c}_i)_{i<\omega}$，使得$\{\phi(\bar{x},\bar{c}_i)|\ i\in\omega\}$不一致。

证明: 设$\phi(\bar{x},\bar{b})$在A上可分割。令以$\bar{b}$开始的A-不可辨元序列$(\bar{b}_i)_{i<\omega}$，使得$\{\phi(\bar{x},\bar{b}_i)|\ i\in\omega\}$不一致。现在$\mathrm{tp}(\bar{b}/A)=\mathrm{tp}(\bar{c}/A)$，由$\mathbb{M}$的强齐次性，存在以$\bar{c}$开始的序列$(\bar{c}_i)_{i<\omega}$，使得

$$\mathrm{tp}((\bar{b}_i)_{i<\omega}/A)=\mathrm{tp}((\bar{c}_i)_{i<\omega}/A)。$$

显然$(\bar{c}_i)_{i<\omega}$也是A-不可辨元序列，并且$\{\phi(\bar{x},\bar{c}_i)|\ i\in\omega\}$不一致。 ■

注 9.2.2 对任意的线序集$(I_1,<_1),\cdots,(I_k,<_k)$，任意的$n$-元组序列$J_1=(\bar{c}_i^1)_{i\in I_1}$和$J_2=(\bar{c}_i^2)_{i\in I_2}$，$J_1J_2$表示将这两个序列按照先后顺序接起来。设$\bar{b}$是一个$n$-元组，则$\bar{b}J_1$表示长度为1的序列$(\bar{b})$后接着序列$J_1$。记号$J_1\bar{b}$，$J_1\bar{b}J_2$，$J_1\cdots J_k$的含义是类似的。

引理 9.2.3 设$A\subseteq\mathbb{M}$，$\phi(\bar{x},\bar{y})$是一个$\mathcal{L}_A$-公式，$\bar{b}\in\mathbb{M}^{|\bar{y}|}$。如果存在以$\bar{b}$开始的$A$-不可辨元序列$(\bar{b}_i)_{i<\omega}$，使得$\{\phi(\bar{x},\bar{b}_i)|\ i\in\omega\}$不一致，则对任意的线序集$(I,<)$，存在一个序列$J=(\bar{c}_i)_{i\in I}$，使得$\bar{b}J$是$A$-不可辨元序列，且$\{\phi(\bar{x},\bar{b})\}\cup\{\phi(\bar{x},\bar{c}_i|\ i\in I)\}$不一致。特别地，对任意的无穷基数$\lambda$，都存在以$\bar{b}$开始的$A$-不可辨元序列$(\bar{b}_i)_{i<\lambda}$，使得$\{\phi(\bar{x},\bar{b}_i)|\ i\in\lambda\}$不一致。

证明: 显然$\bar{b}_1\bar{b}_2\cdots$是一个A-不可辨元序列。根据推论3.4.3，存在一个A-不可辨元序列$J=(\bar{c}_i)_{i\in I}$，使得对任意的$n>0$，任意的$i_1<\cdots<i_n\in I$，都有$\mathrm{tp}(\bar{c}_{i_1},\cdots,\bar{c}_{i_n}/A)=\mathrm{tp}(\bar{b}_1,\cdots,\bar{b}_n)$。容易验证$\bar{b}J$满足要求。 ■

引理 9.2.4 设$\phi(\bar{x},\bar{y})$是一个$\mathcal{L}_A$-公式，$\bar{b}\in\mathbb{M}^{|\bar{y}|}$。$\phi(\bar{x},\bar{b})$在$A$上可分割当且仅当存在以$\bar{b}$开始的$A$-不可辨元序列$(\bar{b}_i)_{i\in\omega}$，使得$\{\phi(\bar{x},\bar{b}_i)|\ i<\omega\}$不一致。

证明: 取一个充分大的基数λ。如果$\phi(\bar{x},\bar{b})$在A上可分割，则存在一个$\mathcal{L}_A$-公式$\psi(\bar{x},\bar{z})$，$\bar{c}\in\mathbb{M}^{|\bar{z}|}$，使得$\phi(\bar{x},\bar{b})\models\psi(\bar{x},\bar{c})$，并且（根据引理9.2.3）

存在一个以$\bar{c}$ 开始的A-不可辨元序列$(\bar{c}_i)_{i\in\lambda}$，使得$\{\psi(\bar{x},\bar{c}_i)|\ i\in\lambda\}$不一致。令$(\bar{b}_i)_{i\in\lambda}$是一个序列，满足$\mathrm{tp}(\bar{b}_i,\bar{c}_i/A)=\mathrm{tp}(\bar{b},\bar{c})$。根据定理9.2.1，存在$(\bar{b}_i)_{i\in\lambda}$的一个长度为$\omega$的子列是$A$-不可辨的。不失一般性，我们假设$(\bar{b}_i)_{i\in\omega}$是$A$-不可辨的。现在，对每个$i<\omega$，都有$\phi(\bar{x},\bar{b}_i)\models\psi(\bar{x},\bar{c}_i)$。由于$\{\psi(\bar{x},\bar{c}_i)|\ i\in\lambda\}$不一致，因此有限不一致，故而存在自然数$n$，使得$\{\psi(\bar{x},\bar{c}_i)|\ i\leqslant n\}$是不一致的。故而$\{\phi(\bar{x},\bar{b}_i)|\ i\leqslant n\}$是不一致的，因此$\phi(\bar{x},\bar{b}_0)$是$A$上可分割的。由于$\mathrm{tp}(\bar{b}_0/A)=\mathrm{tp}(\bar{b}/A)$，根据引理9.2.2，存在以$\bar{b}$开始的$A$-不可辨元序列$(\bar{b}_i)_{i\in\omega}$，使得$\{\phi(\bar{x},\bar{b}_i)|\ i\in\omega\}$不一致。 ■

引理9.2.4表明一个$\mathcal{L}_{\mathbb{M}}$-公式ϕ的可分割性被ϕ自己见证。

推论 9.2.1 设$\pi(\bar{x},\bar{y})$是一个$\mathcal{L}_A$-公式集，$\bar{b}\in\mathbb{M}^{|\bar{y}|}$。$\pi(\bar{x},\bar{b})$在$A$上可分割当且仅当存在以$\bar{b}$开始的$A$-不可辨元序列$(\bar{b}_i)_{i\in\omega}$，使得$\bigcup_{i\in\omega}\pi(\bar{x},\bar{b}_i)$不一致。

证明: 从左向右的证明来自引理9.2.4和紧致性，我们留给读者自己验证。从右向左的证明来自紧致性。 ■

例 9.2.1 我们考察特征为零的代数闭域的理论ACF_0，$\mathcal{L}$是环的语言。令$\mathbb{M}\models ACF_0$。设$\phi(x,y)$是一个$\mathcal{L}$-公式，$A\subseteq\mathbb{M}$，$b\in\mathbb{M}$，每个$b\notin A$。我们来考察$\phi(x,b)$在A上的可分割性。根据练习9.2.2，我们不妨假设$A=\mathrm{acl}(A)$。设序列$(b_i)_{i<\omega}$是A-不可辨的。由于ACF_0是ω-稳定的，根据推论8.1.1，$(b_i)_{i<\omega}$在A上还是完全不可辨的。由于ACF_0是强极小理论，$\phi(\mathbb{M},b)$只能是有限集合或者余有限集合。接下来我们分情况讨论：

(i) $\phi(\mathbb{M},b)$是无穷集合，则对每个$i<\omega$，$\neg\phi(\mathbb{M},b_i)$都是有限集，故$\{\phi(x,b_i)|\ i<\omega\}$有限一致，从而是一致的；

(ii) $\phi(\mathbb{M},b)$是有限集合，并且存在$a\in A$，使得$\mathbb{M}\models\phi(a,b)$。$(b_i)_{i<\omega}$是$A$-不可辨的，故对每个$i<\omega$，$\mathbb{M}\models\phi(a,b_i)$，即$\{\phi(x,b_i)|\ i<\omega\}$是一致的；

(iii) $\phi(\mathbb{M},b)$是有限集合，并且$\phi(\mathbb{M},b)\cap A=\emptyset$。因此对每个$i<\omega$，$\phi(\mathbb{M},b_i)\cap A=\emptyset$。现在假设存在$a^*\in\mathbb{M}$，使得对每个$i<\omega$，$\mathbb{M}\models\phi(a^*,b_i)$，

则对每个$i<\omega$，$a^*\in \mathrm{acl}(A\cup\{b_i\})\backslash A$。由于$ACF_0$有量词消去，$a^*\in \mathrm{acl}(A\cup\{b_i\})$表明存在一个参数来自$A$的二元多项式$f(x,y)$，使得$f(a^*,b_i)=0$。由于$a^*\notin \mathrm{acl}(A)$，故以$y$为变元的$f(a^*,y)$不是常数多项式。然而$f(a^*,y)$ 有无穷多个根$\{b_i|\ i<\omega\}$，这是一个矛盾。故而这样的a^*不存在，故$\{\phi(x,b_i)|\ i<\omega\}$是不一致的。

注 9.2.3

(i) 对于ω-稳定理论而言，我们直观上认为一个元素$b\in\mathbb{M}$在A上的Morley秩$\mathrm{RM}(b/A)$越小，我们通过A可以知道关于b的信息就越多。例如，当$\mathrm{RM}(b/A)=0$时，我们就知道$b\in \mathrm{acl}(A)$。

(ii) 当$\mathbb{M}$是代数闭域时，一个n-元组$\bar{b}$在子域F上的Morley秩$\mathrm{RM}(\bar{b}/F)$恰好等于$F(\bar{b})$在F上的超越次数。

(iii) 按照以上的观点，设$A\subseteq B$，$c\in\mathbb{M}$，则$\mathrm{RM}(c/B)<\mathrm{RM}(c/A)$说明利用更多的参数（$B$ 中有更多的参数），我们可以知道更多的关于b的信息。

(iv) 在例9.2.1的情形(i)和(ii)中，我们观察到存在一个$c\in\phi(\mathbb{M},b)$，使得

$$\mathrm{RM}(c/Ab)=\mathrm{RM}(\phi(\mathbb{M},b))=\mathrm{RM}(c/A)。$$

直观上来看，即使公式$\phi(x,b)$有新的参数b，相较于参数来自A-的公式，$\phi(x,b)$没有告诉我们更多关于c的信息。

(v) 在例9.2.1的情形(iii)中，我们观察到对任意的$c\in\phi(\mathbb{M},b)$，都有

$$\mathrm{RM}(c/Ab)=\mathrm{RM}(\phi(\mathbb{M},b))<\mathrm{RM}(c/A)。$$

直观上来看，在引入了新参数b以后，公式$\phi(x,b)$告诉我们更多关于c的信息。

在稳定理论中，可分割性有很好的刻画。

注 9.2.4 设$M \prec \mathbb{M}$，$p \in S_n(M)$可定义。令$p^* \in S_n(\mathbb{M})$是p的全局继承。根据练习9.1.4，p^*是一个M-不变型。令$(\bar{a}_i)_{i\in\omega}$是p^*在M上的Morley序列，则$(\bar{a}_i)_{i\in\omega}$是一个M-不可辨元序列（见练习9.1.3）。

引理 9.2.5 设T是稳定理论，$M \models T$，$\bar{a}, \bar{c} \in \mathbb{M}^n$满足$\mathrm{tp}(\bar{a}/M) = \mathrm{tp}(\bar{c}/M)$，则存在$\bar{b} \in \mathbb{M}^n$，使得$(\bar{a}, \bar{b})$为$M$-不可辨元序列$(\bar{a}_i)_{i\in\omega}$ 的前两个元素，$\bar{b}, \bar{c}$为M-不可辨元序列$(\bar{c}_i)_{i\in\omega}$的前两个元素。

证明: 令$p = \mathrm{tp}(\bar{a}/M) = \mathrm{tp}(\bar{c}/M)$。根据定理9.1.1，$p$是可定义的。令$p^*$是$p$的全局继承，则$p^*$是$M$-不变的。令$N \succ M$并且$\bar{a}, \bar{c} \in N^n$，显然$p^*$也是$N$-不变的。令$(\bar{b}_i)_{i\in\omega}$是$p^*$在$N$上的Morley序列，则显然有$\bar{b}_j \models p{\restriction}M\bar{a}\bar{c}(\bar{b}_i)_{i<j}$。因此$\bar{a}\bar{b}_0\bar{b}_1\bar{b}_2\cdots$ 和$\bar{c}\bar{b}_0\bar{b}_1\bar{b}_2\cdots$ 均是p^*在M-上的Morley序列，因此是M-不可辨元序列。由于T是稳定理论，根据推论8.1.1，任意的M-不可辨元序列是完全不可辨的，即$\bar{b}_0\bar{c}\bar{b}_1\bar{b}_2\cdots$ 也是M-不可辨元序列。 ■

注 9.2.5 引理9.2.5中，T具有稳定性的假设不是必要的。其实，对任意理论T，$\mathrm{tp}(\bar{a}/M) = \mathrm{tp}(\bar{c}/M)$都蕴涵着存在一个$\bar{b}$及两个分别以$\bar{a}\ \bar{b}$和$\bar{b}\ \bar{c}$开始的$M$-不可辨元序列。$T$的稳定性只是简化了我们的证明。读者可以参考[14]，引理9.12。

引理 9.2.6 设T是稳定理论，$M \models T$，$(\bar{b}_i)_{i\in\omega}$是一个n-元不可辨元序列，设$\phi(\bar{x}, \bar{y})$是一个$\mathcal{L}$-公式，其中$|\bar{y}| = n$，则

$$\{\phi(\bar{x}, \bar{b}_i) |\ i \in \omega,\ i\text{是偶数}\} \cup \{\neg\phi(\bar{x}, \bar{b}_i) |\ i \in \omega,\ i\text{是奇数}\}$$

是不一致的。

证明: 反设

$$\{\phi(\bar{x}, \bar{b}_i) |\ i \in \omega,\ i\text{是偶数}\} \cup \{\neg\phi(\bar{x}, \bar{b}_i) |\ i \in \omega,\ i\text{是奇数}\}$$

是一致的，则存在$\bar{a} \in \mathbb{M}^{|\bar{x}|}$，使得$\mathbb{M} \models \phi(\bar{a}, \bar{b}_i)$当且仅当$i$是偶数。我们有：

断言 对任意的正整数n，存在$\bar{a}_n$，使得$\mathbb{M} \models \phi(\bar{a}_n, \bar{b}_i)$当且仅当$i$被$n$整除。

证明: 显然，存在一个保序的单射$f : \omega \longrightarrow \omega$，使得$f(i)$是偶数当且仅当$i$是$n$的倍数。令$\bar{c}_i = \bar{b}_{f(i)}$。显然$M \models \phi(\bar{a}, \bar{c}_i)$当且仅当$i$是$n$的倍数，因此，公式集

$$\{\phi(\bar{x}, \bar{c}_i) |\ i \in \omega,\ i\text{是}n\text{的倍数}\} \cup \{\neg\phi(\bar{x}, \bar{c}_i) |\ i \in \omega,\ i\text{不是}n\text{的倍数}\}$$

是一致的。另一方面，由于$(\bar{b}_i)_{i\in\omega}$是不可辨元序列，因此显然有$\mathrm{tp}((\bar{b}_i)_{i\in\omega}) = \mathrm{tp}((\bar{c}_i)_{i\in\omega})$。因此公式集

$$\{\phi(\bar{x}, \bar{b}_i) |\ i \in \omega,\ i\text{是}n\text{的倍数}\} \cup \{\neg\phi(\bar{x}, \bar{b}_i) |\ i \in \omega,\ i\text{不是}n\text{的倍数}\}$$

也是一致的，即存在$\bar{a}_n$，使得$\mathbb{M} \models \phi(\bar{a}_n, \bar{b}_i)$当且仅当$i$被$n$整除。 ■

以上断言表明：对任意的正整数n，我们可以找到一个序列$(\bar{a}_i)_{i<n}$，使得$\mathbb{M} \models \phi(\bar{a}_i, \bar{b}_j)$当且仅当$j$被$2^i$整除。令$\bar{c}_j = \bar{b}_{2^j}$，则对任意的$i, j < n$，有$\mathbb{M} \models \phi(\bar{a}_i, \bar{c}_j)$当且仅当$i \leqslant j < n$。根据紧致性，存在一个无穷序列$(\bar{a}_i, \bar{c}_i)_{i<\omega}$，使得$\mathbb{M} \models \phi(\bar{a}_i, \bar{c}_j)$当且仅当$i \leqslant j < \omega$。这与$T$的稳定性矛盾。 ■

注 9.2.6 设T是一个理论。我们称T具有NIP（参考[15]）是指：对任意的不可辨元序列$(\bar{b}_i)_{i\in\omega}$，任意的$\mathcal{L}$-公式$\phi(\bar{x}, \bar{y})$，都有

$$\{\phi(\bar{x}, \bar{b}_i) |\ i \in \omega,\ i\text{是偶数}\} \cup \{\neg\phi(\bar{x}, \bar{b}_i) |\ i \in \omega,\ i\text{是奇数}\}$$

是不一致的。引理9.2.6表明稳定理论都具有NIP。

命题 9.2.1 设T是稳定理论，$M \prec \mathbb{M}$，$p \in S_n(\mathbb{M})$是一个全局型，则以下表述等价：

(i) p是M-可定义的；

(ii) p在M中有限可满足；

(iii) p是M-不变的；

(iv) p在M上不可分割。

证明: (i),(ii),(iii)的等价性来自命题9.1.2。下面证明(iii)与(iv)等价。

(iii)⟹(iv): 设$\phi(\bar{x},\bar{y})$是一个$\mathcal{L}$-公式，$\bar{b}\in\mathbb{M}^{|\bar{y}|}$，且$\phi(\bar{x},\bar{b})\in p$。设$(\bar{b}_i)_{i\in\omega}$是以$\bar{b}$开始的$M$-不可辨元序列。由于$p$是$M$-不变的，因此$\{\phi(\bar{x},\bar{b}_i)|\ i\in\omega\}\subseteq p$，故$\{\phi(\bar{x},\bar{b}_i)|\ i\in\omega\}$是一致的。

(iv)⟹(iii): 现在设p在M上不可分割。设$\phi(\bar{x},\bar{y})$是一个$\mathcal{L}$-公式，$\bar{b}\in\mathbb{M}^{|\bar{y}|}$，并且$(\bar{b}_i)_{i\in\omega}$是以$\bar{b}\in\mathbb{M}^{|\bar{y}|}$开始的$M$-不可辨元序列。我们断言$\phi(\bar{x},\bar{b}_0)\in p$当且仅当$\phi(\bar{x},\bar{b}_1)\in p$。否则，$\phi(\bar{x},\bar{b}_0)\wedge\neg\phi(\bar{x},\bar{b}_1)\in p$或$\phi(\bar{x},\bar{b}_1)\wedge\neg\phi(\bar{x},\bar{b}_0)\in p$。不妨设$\phi(\bar{x},\bar{b}_0)\wedge\neg\phi(\bar{x},\bar{b}_1)\in p$。注意到$2|\bar{y}|$-元的序列$(\bar{b}_0\bar{b}_1)(\bar{b}_2\bar{b}_3)(\bar{b}_4\bar{b}_5)\cdots$仍然是$M$上的不可辨元序列。由于$p$不是可分割的，因此$\{\phi(\bar{x},\bar{b}_{2i})\wedge\neg\phi(\bar{x},\bar{b}_{2i+1})|\ i<\omega\}$是一致的。根据引理9.2.6，这是不可能的。

现在假设$\mathrm{tp}(\bar{b}_0/M)=\mathrm{tp}(\bar{b}_1/M)$。根据引理9.2.5，存在$\bar{c}$，使得$(\bar{b}_0,\bar{c})$和$(\bar{c},\bar{b}_1)$分别是两个$M$-不可辨元序列的起始段。因此$\phi(\bar{x},\bar{b}_0)\in p$当且仅当$\phi(\bar{x},\bar{c})\in p$当且仅当$\phi(\bar{x},\bar{b}_1)\in p$，即$p$是$M$-不变的。

证毕。 ∎

我们现在改进引理9.1.1的结论：

引理 9.2.7 设T是一个稳定理论，$M\models T$，$p(\bar{x})\in S_n(M)$，$\phi(\bar{x},\bar{y})$是一个$\mathcal{L}$-公式。令$p^*\in S_n(\mathbb{M})$是p的全局继承，则存在p^*在M上的一个Morley序列$(\bar{a}_i)_{i<\omega}$及$n<\omega$，使得$\{\phi(\bar{a}_i,\bar{y})|\ i\leqslant n\}$的某个正布尔组合$\theta(\bar{y})$满足$\theta(\mathbb{M}^{|\bar{y}|})=d_p\phi(\mathbb{M}^{|\bar{y}|})$。（注意，这里的$\theta(\bar{y})$不是$\mathcal{L}_M$-公式。）

证明: 证明思路和引理9.1.1的证明相同，我们只需要修改一些细节。反设对任意满足$\bar{a}_j\models p^*{\restriction}M(\bar{a}_i)_{i<j}$的序列$(\bar{a}_i)_{i<\omega}$及任意的$n<\omega$，$\{\phi(\bar{a}_i,\bar{y})|\ i\leqslant$

$n\}$的任意正布尔组合$\theta(\bar{y})$都有$\theta(\mathbb{M}^{|\bar{y}|}) \neq d_p\phi(\mathbb{M}^{|\bar{y}|})$，那么我们就可以构造$\mathbb{M}$中的序列$(\bar{a}_i, \bar{b}_i, \bar{c}_i)_{i<\omega}$，使得：

(i) 对任意的$i < j < \omega$，均有$M \models \phi(\bar{a}_j, \bar{b}_i) \wedge \neg\phi(\bar{a}_j, \bar{c}_i)$；

(ii) 对任意的$i \leqslant j < \omega$，均有$M \models \phi(\bar{a}_i, \bar{b}_j) \to \phi(\bar{a}_i, \bar{c}_j)$；

(iii) 对任意的$j < \omega$，均有$\phi(\bar{x}, \bar{b}_j) \wedge \neg\phi(\bar{x}, \bar{c}_j) \in p^*$；

(iv) 对任意的$j < \omega$，均有$\bar{a}_j \models p^* \upharpoonright M(\bar{a}_i)_{i<j}(\bar{b}_i)_{i<j}(\bar{c}_i)_{i<j}$。

引理9.1.1的论证表明，这样的序列存在，并且会导出一个矛盾。 ■

练习 9.2.3 请给出引理9.2.7的完整证明。

引理 9.2.8 设T是一个稳定理论，$M \models T$，$\phi(\bar{x}, \bar{y})$是一个$\mathcal{L}$-公式。对任意的$\bar{b} \in \mathbb{M}^{|\bar{x}|}$，$\phi(\bar{x}, \bar{b})$在$M$上不可分割当且仅当$\phi(\bar{x}, \bar{b})$在$M$中可满足。

证明: 如果$\phi(\bar{x}, \bar{b})$在M中可满足，根据练习9.2.1，$\phi(\bar{x}, \bar{b})$在M上不可分割。

反之，设$\phi(\bar{x}, \bar{b})$在M上不可分割。令$q(\bar{y}) = \mathrm{tp}(\bar{b}/M)$，$q^*$是$q$的全局继承。令$(\bar{b}_i)_{i<\omega}$ 是q^*在M上的一个Morley序列，则存在$n < \omega$，使得$\{\phi(\bar{x}, \bar{b}_i) |\ i \leqslant n\}$的某个正布尔组合$\theta(\bar{x})$满足$\theta(\mathbb{M}^{|\bar{x}|}) = d_q\phi(\mathbb{M}^{|\bar{x}|})$。由于$\phi(\bar{x}, \bar{b})$在$M$上不可分割，$(\bar{b}_i)_{i<\omega}$是$M$-不可辨元序列，而$\theta(\bar{x})$是$\{\phi(\bar{x}, \bar{b}_i) |\ i \leqslant n\}$的正布尔组合，因此$\theta$一致，故$d_q\phi(\bar{x})$一致。由于$d_q\phi(\bar{x})$是一个$\mathcal{L}_M$-公式，故$M \models \exists\bar{x} d_q\phi(\bar{x})$，即存在$\bar{a} \in M^{|\bar{x}|}$，使得$\phi(\bar{a}, \bar{y}) \in q$，即$M \models \phi(\bar{a}, \bar{b})$。故$\phi(\bar{x}, \bar{b})$ 在M中可满足。 ■

推论 9.2.2 设T是稳定理论，$M \models T$，$\psi_1(\bar{x}), \cdots, \psi_n(\bar{x})$是有限个$\mathcal{L}_{\mathbb{M}}$-公式，如果每个$\psi_i$都在$M$上可分割，则$\bigvee_{i=1}^n \psi_i(\bar{x})$在$M$上可分割。

证明: 根据引理9.2.8，$\bigvee_{i=1}^n \psi_i(\bar{x})$在$M$上可分割当且仅当$\bigvee_{i=1}^n \psi_i(\bar{x})$在$M$中不可满足当且仅当每个$\psi_i$均在$M$中不可满足。 ■

定义 9.2.2　设$A \subseteq \mathbb{M}$，$\pi(\bar{x})$是一个$\mathcal{L}_{\mathbb{M}}$-公式集。如果存在有限个在A上可分割的$\mathcal{L}_{\mathbb{M}}$-公式$\psi_1(\bar{x}),\cdots,\psi_n(\bar{x})$，使得$\pi \models \bigvee_{i=1}^{n} \psi_i(\bar{x})$，则称$\pi$在$A$上**分叉**。我们称$\mathcal{L}_{\mathbb{M}}$-公式$\phi(x)$在$A$上分叉是指$\{\phi(x)\}$在$A$上分叉。

推论 9.2.3　设T是稳定理论，$M \models T$，则一个$\mathcal{L}_{\mathbb{M}}$-公式$\phi(\bar{x})$在M上可分割当且仅当在M上分叉。

证明: 根据推论9.2.2可得。■

推论 9.2.4　设T是稳定理论，$\phi(\bar{x})$是一个$\mathcal{L}_{\mathbb{M}}$-公式，则$\phi(\bar{x})$在A上不可分割当且仅当对每个包含A的模型M，都有$\phi(\bar{x})$在M上不分叉/不可分割。

证明: 由引理9.2.1，$\phi(\bar{x})$在A上可分割当且仅当存在一个模型$M \supseteq A$，使得$\phi(\bar{x})$在M上可分割。根据推论9.2.3，$\phi(\bar{x})$在M上分叉。反之，若存在模型$M \supseteq A$，使得$\phi(\bar{x})$在M上分叉，则$\phi(\bar{x})$在M上可分割，从而$\phi(\bar{x})$在A上可分割。■

例 9.2.2　可分割与分叉并不总是相同的。设$\mathcal{L} = \{<\}$，其中$<$是一个二元关系。令O是平面$\mathbb{R}^2$上的一个圆。我们将$<$在O中解释为一个"序"，即$a < b$当且仅当沿着顺时针的方向，从a到b走过的弧线比b到a的弧线短。令$C(x,y,z)$表示$x < y \wedge y < z \wedge x < z$。我们在$O$上取3个点$a,b,c$，使得$O = C(a,O,b) \cup C(b,O,c) \cup C(c,O,a)$。显然$C(a,x,b) \vee C(b,x,c) \vee C(c,x,a)$恰好等价于公式$x = x$，因此$(a,x,b) \vee C(b,x,c) \vee C(c,x,a)$在空集上不分叉。然而公式$C(a,x,b)$，$C(b,x,c)$，$C(c,x,a)$均在空集上可分割。这是因为我们可以在圆上按照顺时针的方向去取无穷多条互不相交的弧线，而这些弧线的端点在空集上不可区分。

定义 9.2.3　设M是一个模型，$M \subseteq B$，$p \in S_n(M)$，$q \in S_n(B)$，如果q在M上不分叉，我们就称q是p的**不分叉扩张**。

定理 9.2.2　设T是稳定理论，$M \prec \mathbb{M}$，$B \subseteq \mathbb{M}$，$\Sigma(\bar{x})$是$\mathcal{L}_B$-公式集，则以下表述

(i) Σ在M中有限可满足；

(ii) Σ在M上不可分割；

(iii) Σ在M上不分叉；

(iv) $\Sigma(\bar{x})$是M-可定义的

中的(i),(ii),(iii)等价。当$\Sigma(\bar{x}) \in S_n(B)$时，(i),(ii),(iii),(iv)等价。

证明: (i)与(ii)的等价性来自引理9.2.8。(ii)与(iii)的等价性来自引理9.2.3。(i)与(iv)的等价性来自引理9.1.1和引理9.1.2。 ■

推论 9.2.5 设T是稳定理论，$A \subseteq B \subseteq \mathbb{M}$，$\Sigma(\bar{x})$是$\mathcal{L}_B$-公式集。如果$\Sigma$在$A$上不分叉，则存在$p(\bar{x}) \in S_n(B)$，使得$\Sigma \subseteq p(\bar{x})$，且对任意的包含$A$的模型$M$，都有$p(\bar{x})$在$M$上不分叉。特别地，$\Sigma(\bar{x})$都在$M$上不分叉。

证明: 根据定理9.2.2和引理9.2.4，对任意的包含A的模型M，都有$\Sigma(\bar{x})$在M中有限可满足。令

$$\Sigma^*(\bar{x}) = \Sigma(\bar{x}) \cup$$

$\{\neg\phi(\bar{x}) |\ \phi(\bar{x}) \in \mathcal{L}_B$，存在模型$M$使得$\mathrm{Aut} \subseteq M$且$\phi(\bar{x})$在$M$中不可满足$\}$。

显然Σ^*仍然在任意的包含A的模型中可满足。特别地，Σ^*是一致的，因此存在$p(\bar{x}) \in S_n(B)$，使得$\Sigma^* \subseteq p$。我们断言p在任意的包含A的模型M中有限可满足。否则，存在$\psi(\bar{x}) \in p$在某个模型$M \supseteq A$中不可满足，从而$\neg\psi \in \Sigma^* \subseteq p$。这是一个矛盾。根据定理9.2.2，$p$在任意的包含$A$的模型$M$上不分叉。 ■

推论9.2.5表明，在稳定理论中，不分叉扩张总是存在的。

9.3 ω-稳定理论中的分叉

ω-稳定理论是性质最好的稳定理论。在本节中，我们将对ω-稳定理论中的分叉给出一个刻画。

引理 9.3.1　设T是ω-稳定理论，$\mathbb{M} \models T$，$A \subseteq \mathbb{M}$。设$\mathcal{L}_A$-公式$\phi(\bar{x})$是一致的且Morley 度为1，$|\bar{x}| = n$，则对任意的$B \supseteq A$，存在唯一的$p(\bar{x}) \in S_n(B)$，使得$\phi \in p$ 且$\mathrm{RM}(p) = \mathrm{RM}(\phi)$。

证明: 令

$$\Sigma(\bar{x}) = \{\psi(\bar{x}) |\ \psi\text{是一个}\mathcal{L}_B\text{-公式，且}\mathrm{RM}(\psi(\bar{x}) \wedge \phi(\bar{x})) = \mathrm{RM}(\phi(\bar{x}))\}。$$

我们来证明$\Sigma \in S_n(B)$。显然对每个$\mathcal{L}_{\mathbb{M}}$-公式$\psi(\bar{x})$，都有

$$\mathrm{RM}(\psi(\bar{x}) \wedge \phi(\bar{x})) = \mathrm{RM}(\phi(\bar{x})) \text{ 或 } \mathrm{RM}(\neg\psi(\bar{x}) \wedge \phi(\bar{x})) = \mathrm{RM}(\phi(\bar{x}))。$$

即$\psi(\bar{x})$和$\neg\psi(\bar{x})$至少有一个在$\Sigma(\bar{x})$中，因此我们只须验证$\Sigma(\bar{x})$是一致的。我们有：

断言　任意的$\psi_1(\bar{x}), \psi_2(\bar{x})$，都有$\psi_1, \psi_2 \in \Sigma$蕴涵着$\psi_1 \wedge \psi_2 \in \Sigma$。

证明: 如果$\psi \wedge \psi_2 \notin \Sigma$，则$\mathrm{RM}((\neg\psi_1 \vee \neg\psi_2) \wedge \phi) = \mathrm{RM}(\phi)$，即

$$\mathrm{RM}((\neg\psi_1 \wedge \phi) \vee (\neg\psi_2 \wedge \phi)) = \mathrm{RM}(\phi)。$$

由于$\mathrm{dM}(\phi) = 1$，因此有

$$\mathrm{RM}(\neg\psi_1 \wedge \phi) < \mathrm{RM}(\phi) \text{ 或者 } \mathrm{RM}(\neg\psi_2 \wedge \phi) < \mathrm{RM}(\phi)。$$

即$\psi_1 \notin \Sigma$或者$\psi_2 \notin \Sigma$。 ■

设Σ_0是Σ的有限子集。根据断言，有$\bigwedge \Sigma_0 \in \Sigma$，故而$\mathrm{RM}(\bigwedge \Sigma_0) \geqslant 0$，即$\Sigma_0$一致。 ■

注 9.3.1　引理9.3.1的证明表明：$\phi(\bar{x})$是一致的并且Morley度为1，则ϕ确定了唯一的一个全局型$p(\bar{x}) \in S_n(\mathbb{M})$，使得$\phi \in p$且$\mathrm{RM}(p) = \mathrm{RM}(\phi)$。

引理 9.3.2　设T是ω-稳定理论，$\mathbb{M} \models T$，$A \subseteq \mathbb{M}$，$p(\bar{x}) \in S_n(A)$。令$\phi(\bar{x}) \in p$，使得

$$(\mathrm{RM}(\phi), \mathrm{dM}(\phi)) = (\mathrm{RM}(p), \mathrm{dM}(p))。$$

则对任意的$\mathcal{L}_A$-公式$\psi(\bar{x})$，都有$\psi \in p$当且仅当$\mathrm{RM}(\psi \wedge \phi) = \mathrm{RM}(\phi)$。

证明: 设$\psi(\bar{x})$是一个$\mathcal{L}_A$-公式，显然，$\psi \in p$蕴涵着$\mathrm{RM}(\psi \wedge \phi) = \mathrm{RM}(\phi)$。反之，如果$\mathrm{RM}(\psi\wedge\phi) = \mathrm{RM}(\phi)$并且$\psi \notin p$，则$\neg\psi \in p$，从而$\mathrm{RM}(\neg\psi\wedge\phi) = \mathrm{RM}(\phi)$。这意味着$\mathrm{dM}(\neg\psi \wedge \phi) < \mathrm{dM}(\phi)$且$\neg\psi \wedge \phi \in p$，与$\mathrm{dM}(\phi)$的极小性矛盾。 ■

以下的引理表明Morley秩是“可定义”的对象。

引理 9.3.3 设T是ω-稳定理论，$A \subseteq \mathbb{M}$，$\psi(\bar{x})$是一个$\mathcal{L}_A$-公式，$\phi(\bar{x}, \bar{y})$是一个$\mathcal{L}$-公式，则存在一个$\mathcal{L}_A$-公式$\theta(\bar{y})$，使得对任意的$\bar{b} \in \mathbb{M}^{|\bar{y}|}$，均有

$$\mathrm{RM}(\psi(\bar{x}) \wedge \phi(\bar{x}, \bar{b})) = \mathrm{RM}(\psi(\bar{x})) \iff \mathbb{M} \models \theta(\bar{b})。$$

证明: 令$X = \{\bar{b} \in \mathbb{M}^{|\bar{y}|} \mid \mathrm{RM}(\psi(\bar{x})\wedge\phi(\bar{x}, \bar{b})) = \mathrm{RM}(\psi(\bar{x}))\}$。如果$\mathrm{dM}(\psi) = 1$，根据引理9.3.1，存在唯一的全局型$p \in S_n(\mathbb{M})$，使得对任意的$\mathcal{L}$-公式$\phi(\bar{x}, \bar{y})$，任意的$\bar{b} \in \mathbb{M}^{|\bar{y}|}$，都有$\phi(\bar{x}, \bar{b}) \in p$当且仅当$\bar{b} \in X$。根据定理9.1.1，$p$是$\mathbb{M}$-可定义的，即$\phi(\bar{x}, \bar{b}) \in p$当且仅当$\mathbb{M} \models d_p\phi(\bar{b})$，因此$X$被$d_p\phi(\bar{x})$定义。

另一方面，根据练习8.2.1，可定义集X显然是A-不变的。根据引理9.1.3，X被某个$\mathcal{L}_A$-公式$\theta(\bar{x})$定义。

如果$\mathrm{dM}(\psi) = d > 1$，令$\mathcal{L}_{\mathbb{M}}$-公式$\psi_1(\bar{x}), \cdots, \psi_d(\bar{x})$满足：

(i) 对每个$1 \leqslant i \leqslant d$，都有$\mathrm{RM}(\psi_i) = \mathrm{RM}(\psi)$，$\mathrm{dM}(\psi_i) = 1$；

(ii) 对每个$1 \leqslant i < j \leqslant d$，都有$\psi_i(\mathbb{M}) \cap \psi_j(\mathbb{M}) = \emptyset$；

(iii) $\psi(\mathbb{M}) = \bigcup_{1\leqslant i\leqslant d} \psi_i(\mathbb{M})$。

令$X_i = \{\bar{b} \in \mathbb{M}^{|\bar{y}|} \mid \mathrm{RM}(\psi_i(\bar{x}) \wedge \phi(\bar{x}, \bar{b})) = \mathrm{RM}(\psi_i(\bar{x}))\}$，则$X = \bigcup X_i$。现在每个$X_i$都是$\mathbb{M}$-可定义的，因此$X$也是$\mathbb{M}$-可定义的。显然$X$也是$A$-不变的，因此$X$被某个$\mathcal{L}_A$-公式定义。 ■

引理9.3.2和引理9.3.3的一个直接推论是：

推论 9.3.1 设T是ω-稳定理论，$A \subseteq \mathbb{M}$。对每个$p \in S_n(A)$，都存在着一个有限子集A_p，使得p 是A_p-可定义的。

练习 9.3.1 证明推论9.3.1。

引理 9.3.4 设T是ω-稳定理论，$M \models T, p(\bar{x}) \in S_n(M)$，则$\mathrm{dM}(p) = 1$。

证明: 令$\psi \in p$使得$(\mathrm{RM}(\psi), \mathrm{dM}(\psi)) = (\mathrm{RM}(p), \mathrm{dM}(p))$。设$\phi(\bar{x}, \bar{y})$是一个$\mathcal{L}$-公式。根据引理9.3.3，存在$\mathcal{L}_M$公式$\theta_\phi(\bar{y})$，使得对任意的$\bar{b} \in \mathbb{M}^{|\bar{y}|}$，均有

$$\mathrm{RM}(\psi(\bar{x}) \wedge \phi(\bar{x}, \bar{b})) = \mathrm{RM}(\psi(\bar{x})) \iff \mathbb{M} \models \theta_\phi(\bar{b})。$$

令

$$X_\phi = \{\bar{b} \in M^{|\bar{y}|} \mid \mathrm{RM}(\phi(\bar{x}, \bar{b}) \wedge \psi(\bar{x})) = \mathrm{RM}(\psi(\bar{x}))\}。$$

根据引理9.3.2，有$X_\phi = \{\bar{b} \in M^{|\bar{y}|} \mid \phi(\bar{x}, \bar{b}) \in p\}$，因此$X_\phi$是$M^{|\bar{x}|}$的可定义子集，且被公式$\theta_\phi(\bar{y})$定义。

设$p^* \in S_n(\mathbb{M})$是p的全局继承（见注9.1.3）。显然$\mathrm{dM}(p^*) = 1$，并且p^*是M-可定义的。令

$$X_\phi^* = \{\bar{b} \in \mathbb{M}^{|\bar{y}|} \mid \mathrm{RM}(\phi(\bar{x}, \bar{b}) \wedge \psi(\bar{x})) = \mathrm{RM}(\psi(\bar{x}))\}。$$

$X_\phi^* = \{\bar{b} \in \mathbb{M}^{|\bar{y}|} \mid \phi(\bar{x}, \bar{b}) \in p^*\}$。由于$p^*$是$M$-可定义的，因此$X_\phi^*$被某个$\mathcal{L}_M$-公式$\theta_\phi^*(\bar{y})$ 定义，则由于$p = p^* \restriction M$，故$M \models \forall \bar{y}(\theta_\phi(\bar{y}) \leftrightarrow \theta_\phi^*(\bar{y}))$。

如果$\mathrm{dM}(\psi) > 1$，则存在一个$\mathcal{L}$-公式$\phi(\bar{x}, \bar{y})$及$\bar{b} \in \mathbb{M}^{|\bar{y}|}$，使得

$$\mathrm{RM}(\psi(\bar{x}) \wedge \phi(\bar{x}, \bar{b})) = \mathrm{RM}(\psi(\bar{x}) \wedge \neg\phi(\bar{x}, \bar{b})) = \mathrm{RM}(\psi),$$

因此$\mathbb{M} \models \exists \bar{y}\Big(\theta_\phi(\bar{y}) \wedge \theta_{\neg\phi}(\bar{y})\Big)$。故而$\mathbb{M} \models \exists \bar{y}\Big(\theta_\phi^*(\bar{y}) \wedge \theta_{\neg\phi}^*(\bar{y})\Big)$。这表明，存在一个$\bar{b} \in \mathbb{M}^{|\bar{y}|}$，使得$\phi(\bar{x}, \bar{b}) \in p^*$且$\neg\phi(\bar{x}, \bar{b}) \in p^*$。这是一个矛盾。 ■

引理9.3.4表明:

引理 9.3.5 对任意的ω-稳定理论 T 及模型$M \models T$，如果$\mathcal{L}_M$-公式$\phi(\bar{x})$的Morley秩和Morley度分别为α和d，则能找到d个Morley秩为α，Morley度为1的$\mathcal{L}_M$-公式$\psi_1, \cdots, \psi_d$，使得:

(i) 对每个$1 \leqslant i \leqslant d$，都有$\mathrm{RM}(\psi_i) = \mathrm{RM}(\phi)$，$\mathrm{dM}(\psi_i) = 1$;

(ii) 对每个$1 \leqslant i < j \leqslant d$，都有$\psi_i(\mathbb{M}) \cap \psi_j(\mathbb{M}) = \emptyset$;

(iii) $\phi(\mathbb{M}) = \bigcup_{1 \leqslant i \leqslant d} \psi_i(\mathbb{M})$。

证明: 设$\mathcal{L}_M$-公式$\phi(\bar{x})$的Morley秩和Morley度分别为α和d。如果$d > 1$，则存在ψ_1, ψ_2，使得:

(i) $\mathrm{RM}(\psi_1) = \mathrm{RM}(\psi_2) = \mathrm{RM}(\phi)$，$\mathrm{dM}(\psi_1), \mathrm{dM}(\psi_2) < d$;

(ii) $\psi_1(\mathbb{M}) \cap \psi_2(\mathbb{M}) = \emptyset$;

(iii) $\psi_1(\mathbb{M}) \cup \psi_2(\mathbb{M}) \subseteq \phi(\mathbb{M})$。

否则，$\phi(\bar{x})$可以确定M上的一个完全型p，使得$\mathrm{dM}(p) = \mathrm{dM}(\phi)$。根据引理9.3.4，这是一个矛盾。 ■

推论 9.3.2 设T是ω-稳定理论，$M \models T$，$M \subseteq B$，$p(\bar{x}) \in S_n(B)$，则p是M-可定义的当且仅当$\mathrm{RM}(p) = \mathrm{RM}(p{\restriction}M)$。

证明: 根据定理9.1.1，$p{\restriction}M$总是M-可定义的。令$\psi(\bar{x}) \in p{\restriction}M$，使得

$$\mathrm{RM}(\psi) = \mathrm{RM}(p{\restriction}M) \text{ 且 } \mathrm{dM}(\psi) = \mathrm{dM}(p{\restriction}M)。$$

根据引理9.3.2，对任意的$\mathcal{L}_M$-公式$\chi(\bar{x})$，有$\chi \in p$当且仅当$\mathrm{RM}(\chi \wedge \psi) = \mathrm{RM}(\psi)$。根据引理9.3.3，对任意$\mathcal{L}$-公式$\phi(\bar{x}, \bar{y})$，存在$\mathcal{L}_M$-公式$\theta_\phi(\bar{y})$，使得对任意的$\bar{b} \in \mathbb{M}^{\bar{y}}$，

$$\mathrm{RM}(\phi(\bar{x}, \bar{b}) \wedge \psi(\bar{x})) = \mathrm{RM}(\psi(\bar{x})) \iff \mathbb{M} \models \theta_\phi(\bar{b})。$$

设p是M-可定义的，则对任意$\mathcal{L}$-公式$\phi(\bar{x}, \bar{y})$，存在一个$\mathcal{L}_M$-公式$\theta^*_\phi(\bar{y})$，使得对任意的$\bar{b} \in B^{|\bar{y}|}$，

$$\phi(\bar{x}, \bar{b}) \in p \iff \mathbb{M} \models \theta^*_\phi(\bar{b})。$$

因此$\theta_\phi(M^{|\bar{x}|}) = \theta^*_\phi(M^{|\bar{x}|})$。由于$\theta_\phi$和$\theta^*_\phi$都是$\mathcal{L}_M$-公式，故而$\theta_\phi(\mathbb{M}^{|\bar{x}|}) = \theta^*_\phi(\mathbb{M}^{|\bar{x}|})$，即对任意的$\bar{b} \in B^{|\bar{y}|}$，

$$\phi(\bar{x}, \bar{b}) \in p \iff \mathrm{RM}(\phi(\bar{x}, \bar{b}) \wedge \psi(\bar{x})) = \mathrm{RM}(\psi(\bar{x}))。$$

故$\mathrm{RM}(p) = \mathrm{RM}(\psi) = \mathrm{RM}(p \upharpoonright M)$。

反之，设$\mathrm{RM}(p) = \mathrm{RM}(p \upharpoonright M)$。根据引理9.3.4，$\mathrm{dM}(\psi) = \mathrm{dM}(p) = 1$。根据引理9.3.1，$\psi$确定了唯一的全局型$q \in S_n(\mathbb{M})$，使得对任意的$\mathcal{L}_{\mathbb{M}}$-公式$\phi(\bar{x})$，$\phi \in q^*$当且仅当$\mathrm{RM}(\psi \wedge \phi) = \mathrm{RM}(\psi)$。显然$p \subseteq q^*$。根据引理9.3.3，$q^*$是$M$-可定义的，故而$p$是$M$-可定义的。 ■

引理9.3.2的一个直接推论是：

推论 9.3.3 设T是ω-稳定理论，$M \models T$，$M \subseteq B$，$p(\bar{x}) \in S_n(M)$，则p在B上有且仅有一个不分叉扩张。

练习 9.3.2 证明推论9.3.3。

引理 9.3.6 设T是ω-稳定理论，$\mathbb{M} \models T$，$M \prec \mathbb{M}$，$\psi(\bar{x}, \bar{y})$ 是一个$\mathcal{L}$-公式，并且$|\bar{x}| = n, |\bar{y}| = m$，$\bar{b} \in \mathbb{M}^m$，则$\phi(\bar{x}, \bar{b})$在$M$上可分割当且仅当对任意的$\bar{c} \in \phi(\mathbb{M}^n, \bar{b})$，都有

$$\mathrm{RM}(\{\psi(\bar{x}, \bar{b})\} \cup \mathrm{tp}(\bar{c}/M)) < \mathrm{RM}(\bar{c}/M)。$$

证明:

左边⟹右边： 反设存在$\bar{c} \in \phi(\mathbb{M}^n, \bar{b})$，使得$\mathrm{RM}(\{\phi(\bar{x}, \bar{b})\} \cup \mathrm{tp}(\bar{c}/M)) = \mathrm{RM}(\bar{c}/M)$。令$p = \mathrm{tp}(\bar{c}/M)$。令$\psi(\bar{x}) \in p$，使得

$$\mathrm{RM}(\psi(\bar{x}) \cup \phi(\bar{x}, \bar{b})) = \mathrm{RM}(\psi(\bar{x})) = \mathrm{RM}(p) \text{ 且 } \mathrm{dM}(\psi(\bar{x}, \bar{b})) = \mathrm{dM}(p)。$$

根据引理9.3.2，对任意的$\mathcal{L}_A$-公式$\chi(\bar{x})$，有

$$\chi(\bar{x}) \in p \iff \mathrm{RM}(\chi \wedge \psi) = \mathrm{RM}(\psi)。$$

如果$\phi(\bar{x}, \bar{b})$在M上可分割，根据引理9.2.4，存在一个以$\bar{b}$开始的M-不可辨元序列$(\bar{b}_i)_{i<\omega}$，使得$\{\phi(\bar{x}, \bar{b}_i| \ i < \omega)\}$不一致。

现在$\mathrm{dM}(\psi) = 1$。根据引理9.3.1，ψ确定了一个全局型p^*，使得$\mathcal{L}_{\mathbb{M}}$-公式$\chi(\bar{x}) \in p^*$当且仅当$\mathrm{RM}(\chi \wedge \psi) = \mathrm{RM}(\psi)$，因此$\phi(\bar{x}, \bar{b}) \in p^*$。根据引理9.3.3，$p^*$ 还是M-可定义的。从而根据定理9.1.2，p^* 是M-不变的，因此$\{\phi(\bar{x}, \bar{b}_i| \ i < \omega)\} \subseteq p^*$，这是一个矛盾。

右边⟹左边： 反设$\phi(\bar{x},\bar{b})$在M上不可分割。则根据推论9.2.5，存在$q \in S_n(M\bar{b})$，使得$\phi(\bar{x},\bar{b}) \in q$且$q$在$M$上不分叉，因此$q$在$M$上可定义。根据引理9.3.2，$\mathrm{RM}(q) = \mathrm{RM}(q \restriction M)$。令$\bar{c} \models q$，则$\bar{c} \in \phi(\mathbb{M}^n,\bar{b})$，且

$$\mathrm{RM}(\{\psi(\bar{x},\bar{b})\} \cup \mathrm{tp}(\bar{c}/A)) = \mathrm{RM}(\bar{c}/A)。$$

这是一个矛盾。

证毕。 ■

定理 9.3.1 设T是稳定理论，$M \prec \mathbb{M}$，$B \subseteq \mathbb{M}$，$\Sigma(\bar{x})$是$\mathcal{L}_B$-公式集，则以下表述

(i) Σ在M中有限可满足；

(ii) Σ在M上不可分割；

(iii) Σ在M上不分叉；

(iv) 对任意的$\bar{c} \models \Sigma(\bar{x})$，都有$\mathrm{RM}(\Sigma(\bar{x}) \cup \mathrm{tp}(\bar{c}/M)) = \mathrm{RM}(\bar{c}/M)$；

(v) $\Sigma(\bar{x})$是M-可定义的

中的(i) — (iv)等价，当$\Sigma(\bar{x}) \in S_n(B)$时，(i) — (v)等价。

证明: (iii)与(iv)的等价性来自引理9.3.6。其他的等价性来自定理9.2.2。 ■

参考文献

[1] 郝兆宽,杨跃. 集合论：对无穷概念的探索. 复旦大学出版社, 2014.

[2] 杨跃, 郝兆宽, 杨睿之. 数理逻辑：证明及其限度. 复旦大学出版社, 2014.

[3] W. Weiss, Cherie, D'Mello. Fundamentals of Model Theory. Preprint, 1997.

[4] A. Pillay. Lecture Notes - Model Theory (Math 411). Preprint, 2002.

[5] D. Marker. Model Theory: An Introduction. Springer, 2002.

[6] 丘维声. 简明线性代数. 北京大学出版社, 2002.

[7] H. J. Keisler. Ultraproducts and saturated classes. Indagationes Mathematicae, vol. 26, 1964, 178 - 186.

[8] S. Shelah. Every two elementarily equivalent models have isomorphic ultrapowers. Israel J. Math., vol. 10, 1971, 224 - 233.

[9] C. C. Chang, H. J. Keisler. Model Theory, Studies in Logic and the Foundations of Mathematics (3rd ed.). Elsevier, 1990.

[10] K. Appel, W. Haken. Every planar map is four colorable. Contemporary Mathematics, 98, American Mathematical Society, 1989.

[11] N. Jacobson. Basic Algebra II: Second Edition. W. H. Freeman And Company, 1989.

[12] K. Tent, M. Ziegler. A Course in Model Theory. Cambridge University Press, 2012.

[13] E. Bouscaren (Ed.). Model Theory and Algebraic Geometry: An Introduction to E. Hrushovski's Proof of the Geometric Mordell-Lang Conjecture. Springer-Verlag, 2009.

[14] E. Casanovas. Simple Theories and Hyperimaginaries. Cambridge University Press, 2011.

[15] P. Simon. A Guide to NIP Theories. Cambridge University Press, 2015.

索　引

图书在版编目(CIP)数据

初等模型论/姚宁远著. —上海:复旦大学出版社, 2018.11
逻辑与形而上学教科书系列
ISBN 978-7-309-14019-4

Ⅰ. ①初… Ⅱ. ①姚… Ⅲ. ①模型论-高等学校-教材 Ⅳ. ①O141.4

中国版本图书馆 CIP 数据核字(2018)第 241219 号

初等模型论
姚宁远　著
责任编辑/陆俊杰

复旦大学出版社有限公司出版发行
上海市国权路 579 号　邮编:200433
网址:fupnet@fudanpress.com　http://www.fudanpress.com
门市零售:86-21-65642857　团体订购:86-21-65118853
外埠邮购:86-21-65109143
上海四维数字图文有限公司

开本 787×1092　1/16　印张 15.5　字数 215 千
2018 年 11 月第 1 版第 1 次印刷

ISBN 978-7-309-14019-4/O · 665
定价: 36.00 元